南宋的農村經濟

梁庚堯・著

目次

新版序

本書初版於民國七十三年，次年經修訂後再版。自初版至今已逾三十六年，如今以重新排版的方式，再版出書，是料想不到的事。本書作者在初版時，擔任教職尚未滿七年；寫這篇序文時，則已是自教職退休後逾七年。

事緣獲得通知，本書將重印，於是將自修訂再版出版以來，陸續發現的一些文字誤漏、史實錯誤、敘事不清等，於改正後寄交，以期能在重印時修訂。原本預定掃描重印的本書，由於若干需要修訂之處，增補、說明的字數較多，不易處理，於是改為重新排版。對於聯經出版公司如此肯為作者著想，深致謝意。

本書原是作者在臺大歷史系的博士論文，指導教授是林瑞翰（伯羽）師，經修改後分章發表再彙集成本書。如今伯羽師過世已有五年半，回想起自就讀臺大碩士班以來，受他的教導與愛護，心中仍不能自已。謹以這本經過一再修訂的重排新版，敬獻給伯羽師在天之靈，以報答師恩。

梁庚堯

序於民國一〇九年十月二十一日

再版序

本書再版除改正初版一些排印的疏誤外，主要作了以下兩方面的修訂，第一，由於天一閣藏明代方志選刊的出版，獲睹若干從前未曾利用的方志，根據這些方志，在第一章、第二章中增補了揚州、贛州和建昌軍的戶口資料；第二，著者最近對南宋的市鎮作過比較深入的研究，有些新的認識，第四章第一節討論南宋市鎮糧食市場的部分因此略有增刪。

梁庚堯

序於民國七十四年教師節前夕

序

本書原是我在臺灣大學歷史研究所的博士畢業論文，撰於民國六十四年至六十六年間。撰成後，曾經分章發表，其中第一章於民國六十五年十二月發表在沈剛伯先生八秩榮慶論文集，第二章於民國六十七年一月發表在食貨月刊復刊卷七第十期，第三章於民國六十七年六月發表在國立臺灣大學歷史系學報第五期，第四章於民國六十七年十一月至六十八年一月發表在食貨月刊卷八第八期及九、十合期，第五章於民國六十八年十二月發表在國立臺灣大學歷史系學報第六期。自民國六十八年起，因從事其他研究之便，又陸續搜集到若干相關資料，現在論文出版成書，已將這些資料補入，各章內容也略有增刪修改。

這一點小小的成果能夠呈獻給社會，首先我要對林伯羽師致最深摯的謝意，由於他的指導，使我奠定好宋史研究的基礎，對於我的論文，他付出了很大的關心，每一章撰成之後，都經他字斟句酌的修改，許多錯誤和缺陷因而得以避免。先師方杰人神父生前對我常加鼓勵，論文每一章完成後，也都經他過目，然而他已逝世兩年多了，而今無從對他表達謝意，我只有以將來繼續的努力，來報慰他在天之靈。其次，我要深深的感謝父母親，沒有他們給我物質上和精神上的支持，我不可能專心從事學術研究，在思想上，父親也給我很大的啟發，他平日論學，以「人類求生存，互助同進步」十字為宗旨，本書的論點，便是直接承受此一宗旨而來，而母親多年以來，以帶病之身，教養我們兄弟，更使我心中常自惕勵，不敢弛忽。還有，我也要衷心的感謝宋旭軒教授和劉翠溶教授，他們對本書提示了許多寶貴的改進意見；本書所引用的部分資料，是張勝彥、陳芳明、黃俊傑、張永堂、張炎憲諸兄在海外代為搜集，對於他們的友情，我將永誌於心；其他許多師長和朋友，或是對我在治學上有所指點，或是平時彼此互相討論，也是我深所感激的。最後，我願藉此機會表達對先外祖父鍾國霖公的追思，他首先開啟了我對歷史的興趣。

梁庚堯

序於民國七十二年四月十日

前言

本書的目的，在探討南宋農村社會在經濟上的衝突和協調，以了解南宋農村經濟的實況。

人口增加、土地兼併盛行和商業逐漸發達，是南宋經濟的三個基本趨勢。這三個趨勢，都不始於南宋，而是繼承北宋而來，只是到南宋時期，這些趨勢對農村社會的影響更形顯著。人口增加造成農村耕地的不足，土地兼併盛行助長農村財富的集中，而商業逐漸發達則使農家家計和市場經濟的關係日深，在生活上常易受物價變動的影響。這些現象，再加上南宋賦役制度的許多弊端，促使農村貧富距離日益增大，部分富家只顧累積財富，不恤他人生活的艱難，大多數農家則因收入微薄而生活困苦，甚或難以為生，農村因而不時呈現不安。這是南宋農村社會在經濟上衝突的一面。

南宋農村社會在經濟上固然有衝突的事實，但若僅從衝突的一面去了解南宋農村經濟，則不免失之偏頗，未能認識南宋農村經濟的真相。就南宋一百五十年的歷史來說，農村固然不時呈現不安，卻沒有走向尖銳化，從未發生大規模的農村變亂。這說明固然有衝突的力量在腐蝕農村經濟，但是另有協調的力量在維持農村經濟的穩定，對衝突的力量發生了平衡的作用，使農村的不安不至於擴大，甚或消弭於無形。這種協調的力量，是另外一些富家以及南宋政府為阻止貧富距離增大所作的努力，由富家負起經濟上較大的責任，而貧窮的農家則受到較多經濟上的協助和保障。協調貧富的措施，亦非始於南宋，而是繼承北宋而來，但是到了南宋而愈加普遍，且發揮了更大的作用。

全書共分五章。第一章南宋農村的戶口概況，從戶口分析農村經濟在南宋經濟活動中所占的地位及農村的社會結構；第二章南宋農村的土地分配與租佃制度及第三章南宋的農家勞力與農業資本，分別從土地、勞力和資本三個農業生產要素分析南宋農村財富的分配，並討論其對農業生產和農家生活的影響；第四章南宋的農產市場與價格，說明南宋農村和市場經濟的關係，及農產價格變動對農村貧富所產生的不同影響；第五章南宋農村的經濟協調，說明南宋政府和富家對協調農村貧富所作的各項努力。

第一章

南宋農村的戶口概況

第一節　農村戶口在南宋戶口中的比率

農業是南宋經濟的基礎，在一個以農業為基礎的社會裡，農村戶口自應占全國戶口的大多數。比較南宋若干地區城市和農村戶口在地區總戶口中的比率，雖然足以證明此一事實，可是由於商業日益繁榮，城市逐漸發展，部分地區的農村戶口比率已顯示出有下降的趨勢。

本文所說的城市和農村，是就經濟活動的不同而作的地理區分，城市的經濟活動以商業為主，農村的經濟活動以農業為主。以宋代的行政區劃來說，就是坊郭和鄉村之分。坊郭即郡治、縣治所在地，是地方行政中心，通常包括城郭之內及擴展至郭外的商業區；[1]鄉村則是散布於坊郭之外的廣大農村，在行政上受郡治、縣治的統轄。自古以來，城郭常也是商業中心，但在宋代之前，一般城郭的政治性仍然比商業性為重，唐制規定中縣戶滿三千以上始准於治所置市官，交易限於特設的市區，交易時間限於午時至日入前三刻，[2]說明兼具商業性的城郭仍不十分普遍，而且商人的活動受到法令上的限制。宋代則交易地點、時間的限制都已解除，商人在城郭內的活動較從前自由，[3]同時凡州縣都置有商稅務，[4]可見具有商業性的城郭愈加普遍，城郭所發揮的商業功能日益重要。李燾《續資治通鑑長編》（以下簡稱《長編》）卷三九四元祐二年（一〇八七）正月辛巳條載孫升言：

城郭、鄉村之民，交相生養，城郭財有餘則百貨有所售，鄉村力有餘則百貨無所乏。

又言：

城郭之民，日夜經營不息，流通財貨，以售百物，以養鄉村。

說明宋代的坊郭和鄉村在經濟上已有明顯的分工，坊郭居民的經濟活動以商業消費為主，而鄉村居民的經濟活動則以農業生產為主。

南宋鄉村的農業經濟並非完全沒有商業與手工業存在，只是除了少數特殊情況之外，商業與手工業在鄉村中仍然處於農業的附屬地位。先就商業來說，宋代由於商業逐漸發達，在鄉村

1 關於坊郭向城外的發展，後文將論及。

2 參考李劍農，《魏晉南北朝隋唐經濟史稿》，頁二三一——二三四。

3 參考李劍農，《宋元明經濟史稿》，頁一三一——一三五。

4 參考加藤繁，〈宋代商稅考〉（收入加藤繁，《支那經濟史考證》下卷）；宋晞，〈宋代的商稅網〉（收入宋晞，《宋史研究論叢》）。

中興起了一些稱為鎮、市的商業區，若干鎮、市，甚至具備了部分坊郭的形態，例如嘉興府海鹽縣德政鄉的澉浦鎮以及建康府上元縣清化鄉的索墅市，都有了以坊、巷、衖為名的轄區。[5]可是澉浦鎮並沒有因為成為商業區而脫離農業生產。《海鹽澉水志》卷一〈地理門．稅賦條〉載澉浦鎮的田賦說：

> 隸縣之德政鄉，田肥稅重。

說明農業在澉浦鎮的經濟活動中仍占主要的地位。其他較小的市鎮，農業的比重自然更大。再就手工業來說，紡織業一向是農村最重要的手工業；[6]其他如木匠、鐵匠、銅匠，也常兼業農耕，或為農家所兼營。洪邁《夷堅志補》卷十四〈田畝定限條〉：

> 溫州瑞安縣木匠王俊，自少為藝，工製精巧如老成。年十七八時，夢入府，見吏抱案牘而過，俊問之，答曰：「吾所部內生人祿壽籍。」問其郡邑，則瑞安在焉。俊拜祈再四，願知己身所享。檢示之，曰：「田不過六十畝，壽不過八十歲。」俊時有田三十畝，自謂己技藝之精，既享上壽，何得不富，不以此夢為然。後數歲，田至六十畝。……

王炎《雙溪類稿》卷二二〈上宰執論造甲〉：

> 士農工商，雖各有業，然鍛鐵工匠未必不種水田，縱使不種水田，春月必務蠶桑，種園圃。

王之望《漢濱集》卷八〈論銅坑朝箚〉

> 諸村匠戶多以耕種為業，間遇農隙，一二十戶相糾入窟。

都說明鄉村中的手工業並沒有脫離農業而獨立存在。因此，南宋鄉村雖然具有多方面的經濟活

---

5 常棠，《海鹽澉水志》卷四〈坊巷門〉：「阜民坊在鎮前街西，張家街在鎮市北，張搭街在鎮市南，義井巷在鎮市南，塘門街在鎮市南，廣福街在鎮前街東，馬官人街在鎮市南，海鹽街在鎮市北。」周應合景定《健康志》卷十六〈疆域志．鎮市條〉：「索墅市：市有索墅坊，在上元院縣清化鄉，去城五十里。」

6 范成大，《石湖居士詩集》卷二七〈夏日田園雜興〉：「小婦連宵上絹機，大耆催稅急於飛。今年幸甚蠶桑熟，留得黃絲織夏衣。」又：「晝出耘田夜績麻，村莊兒女各當家。童孫未解供耕織，也傍桑陰學種瓜。」這類資料甚多。

動，但基本上仍然是以農業為主。

南宋時期關於坊郭和鄉村戶口的記載不多，其中可供探討農村戶口在地區總戶口中所占比例的記載更少，真州揚子縣、鎮江府丹徒縣、汀州、台州臨海縣、漢陽軍、慶元府鄞縣、撫州、楚州鹽城縣、漳州漳浦縣、嚴州淳安縣、徽州、紹興府嵊縣、荊門軍等地區，恰巧在同時或相近期間具有總戶口及坊郭、鄉村戶口數，可供討論之用。這些地區，分別屬於淮南東路、兩浙路、福建路、荊湖北路、江南西路及江南東路，散處幾個不同的地域。茲先將這些地區的戶口總數、坊郭及鄉村戶口數、坊郭及鄉村戶口在全區戶口中的比率分別列於表一，再作討論。

表一　南宋郡縣坊郭、鄉村戶數及比率

地區	年代	總戶數	坊郭鄉村戶數		百分率	資料來源
真州揚子縣	嘉定（一二〇八—一二二四）	一二、七一一	坊郭	五、八五五	四六・〇六	申嘉瑞隆慶《儀真縣志》卷六〈戶口考〉
			鄉村	六、八六二	五三・九四	

地區	年代	總戶數	坊郭鄉村戶數		百分率	資料來源
鎮江府丹徒縣	嘉定	四二、九〇〇	坊郭	一五、九〇〇	三七・〇六	俞希魯至順《鎮江志》卷三〈戶口條〉
			鄉村	二七、〇〇〇	六二・九四	
	咸淳（一二六五—一二七四）	二二、七七九	坊郭	八、六九八	三八・一八	
			鄉村	一四、〇八一	六一・八二	
汀州	南宋初（一一二七—）	一五〇、三三一	坊郭	五、二八五	三・五二	《永樂大典》卷七八九〇〈汀州府條〉引《臨汀志》
			鄉村	一四五、〇四六	九六・四八	
	寶祐（一二五三—一二五八）前	二二二、三六一	坊郭	七二、六二六	三二・六六	
			鄉村	一四九、七三五	六七・三四	
	寶祐	二二三、四三三	坊郭	七三、一四〇	三二・七四	
			鄉村	一五〇、二九三	六七・二六	
揚州	紹熙（一一九〇—一一九四）	三五、九五一	坊郭	四、二二六	一一・七五	盛儀嘉靖《惟揚志》卷八〈戶口志〉
			鄉村	三一、七二五	八八・二五	
	嘉泰（一二〇一—一二〇四）	三六、一六〇	坊郭	三、六三七	一〇・〇六	
			鄉村	三二、五二三	八九・九四	

地區	年代	總戶數	坊郭鄉村戶數		百分率	資料來源
揚州	寶祐四年（一二五六）	四三、八九二	坊郭	七、九七五	一八・一七	
			鄉村	三五、九一七	八一・八三	
台州臨海縣	嘉定以前	七三、九九七	坊郭	一〇、〇〇〇	一三・五一	陳耆卿嘉定《赤城志》卷十五〈版籍門一・戶口條〉，樓鑰《攻媿集》卷三〈寄題台州倅廳雲壑圖〉
			鄉村	六三、九九七	八六・四九	
漢陽軍	嘉定	二三、〇〇〇	坊郭	三、〇〇〇	一三・〇四	黃榦《勉齋集》卷三十〈申京湖制置司辨漢陽軍糴米狀〉
			鄉村	二〇、〇〇〇	八六・九六	
慶元府鄞縣	寶慶（一二二五—一二二七）	四一、六一七	坊郭	五、三二一	一二・七九	羅濬寶慶《四明志》卷十三〈鄞縣志二・敘賦篇・戶口條〉
			鄉村	三三、六九二	八七・二一	
撫州	嘉定	二四七、三二〇	坊郭	三〇、五八八	一二・三七	許應嶸光緒《撫州府志》卷十四〈建置志〉載李紱〈清風門考〉引《景定志》
			鄉村	二一六、七三三	八七・六三	
楚州鹽城縣	嘉定元年（一二〇八）	三四、〇〇〇	坊郭	四、〇〇〇	一一・七六	劉克莊《後村先生大全集》卷一四八〈方子默墓誌銘〉
			鄉村	三〇、〇〇〇	八八・二四	

地區	年代	總戶數	坊郭鄉村戶數		百分率	資料來源
漳州漳浦縣	嘉定八年（一二一五）	四三、三八三	坊郭	五、〇〇〇	一一・五二	羅青霄萬曆《漳州府志》卷十九〈漳浦縣志・戶口條〉，葉適《水心先生文集》卷十〈漳浦縣聖殿記〉
			鄉村	三八、三八三	八八・四八	
嚴州淳安縣	開禧三年（一二〇七）	一八、七二六	坊郭	一、三三五	七・一三	董弅《嚴州圖經》卷一〈戶口條〉，《宋會要輯稿》（以下簡稱《會要》）〈瑞異三・水災篇〉開禧三年六月十五日條
			鄉村	一七、三九一	九二・八七	
徽州歙縣	乾道八年（一一七二）	二七、八七四	坊郭	一、九三一	六・九二	羅願淳熙《新安志》卷一〈州郡志・戶口條〉，卷三〈歙縣戶口條〉
			鄉村	二五、九四三	九三・〇八	
徽州	寶慶三年（一二二七）	一三四、九四二	坊郭	三、八八七	二・八八	彭澤弘治《徽州府志》卷二〈食貨志一・戶口條〉
			鄉村	一三一、〇五五	九七・一二	
紹興府嵊縣	嘉定	三三、一九四	坊郭	一、一九四	三・六〇	高似孫《剡錄》卷一〈版圖篇〉
			鄉村	三二、〇〇〇	九六・四〇	

地區	年代	總戶數	坊郭鄉村戶數		百分率	資料來源
荊門軍	紹興（一一三一—一一六二）	（主戶）三、〇〇〇	坊郭	（主戶）五〇〇	一六・六七	洪适《盤洲文集》卷四九〈荊門軍奏便民五事狀〉
			鄉村	（主戶）二、五〇〇	八三・三三	

上列戶口數字，有部分需要略作解釋。鎮江府丹徒縣嘉定（一二〇八—一二二四）年間的坊郭戶數，包括府城廂戶數和江口鎮戶數在內，其中府城廂戶數為一萬四千三百，江口鎮戶數為一千六百，按江口鎮位於府城西門外，鎮民力役併入府城輪差，[7]實為府城市區的延伸，因此戶口併入府城計算。汀州的三個年代戶數，原書作祖帳戶、遞年見管戶及見管戶，而未標示確實年代，據李紱乾隆《汀州府志》，得知其中見管戶數是寶祐（一二五三—一二五八）年間戶數，遞年見管戶數和寶祐戶數甚為接近，當是寶祐之前不久的戶數，[8]祖帳戶數超過北宋元豐（一〇七八—一〇八五）戶數甚多，但不及南宋隆興（一一六三—一一六四）戶數（元豐、隆興戶數分別見後文所引《永樂大典》卷七八九〇〈汀州府條〉引《臨汀志》及《郡縣志》），可能是南宋初年的戶數。台州臨海縣坊郭戶數出自樓鑰〈寄題台州倅廳雲壑圖詩〉：「頃年登臨赤城裡，江遶城中萬家市」（《攻媿集》卷三），按樓鑰卒於嘉定初，這當是嘉定以前的狀況，取

之與稍晚的嘉定《赤城志》所載嘉定十五年（一二二二）戶數相比較，以求取臨海縣的鄉村戶數。漢陽軍城市及鄉村戶數據黃榦所述：「本軍城下並漢口共三千家」，「本軍兩縣鄉村共二萬戶」（《勉齋集》卷三十申京湖制置司辨漢陽軍糴米狀），按黃榦知漢陽軍在嘉定年間，因此這是嘉定年間的狀況。楚州鹽城縣戶數據《後村先生大全集》卷一四八〈方子默墓誌銘〉載嘉定元年（一二〇八）鹽城縣尉方子默所言：「縣戶三萬，市四千爾。」可知鹽城縣城有居民四千戶，「縣戶三萬」則應指縣城以外的鄉村居民。漳浦縣坊郭戶數出自葉適「漳浦縣聖祖殿記」：「漳浦五千戶」（《水心先生文集》卷十），葉適此記作於嘉定八年（一二一五），恰可以之與萬曆《漳州府志》所載嘉定年間漳浦縣戶數相比較，求取漳浦縣的鄉村戶數。嚴州淳安縣坊郭戶數見《會要》〈瑞異三．水災篇〉開禧三年（一二〇七）六月十五日條載石宗萬申：「縣郭共一千三百三十五家」，淳安縣全縣戶數有稍早《嚴州圖經》所載淳熙（一一七四—一一八

7 至順《鎮江志》卷二〈橋梁篇．丹徒縣條〉：「洗馬橋在還京門外江口鎮。」按還京門為府城西門。又據同志卷五〈常賦志．均役條〉：「郡當衝要，土瘠民貧，信使往來，差調繁重，所貴役簡勞均，遞年應辦國信往來合用般擔禮物人夫不踰二千人，係丹徒縣官差撥坊巷人戶充應。守臣待制史彌堅籍定在城七坊及江口鎮戶口姓名。圖寫住址，內從例合充般擔人，計七千九百三十八人。」可知江口鎮居民在力役上併入府城坊巷人戶輪差，因此可以視為坊郭的一部分。

8 乾隆《汀州府志》卷九〈戶役篇〉：「寶祐（一二五三—一二五八）：二十二萬三千四百三十二戶。」

九）年間的紀錄，兩者相比較，以求取淳安縣的鄉村戶數。荊門軍主戶數據洪适所述：「其客戶往來不常外，主戶才及三千，坊郭不滿五百家。」（《盤洲文集》卷四九荊門軍奏便民五事狀），按洪适知荊門軍在紹興（一一三一—一一六二）年間，這是紹興年間的狀況。

上列地區農村戶口在各區總戶口中所占的比例，因地區、時代的不同而差異甚大，最低者為嘉定（一二〇八—一二二四）年間真州揚子縣鄉村戶口，只占百分之五十三點九四，最高者為寶慶三年（一二二七）徽州鄉村戶口，達百分之九十七點一二。這種差異大致可以歸納成為兩類地區，一類比例在百分之八十以上，包括南宋初年的汀州、揚州、撫州、徽州、漢陽軍、荊門軍、臨海縣、鄞縣、鹽城縣、漳浦縣、淳安縣及嵊縣，另一類在百分之七十以下，包括南宋晚期的汀州、揚子縣及丹徒縣。此外，值得注意的是汀州農村戶口所占比例在時間上的差異，在南宋初年是百分之九十六點四八，到南宋晚期則僅百分之六十七點二六。這些現象，說明農村戶口在南宋戶口中雖占多數，但比例的高低卻因時因地而不同。農村戶口占總戶口百分之八十以上的地區，人口集中於農村，是農業社會的標準形態；至於比例在百分之七十以下的地區，如汀州、揚子縣及丹徒縣，農村人口轉而流入城市，似已形成城市急速發展的趨勢。

首先看汀州的情形。汀州位於福建西南端，是一個山郡。[9]福建在南宋時，由於戶口的孳息及北方人口的流徙，戶口大量增加，[10]這一現象在汀州尤為顯著。事實上，汀州自唐代設郡以來，戶口數目即不斷上升，南宋時期戶口的大量增加，實為此一趨勢的延續。據《永樂大典》卷七八九〇〈汀州府條〉引《臨汀志》及《郡縣志》所載汀州歷代戶數如下：

唐開元（七一三—七四一）：三千餘戶

唐貞元（七八五—八〇四）：五千三百三十戶

宋元豐（一〇七八—一〇八五）：八萬一千四百五十六戶

宋隆興（一一六三—一一六四）：一十七萬四千五百一十七戶

宋慶元（一一九五—一二〇〇）：二十一萬八千五百七十戶

可知從唐開元到北宋元豐三百餘年間，汀州戶口增加了二十餘倍，自北宋元豐到南宋慶元一百二十年間，又增加了兩倍有餘。福建多丘陵，可耕地少，由於人口不斷迅速增加，南宋初年已有地狹人稠的感覺，土地利用接近飽和，[11]因此在南宋時期新增加的人口，就無法留在農村中

---

9 《永樂大典》卷七八九〇〈汀州府條〉引元《一統志》：「西臨章貢，南接海湄，山深林密，巖谷阻窈。」

10 福建在北宋元豐三年（一〇八〇）戶數為九十九萬二千零八十七（馬端臨《文獻通考》卷十一〈戶口考二〉），至崇寧元年（一一〇二）增為一百零六萬一千七百二十九（據《宋史》卷八九〈地理志〉計算），至南宋紹興三十二年（一一六二）增至一百三十九萬五百六十六（《會要》〈食貨六九・戶口篇〉），至嘉定十六年（一二二三）又增至一百五十九萬九千二百一十四（《文獻通考》卷十一〈戶口考二〉）。

11 廖剛，《高峯文集》卷一〈投省論和買銀劄子〉：「七閩地狹人稠，為生艱難，非他處比。」又方勺，《泊宅編》卷中：「七閩地狹瘠，而水源淺遠，其人雖至勤儉，而所以為生之具，比他處終無有甚富者，墾山隴為田，

務農，而必須轉而從事其他行業，所以《臨汀志》說：「閩中諸郡，……大率地狹人稠，大半他業。」（《永樂大典》卷七八九〇〈汀州府條〉引）這些轉而從事他業的人口，離開農村，集中於城市，造成城市戶口的膨脹和市區的擴張。據表一所引汀州資料，自南宋初年至晚期，汀州坊郭戶數增加將近七萬，而鄉村戶數增加只有四、五千，這說明在南宋初年，汀州農村的人口容納量已接近飽和，新增的戶口不得不轉而流入城市，市區於是大為擴張。《永樂大典》卷七八九〇「汀州府條」引《臨汀志》：

> 郡枕山臨溪為城，周袤纔五里，市廛居民多在關外，故城內方（按：同坊）纔三，而成外餘二十，闤闠繁盛，不減江浙中州。

由於城內無法容納新增的大量戶口，居民於是附郭而居，造成城外坊數多達城內坊數七倍的現象。汀州在南宋晚期農村戶口所占比例較南宋初年減少，原因即在於此。

其次看真州揚子縣的情形。真州屬淮南東路，位於長江北岸和運河的交口上，由於地理位置優越，在北宋成為江南至汴京漕運的轉運中心，發運使長駐於此，取代了唐代以來揚州的地位，已經是一處繁榮的城市。[12]南宋以來，江南生產的稻米不再經運河北運，又由於宋金戰爭破壞的影響，景況一度衰落，局勢承平之後，「東淮煮海之利，千艘萬檣，轉之江湖襄漢區者皆由是西，于是五方之民，列屋而居，而操贏資以致饒裕。」（隆慶《儀真縣志》卷十四〈藝文考．文類〉吳機〈宋嘉定儀真新志序〉）因而恢復以往的繁榮。城市的市區也從城內向城外江邊發展，陸師康熙《儀真志》卷六〈建置志．官署篇〉引南宋陳珙〈建安驛記〉：

> 自積年以來，江岸之沙，漲為平陸，膏沃彌望，廬井日衍而東，鱗次櫛比，三倍曩昔。

同上卷七〈疆域志．坊巷篇〉載宋代坊巷：

> 城外舊有坊九，……後民居增廣，江滸蘆葦之場，悉為連甍。

說明城市發展的結果，連原來江邊生長蘆葦的沙地，也都成為民居密集的處所。而前述真州郡城五千八百五十五戶居民中，僅有一千零九十四戶居於城內，其餘四千七百六十一戶居於城外

層起如階級然。」

12 見全漢昇，〈唐宋時代揚州經濟景況的繁榮與衰落〉（收入《中國經濟史論叢》第一冊）。

（隆慶《儀真縣志》卷六〈戶口考〉），更可見城市人口的稠密。總之，真州揚子縣農村戶口比率如此低落，原因在於城市的發展。

最後看鎮江府丹徒縣的情形。丹徒縣位於浙西北端，當長江、運河航運交通及南北軍事要衝，[13]是鎮江府府治。鎮江府戶口在宋代也有不斷上升的趨勢，據至順《鎮江志》卷三〈戶口條〉所載歷代戶數如下：

太宗（九七六—九九七）：二萬七千五百五十六戶

真宗（九九八—一〇二二）：三萬三千戶

仁宗（一〇二三—一〇六三）：五萬四千戶

神宗（一〇六八—一〇八五）：五萬四千七百九十八戶

孝宗（一一六三—一一八九）：六萬三千九百四十戶

理宗（一二二五—一二六四）：一十萬八千四百戶

自北宋太宗至神宗約百年間，鎮江府戶口增加了一倍；自北宋神宗至南宋理宗約一百五十年間，又增加了一倍。增加的比率雖然不及汀州，但也相當可觀。浙西農田之利較福建富饒，但地小人多，人口壓力也很嚴重，[14]鎮江府在浙西屬於土地比較磽瘠的地區，[15]所承受的人口壓力自必更大。因此，鎮江府戶口之所以集中府城，一如汀州，與農村戶口達到飽和有若干關係。此外交通和軍事的因素也促成城市人口的急速增加。就交通來說，鎮江府有運河連接首都臨安，位當各路前往臨安的要衝，為賦稅、軍糧與商品轉運的樞紐，嘉定《鎮江志》稱為「國賦所貢，軍須所供，聘介所往來，與夫蠻商蜀賈荊湖閩廣江淮之舟，湊江津，入漕渠，而徑至行在所。」（嘉定《鎮江志》卷六〈地理志．山川門．水篇〉丹徒縣條）交通的便利，促進城市商業的發達，自然會吸引鄉村過剩的人口遷居城市謀生。就軍事來說，鎮江府與建康府、池州、江州、鄂州同為南宋沿江重鎮，駐有大軍，[16]「大軍分戍城之內外，又有舟師數萬在江下。」（《輿地紀勝》卷七〈兩浙西路．鎮江府篇〉）大量軍隊的駐紮，也可以促進商業的繁榮。[17]在以上各種因素共同影響下，鎮江府城的戶口自必大增，市區也因而日益擴張。嘉定

---

13 王象之，《輿地紀勝》卷七〈兩浙西路．鎮江府篇〉：「地居南北之要。因山為壘，緣江為境。控扼大江，為浙西門戶。」

14 《水心先生別集》卷二〈民事中〉：「夫吳、越之地，自錢氏時，獨不被兵；又以四十年都邑之盛，四方流徙盡集於千里之內，而衣冠貴人不知其幾族，故以十五州之眾，當今天下之半。」又《會要》〈食貨六一．賜田雜錄〉乾道六年（一一七〇）十二月十二日臣僚言：「江、浙尺寸之土，人所必爭。」

15 黃震，《黃氏日抄》卷七三〈申省控辭改差充官田所幹辦公事省劄狀〉：「惟是浙右之地，濱江皆山，如鎮江、江陰及常州之晉陵、武進，循江而東，岡脈隆起，地磽而多乾。」

16 李心傳，《建炎以來朝野雜記》（以下簡稱《朝野雜記》）乙集卷十三〈十都統制條〉：「江上始有京口、秣陵、武昌三大軍，紹興（一一三一—一一六二）末，虜將內侵，楊和王請置江、池二軍。」

17 大軍駐紮對城市商業的影響，可以建康府為例。真德秀《真文忠公文集》卷六〈奏乞為江寧縣城南廂居民代

《鎮江志》卷六〈地理志・山川門・水篇〉丹徒縣條：

（漕）渠自江口行九里，而達於城之南門，民居商肆，夾渠而列，渠岸狹不盈咫。

同上：

自城南闉以抵江口，隨地勢曲折，為里者九。……齊民瀕渠而居，侵冒臨跨，日月滋甚。

城內既不能容納新增的戶口，民居、商店因而向城外沿著運河發展，甚至侵占河堤，使得運河愈來愈窄。此外，傍鎮江府又因戶口的增加而興起一個附屬的市鎮江口鎮，有居民一千六百戶（見至順《鎮江志》卷三〈戶口條〉），雖名為鎮，戶數已較荊門軍、淳安縣及嵊縣的坊郭戶為多，僅比徽州郡城少三百戶。鎮江府丹徒縣農村戶口所占的比例所以不高，原因與汀州及真州揚子縣相似，仍是由於城市的發展。

汀州、真州和鎮江府的城市發展，說明商業在南宋經濟活動中的重要性逐漸提高，而這種現象並不只限於這三個地方。例如南宋首都臨安，就是一個比汀州、真州和鎮江府更繁榮的大城市，農村戶口所占的比例必然更低。[18]而在農村戶口仍然占總戶口大多數的地區，城市也有發展的跡象，例如鄞縣，農村戶口占百分之八十七點二一，而在坊郭中，「生齒既繁，侵冒滋多，甚至梁水而楹，跨衢而宇，往來間阻，輿馬尤病。」（寶慶《四明志》卷三〈敘郡下・坊巷條〉）又如漢陽軍，農村戶口占百分之八十六點九六，而坊郭三千戶中，「郭內之民僅千家」，「郭外沿江之民幾二千家」（《勉齋集》卷十〈與李侍郎夢聞書〉），城外居民要比城內居民多一倍。總之，南宋時期農業仍然是國家的經濟基礎，農村戶口仍然占全國戶口的大多數，但是許多城市正在發展，城市戶口不斷增加，在總戶口中所占的比例逐漸上升，而農村戶口在南宋戶口中的地位則逐漸下降。

輸和買狀〉：「馬軍行司移屯之始，連營列戍，軍民憧憧，聚彼貿易，市廛日以繁盛，財力足以倍輸。」鎮江府的情形當亦相同。

18 南宋臨安繁榮情形，參考全漢昇，〈南宋杭州的消費與外地商品之輸入〉（收入全漢昇，《中國經濟史論叢》第一冊）。

第二節　南宋農村戶口的社會結構

農村戶口在南宋戶口中的比率在有些地方雖然逐漸下降，但是仍然占總戶口的大多數，農業經濟在經濟結構中仍居主要的地位，所以分析農村戶口的社會結構，足以說明南宋財富分配的基本形態。南宋的農村社會，由上下幾個經濟能力不同的階層所構成，即官戶、上戶、下戶與客戶。[19]

客戶是南宋農村社會的最下層。客戶的名稱，始見於唐代，與土戶對稱。唐代客戶係指從外州縣移入的戶口，[20]至宋代客戶的意義已有所改變。宋代的戶籍，將住戶劃分為主戶與客戶，其分別主要以是否繳納常賦為依據，主戶繳納常賦，客戶則否；由此引申而以有無常產為標準。《會要》〈兵二・鄉兵篇・義勇保甲門〉政和三年（一一一三）九月九日條：

> 樞密院言：「保甲令諸主戶兩丁以上選一丁，並令附保。」詔：「應稱主戶處並改為稅戶。」

同上〈食貨六六・身丁錢篇〉乾道九年（一一七三）十月一日司農少卿總領淮東軍馬錢糧蔡洸言：

> 有所謂稅戶，有所謂客戶。稅戶者，有常產之人也；客戶則無產而僑寓者也。

可知主戶即稅戶，擁有常產；客戶則無常產，往來不定，有若僑寄，所以謂之僑寓。由於沒有田產，所以客戶多租佃他人土地或為人傭作以謀生。《會要》〈食貨六六．役法篇〉開禧元年（一二〇五）七月二十七日臣僚言保伍團籍之法：

> 某人係客戶，元係何處人氏，租種是何人田地。

19《會要》〈食貨六六．役法篇〉開禧元年（一二〇五）七月二十七日臣僚言：「竊見保伍之法，州縣之吏往往視為具文，並無圖籍可以稽考。蓋一都當有一都之籍，一鄉當有一鄉之籍，一縣當有一縣之籍，一州當有一州之籍，一路當有一路之籍。所謂團籍者，起於保甲，以五家結為一小甲，三十小甲結為一大甲。每甲須當開具：某人係上戶，見係等幾等戶，曾不應役，人丁若干；某人係下戶，作何營運，或租種是何人田畝，人丁若干；某人係客戶，元係何處人氏，移來本鄉幾年，租種是何人田地；某人係官戶，是何官品，曾不析戶。一一籍之於冊。」

20 關於客戶名稱的起源，參考加藤繁，〈宋代の戶口〉及〈宋代の主客戶統計〉二文（均收入《支那經濟史考證》下卷）；陳樂素，〈主客戶對稱與北宋戶部的戶口統計〉（載《浙江學報》卷一第二期）；方杰人師，〈宋代人口考實〉（收入《方豪六十自定稿》下冊）。

陳淳《北溪大全集》卷四四〈上莊大卿論鬻鹽〉：

其餘客戶，則全無立錐，惟藉傭雇，朝夕奔波，不能營三餐之飽。

換言之，客戶在農村中是佃農或傭工。由於客戶自己沒有田產，仰賴他人的土地為生，所以他們是農村中經濟能力最低的階層。

這一經濟能力最低的階層，在南宋農村戶口中的比率，可從各地方志的記載求出，如表二。

表二　南宋郡縣客戶數及比率

地區	年代	總戶數	客戶數	百分率	資料來源
平江府崑山縣	慶元（一一九五—一二〇〇）	三八、九四二	三、七〇〇	九・五〇	凌萬頃等淳祐《玉峰志》卷上〈戶口條〉
湖州烏程縣	紹興（一一三一—一一六二）	四一、七三五	二、三三七	五・六〇	羅愫乾隆《烏程縣志》卷十二〈戶口篇〉

地區	年代	總戶數	客戶數	百分率	資料來源
慶元府	乾道四年（一一六八）	一三六、一七二	三一、三四七	二三・〇二	寶慶《四明志》卷五〈郡志・敘賦上・戶口條〉
奉化縣	寶慶（一二二五—一二二七）	三二、六五二	二、六五九	八・一四	同右卷十五〈奉化縣志・敘賦・戶口條〉
定海縣	同右	一九、一一九	一、六四八	八・六二	同右卷十九〈定海縣志・敘賦・戶口條〉
昌國縣	同右	一三、五四一	五、八七六	四三・三九	同右卷二十〈昌國縣志・戶口條〉
台州	嘉定十五年（一二二二）	二六六、〇一四	七六、二九四	二八・六八	嘉定《赤城志》卷十五〈版籍門・戶口條〉
臨海縣	同右	七三、九九七	一九、八三〇	二六・八〇	
黃巖縣	同右	六八、八九八	一九、六八五	二八・五七	
天台縣	同右	四三、八四一	一二、二五一	二七・九四	
僊居縣	同右	三八、七六〇	一〇、八五〇	二七・九九	
寧海縣	同右	三五、五一八	一三、六七八	三八・五一	

地區	年代	總戶數	客戶數	百分率	資料來源
婺州金華縣	紹興	二六、八二六	一、一四七	四・二八	鄧鍾玉光緒《金華縣志》卷十二〈食貨志・戶口條〉
蘭谿縣	紹興	二三、九六一	八一八	三・五六	程子鏊萬曆《蘭谿縣志》卷一〈戶口篇〉
溫州平陽縣	建炎（一一二七—一一三〇）	五一、〇八四	一五、三八四	三〇・一二	朱東光隆慶《平陽縣志》〈貢賦篇・戶口條〉
建康府	景定（一二六〇—一二六四）	一一七、七八七	一四、二四二	一二・〇九	景定《建康志》卷四二〈風土志・民數條〉
上元縣	同右	一八、七四六	七、四六六	三九・八三	
江寧縣	同右	一三、六一一	二、二五七	一六・五八	
句容縣	同右	二五、三六六	二、九九六	一一・八一	
溧水縣	同右	二四、七六一	二、二五九	九・一二	
溧陽縣	同右	六三、九八三	〇	〇	
徽州	乾道八年（一一七二）	一二〇、〇八三	七、四八八	六・二四	淳熙《新安志》卷一〈州郡志・戶口條〉

地區	年代	總戶數	客戶數	百分率	資料來源
同右	寶慶三年（一二二七）	一三四、九四二	一〇、一九五	七・五六	弘治《徽州府志》卷二〈食貨志・戶口條〉
歙縣	乾道八年	二五、九四三	四〇九	一・五八	淳熙《新安志》卷三〈歙縣戶口條〉
休寧縣	同右	一九、五九七	〇	〇	同右卷四〈休寧戶口條〉
祁門縣	同右	一五、五三六	三、九六一	二五・五〇	同右〈祁門戶口條〉
同右	端平（一二三四—一二三六）	一六、六八七	三、五一三	二一・〇五	弘治《徽州府志》卷二〈食貨志・戶口條〉
婺源縣	乾道八年	四二、八六四	九〇九	二・一二	淳熙《新安志》卷五〈婺源戶口條〉
績溪縣	同右	八、三九一	三四一	四・〇六	同右〈績溪戶口條〉
黟縣	同右	七、七六九	一、八六八	二四・〇四	同右〈黟縣戶口條〉
吉州廬陵縣	淳熙（一一七四—一一八九）	一五一、九三三	六二、五三六	四一・一六	陸在新康熙《廬陵縣志》卷八〈戶賦志・戶口條〉
同右	嘉泰（一二〇一—一二〇四）	一五四、五〇〇	七一、七八〇	四六・五〇	同右

地區	年代	總戶數	客戶數	百分率	資料來源
龍泉縣	淳熙	三〇、七三八	一六、一五六	五二・五六	定祥光緒《吉安府志》卷十五〈賦役志・戶口條〉
撫州	嘉定（一二〇八—一二二四）	二四七、三二〇	七六、二九〇	三〇・八五	光緒《撫州府志》卷十四〈建置志〉載李紱〈清風門考〉引《嘉定志》
袁州萍鄉縣	嘉定十三年（一二二〇）	三五、四五九	一二、五六三	三五・四三	錫榮同治《萍鄉縣志》卷三〈食貨志・戶口條〉
萬載縣	同右	三一、二二三	一五、二六六	四八・八九	龍賡言民國《萬載縣志》卷四之二〈食貨志・戶口篇〉引《嘉定志》
贛州	紹興	一二〇、九八五	四九、七一五	四一・〇九	黃天錫嘉靖《贛州府志》卷四〈食貨志・戶口篇〉
	淳熙	二九三、三四四	三四、九一九	一一・九〇	
	寶慶（一二二五—一二二七）	三二一、三五六	三三、四七六	一〇・四三	
福州	淳熙	三二一、二八二	一〇九、六三一	三四・一二	梁克家淳熙《三山志》卷十〈版籍類一・戶口條〉
閩縣	同右	三二、七四一	一〇、五一三	三二・一一	
候官縣	同右	二六、九一一	七、五四〇	二八・〇二	

地區	年代	總戶數	客戶數	百分率	資料來源
懷安縣	同右	二三、三一〇	六、九三七	二九・七六	
福清縣	同右	四八、五一二	一〇、六二一	二一・八九	
長溪縣	同右	四六、三三四	二六、三五五	五六・八九	
古田縣	同右	二三、六二五	九、四八二	四〇・一四	
連江縣	同右	一八、七一四	四、八三〇	二五・八一	
長樂縣	同右	一三、二六四	四、一〇八	三〇・九七	
永福縣	同右	二一、三六七	一一、七八六	五五・一六	
閩清縣	同右	一三、五五九	六、七一二	四九・五〇	
羅源縣	同右	一二、三九一	三、二五八	二六・二九	
寧德縣	同右	二〇、二四九	七、四〇〇	三六・五五	
泉州	淳祐（一二四一—一二五二）	二五五、七五八	五八、四七九	二二・八六	陽思謙萬曆《泉州府志》卷六〈版籍志上・戶口條〉
德化縣	嘉泰	一七、七七一	七、一二四	四〇・〇九	許仁嘉靖《德化縣志》卷三〈戶口篇〉
惠安縣	淳祐	三六、八七〇	六、七九四	一八・四三	張岳嘉靖《惠安縣志》卷六〈戶口篇〉

地區	年代	總戶數	客戶數	百分率	資料來源
南安縣	南渡後（一一二七—）	五八、八〇二	一五、四六四	二六・三〇	劉佑康熙《南安縣志》卷六〈田賦志・戶口條〉
汀州	南宋初	一五〇、三三一	四七、九一二	三一・八七	《永樂大典》卷七八九〇〈汀州府條〉引《臨汀志》
同右	寶祐（一二五三—一二五八）前	二二二、三六一	九五、二六一	四二・八四	
同右	寶祐	二二三、四三三	九六、二六七	四三・〇九	
興化軍	紹熙（一一九〇—一一九四）	七二、三六三	二七、九八七	三八・六七	陳效弘治《興化府志》卷十〈戶口志〉
廣州	淳熙	一八五、七一三	一〇三、六二三	五五・八〇	《永樂大典》卷一一九〇七〈廣州府條〉引《南海志》

表二所示客戶比率，建康府溧陽縣及徽州休寧縣為零，可能由於失記，其他地區比率有低至百分之二以下者，也有高至百分之五十以上者。如以縣為單位作比較，劃分為三等級，即百分之二十以下，百分之二十至百分之四十，百分之四十以上，則以百分之二十至百分之四十的部分為最多，約占總數的一半；以郡為單位作比較，畫分為同樣的三等級，也以百分之二十至百分

之四十的部分為最多，約占總數的三分之二。事實上，比例較小的州縣也可能有失記的情形，例如定海縣，當時人的印象是「客戶猥眾」（戴栩《浣川集》卷五〈定海七鄉圖記〉），而客戶比例只有百分之八點六，似與實際情形不符。又上表所列總戶數，係包括坊郭及鄉村的戶口，並非純為農村客戶所占的比率。從若干資料看來，城市客戶的比率要比農村高。以徽州、撫州、汀州為例，如表三。

表三　南宋郡縣坊郭、鄉村客戶數及比率

地區		年代	總戶數	客戶數	百分率	資料來源
徽州	坊郭	寶慶三年（一二二七）	三、八八七	七八九	二〇・三五	弘治《徽州府志》卷二〈食貨志一・戶口條〉
	鄉村		一三一、〇五五	九、四〇六	七・一八	
撫州	坊郭	嘉定（一二〇八—一二二四）	三〇、五八八	一三、〇四八	四二・六六	光緒《撫州府志》卷十四〈建置志〉載李紱〈清風門考〉引《嘉定志》
	鄉村		二一六、七三三	六三、二四三	二九・一八	

地區		年代	總戶數	客戶數	百分率	資料來源
汀州	坊郭	南宋初（一一二七—）	五、二八五	二、三九六	四五・三四	《永樂大典》卷七八九〇〈汀州府條〉引《臨汀志》
	鄉村		一四五、〇三六	四五、五二二	三一・三九	
	坊郭	寶祐（一二五三—一二五八）前	七二、六二六	三九、一七〇	五四・九三	
	鄉村		一四九、七三五	五六、〇九一	三七・四六	
	坊郭	寶祐	七三、一四〇	三九、三八一	五三・八四	
	鄉村		一五〇、二九三	五六、四三六	三七・五五	

如此，則表二所列各地區農村客戶所占比率，當要較表中所示者為低，但因農村戶口普遍占各地區總戶口的大多數，這一誤差不會很大。總之，就大半地區客戶占總戶數百分之二十至百分之四十這一事實看來，農村中客戶的數量是不容忽視的。

較客戶為高的階層即主戶。主戶又可分為上戶及下戶二階層。上戶、下戶的劃分，是由戶等制度而來。宋代的戶籍登記，為了便於差役與科敷，將戶口按財力的高下分等，以較高的戶等負擔較重的差役或科敷。戶等在北宋曾幾經變更，[21]在南宋時則將坊郭分為十等，鄉村分為五等[22]。鄉村五等戶中，又有上四等和下五等之分，而下五等戶又稱為五等下戶。彭龜年《止堂集》卷六「議紹興和買疏」：

今既上四等有和買，下五等無和買。

《會要》〈食貨七十．賦稅雜錄〉淳熙十六年（一一八九）四月十五日條載紹興府守臣王希呂奏對：

元科則例，自物力三十八千五百以上為上四等，合科和買；自三十八千五百以下為下五等，免科。後因臣僚言，自凡係五等有產無丁之戶與上四等一概均科，於上四等蠲減二萬八千三百三十四有奇，均在五等十二萬二千九十四戶，而五等下戶物力自百文以上皆不免於和買。

21 戶等制度在宋代的演變，參考梅原郁，〈宋代の戶等制をめぐって〉（載《東方學報》第四十一冊，京都）；宋晞，〈宋代戶等考〉（收入宋晞，《宋史研究論叢》第二輯）。

22 《會要》〈食貨六九．版籍篇〉紹興十二年（一一四二）七月十八日戶部言：「州縣人戶產業簿依法三年一造，坊郭十等，鄉村五等。」

可知南宋的制度是以第一等至第四等戶為上戶，第五等戶為下戶。此外，也有一部分記載，把戶口分為「上三等戶」或「四、五等貧民」，[23]因此，也可以稱第一等至第三等戶為上戶，第四、第五等戶為下戶。

下戶的經濟情況，僅比客戶略優，同屬農村社會的下層。他們雖然擁有田產，但是數量很小，往往不足以維持生活，必須另外租佃他人土地耕作以補助生計。以紹興府為例，據上引王希呂奏狀，紹興府自物力三十八貫五百文以下為第五等戶，而紹興府計算物力的標準是將田畝分為六等，最上等的田畝每畝計物力錢二貫七百文，最下等的田畝每畝計物力錢九百文，[24]則第五等戶最多僅有第一等田十四畝餘或第六等田四十二畝餘而已。下戶租佃他人土地耕作，見於南宋官方的記載。《會要》〈食貨六六．役法篇〉開禧元年（一二〇五）七月二十七日臣僚言保伍團籍之法：

> 某人係下戶，作何營運，或租種是何人田畝。

朱熹《朱文公文集》〈別集〉卷九〈取會管下都分富家及闕食之家〉：

> 下戶合要糴米者幾家：

作田幾家，各開戶名，大人幾口，小人幾口（別經營甚業次）。

不作田幾家，各開戶名，大人幾口，小人幾口（兼經營甚業次）。

作他人田幾家，各開戶名，係作某人田，大人幾口，小人幾口（兼經營甚業次）。

因此，下戶在農村中可以說是自耕農兼佃農。這種經濟狀況，實際上比客戶好不了多少，所以在南宋的文獻中，下戶常被稱為貧民。

下戶在南宋農村戶口中所占的比率，可分別從下戶在主戶中所占的比率及下戶在總戶口中所占的比率兩方面看。下戶在主戶中所占的比率甚大，約為百分之九十左右。《朱文公文集》卷十六〈奏救荒事宜狀〉：

23 《會要》〈食貨七十．賦稅雜錄〉乾道七年（一一七一）九月一日條：「勑令所擬修下條：諸上三等戶及形勢之家應輸稅租而出違省限，輸納不足者，轉運司具姓名及所欠數目申尚書省取旨。」同上〈食貨六一．官田雜錄〉慶元四年（一一九八）正月二十一日詔：「其人戶占佃不願承買者，日下拘收，別行召責，其第四、第五等貧民占佃，俟今年秋成後召責。」

24 《會要》〈食貨七十．賦稅雜錄〉慶元三年（一一九七）十二月四日條載汪端義言：「謂如會稽縣雷門東管第一鄉第一等田畝每畝計物力錢二貫七百文，第二等二貫五百文，第三等二貫文，第四等一貫五百文，第五等一貫一百文，第六等九百文。」

今再抄箚山陰、會稽兩縣口數，以約六縣之數，則山陰、會稽丁口半於諸暨、嵊縣，而比新昌、蕭山相去不遠，絕長補短，兩縣當六縣四分之一，今抄箚山陰、會稽四等、五等貧乏之民，計三十四萬口，四等之稍自給及上三等者不預焉，則統計六縣之貧民，約須一百三十萬口，併上戶當不下百四十萬。

則紹興府除上虞、餘姚二縣外，其餘合山陰、會稽、諸暨、嵊縣、新昌、蕭山等六縣主戶凡一百四十萬口，其中貧民為一百三十萬口，約占主戶總口數的百分之九十三。又呂祖謙《東萊集》卷一〈為張嚴州作乞免丁錢奏狀〉：

臣謹按本州丁籍，通計六縣，第一至第四等戶止有一萬七百一十八丁；其第五等有產稅戶共管七萬一千四百七十九丁，雖名為有產，大率所納不過尺寸分釐升合杪勺，雖有若無，不能自給。

則嚴州第一至第五等有產稅戶共有八萬二千一百十七丁，其中第五等有產稅戶占七萬一千四百十九丁，約占主戶總丁數百分之八十七。又秦九韶《數學九章》卷五下〈賦役．均科綿稅條〉：

問縣科綿有五等戶，共一萬一千三十三戶，共科綿八萬八千三百三十七兩六錢，上等一十二戶，副等八十七戶，中等四百六十四戶，次等二千三十五戶，下等八千四百三十五戶，欲令上三等折半差，下二等比中等六四折差科率求之，問各戶納及各等幾何？

這雖是一題數學應用例題，但題目內容實際反映了此書作者對當時社會的印象。據題中所說，則在五等戶一萬一千三十三戶中，下二等戶共有一萬零四百七十戶，約占主戶總數的百分之九十五。下戶在農村總戶口中，其比率約占三分之二。魏了翁《鶴山先生大全文集》卷七九〈知達州李君墓誌銘〉：

公凡歷四郡，始守隆慶，……地磽瘠，合伍縣戶口不滿三萬餘，而下戶居三之二。

可知隆慶府的下戶占總戶數的三分之二。又《朱文公文集》卷十七〈奏台州免納丁絹奏狀〉：

第五等人戶計一十九萬九千八十四丁。

若以台州在嘉定十五年（一二二二）時主客戶人丁三十一萬八千二百一十九[25]計算，則台州第五等人丁數約占總丁數的百分之六十三，也將近三分之二。此外，如婺州有「貧乏家七十萬口」（《朱文公文集》卷七〈乞留婺州通判趙善堅措置賑濟狀〉），興化軍莆田縣有「下戶萬九千」（《後村先生大全集》卷八八〈陳、曾二君生祠〉），饒州「六邑窮民有籍于官者二十萬戶」（《盤洲文集》卷四六〈奏旱災劄子〉），南康軍「諸縣下戶口數萬」（《朱文公文集》卷二七〈與江東提舉劄子〉），雖然無法算出其在農村戶口中所占的比率，卻足以證明貧民的眾多，在這幾個地區也必然占戶口中的大多數。下戶中固然有上戶為降低戶等以規避差科而析出的詭戶在內，[26]但這些詭戶多是「有產無丁」之戶，[27]而前引資料多是丁數或口數，自然不會影響到本文的論證。總之，南宋農村中除了偶有富戶聚居的情形之外，[28]一般說來，貧乏下戶是農村戶口中的主要部分。

上戶是南宋農村社會的中層和上層。從經濟能力看，上戶所包括的範圍很廣，同是上戶，物力有高達一萬貫的，也有只有三百貫的。[29]因此，上戶之中，又可以分為富家和中產之家。無論是富家或中產之家，都擁有足夠維持生活的田產，並且招有佃戶耕作。《朱文公文集》「別集」卷九〈取會管下都分富家及闕食之家〉：

富家有米可糶者幾家，除逐家口食支用供贍地客外，有米幾石可糶（鄉例糶數即依鄉例），開客戶姓名米數（併佃客、地客姓名）。

富家無餘米可糶者計幾家，而僅能自給其地客、佃客不闕，仍各開戶名（并佃客、地客姓名）。

中產僅能自足而未能盡贍其佃家、地客者計幾家（開戶名，取見佃客、地客之名、所闕之數）。

25 據嘉定《赤城志》卷十五〈版籍門．戶口條〉。

26 柳田節子在〈宋代鄉村の下等戶について〉（載《東洋學報》卷四十第二號）一文中曾提出此一懷疑。詭戶的意義見下文。

27 《宋史》卷一七五〈食貨志．布帛篇〉載淳熙八年（一一八一）紹興府帥臣張子顏言：「舊例物力三十八貫五百為第四等，降一文以下即為第五等，為詭戶者志於規避，往往只就二、三十貫之間，立為砧基。今若自有產有丁係真五等，依舊不科；其有產無丁之戶，將實管田產一十五貫以上並科和買，其一十五貫以下則存而不敷，庶幾偽五等不可逃，真五等不受困。」

28 這類富戶聚居的農村，見《會要》〈食貨六六．役法篇〉嘉泰四年（一二〇四）十一月二十八日臣僚言：「今豪強之人，利於寬鄉大姓之多而徙焉，家有十餘千之稅，而役有十餘年之次。」

29 《會要》〈食貨六五．役法篇〉紹興三十一年（一一六九）九月二十四日知忠州張德遠言：「都保內家業物力有及一萬貫者，歇役或至二十年不差，卻差至第三等家業三百貫文人戶。」

可知富家或中產之家，都有土地出租給佃戶耕作。因此，在上戶之中，也許有一部分是自耕農，但其中應有相當數量的地主。

上戶在農村戶口中所占的比例很低，約占主戶的百分之十，若合主客戶計，則僅占百分之六或百分之七，而其中又以中產之家居多，富家較少。葉適曾經提出一個買田贍軍的計畫，在這個計畫中，他條具溫州近城三十里內擁有田產三十畝以上的官戶及民戶共一千九百五十三戶，內有田四百畝以上者四十九戶，有田一百五十畝以上至四百畝以下者二百六十八戶，有田三十畝以上至一百五十畝以下者一千六百三十六戶（《水心先生別集》卷十六〈後總中〉），衡以上引紹興府評量物力及劃分戶等的標準，這一千九百五十三戶都屬於上四等戶，而其中田產在一百五十畝以下者占百分之八十五，一百五十畝以上至四百畝者占百分之十三，四百畝以上者僅占百分之二。南宋中產之家所擁有的田產，大約在兩百畝以下，[30]可知這約近兩千戶中，大部分都只是中產之家。又《真文忠公文集》卷十〈申尚書省乞撥和糴米及回糴馬穀狀〉：

> 本州（潭州）管下名為產米之地，中戶以下，輸賦之餘，僅充食用，富家巨室，所在絕少。

《北溪大全集》卷四四〈上莊大卿論鬻鹽〉：

漳土瘠薄，民之生理本艱，與上郡不同，主戶上等歲粟斛千者萬戶中未一二，其次斛三五百者千戶中未一二。

方逢辰《蛟峰文集》卷五〈青溪縣（按：即淳安縣）修學記〉：

青溪，嚴（嚴州）上流，豪家畝不能百，甲邑版者不十室，而歲收斛不滿數百，甚矣民之窮也。

溫州、潭州是屬於比較富庶的地區，漳州、嚴州則屬於比較貧瘠的地區，可見無論貧瘠或富庶的地區，農村中富家都僅占少數。文天祥在吉州的鄉里，是江西產米最豐的地區，[31]千餘家中

30 劉宰，《漫塘文集》卷三五〈孔元忠行述〉：「會屬邑有爭新漲沙田者，公謂……且其為畝千八百有奇，何啻中民十家之產。」則南宋中產之家所有田畝約在兩百畝以下。

31 《輿其紀勝》卷三一〈江南西路・吉州篇〉：「吉州地望雖出洪、贛之下，而其戶口繁衍，田賦浩穰，實為江西一路之最。」文天祥《文山先生全集》卷五〈與知吉州江提舉萬頃〉：「吉號產米，而贛多山少田。」《黃氏日抄》卷七五〈申安撫司乞撥白蓮堂田產充和糴莊〉：「大江以西，隆興、吉州等處，皆平原大野，產米居多。」

可以有三十戶大家出米賑糶，[32]已可算是富家眾多。

在富家中有一部分享有特權的戶口，即官戶，是農村社會的最上層。官戶即品官之家，享有免除差科的特權。[33]由於官戶同時具有政治勢力及經濟特權，其中雖然也有僅能自足甚或貧乏者，但通常都是農村中的首富，擁有農村田產中的最大部分。《會要》〈食貨六一．限田雜錄〉乾道六年（一一七〇）九月二十一日中書門下省言：

> 差役之弊，大抵田畝皆歸官戶。

可知官戶在農村中擁有最多的田產。而在南宋晚年撫州樂安縣三十餘戶首富中，大部分都是官戶。《黃氏日抄》卷七八〈四月十九日勸樂安縣稅戶發糶榜〉：

> 出等稅家彰彰在人耳目者，已略得其概。如詹良卿登仕，則甲於一邑四鄉者，曾料院、許道州、詹季宏官人、曾正則官人、曾季同官人、詹明伯官人，皆邑內蓄米之多者；……如康元甫官人、周叔可官人，則甲於天授、樂安兩鄉者；如永豐湖西羅袁教、羅連幹之寄莊，則甲於雲蓋一鄉者也；他如黃景武官人暨景文、景憲、景雲等官人四兄弟，黃子光官人暨子大、子忠、鳳孫等官人，及黃漢舉官人、陳季升官人、陳

子清官人、黃晉甫官人、黃信甫官人、丘子忠官人、鄧子清官人、張彝仲官人、張普卿官人、曹季毅官人、曾季常官人、鄭榮甫官人、鄭憲甫官人與鄢甲頭，此四鄉蓄米之多者。

這種現象，說明官戶不僅在政治上是掌握實權的分子，在經濟上也自成一個階層，是擁有多量田產的大地主，高踞農村社會的最上層。

官戶在農村戶口中所占的比例，比其他各階層都低。紹熙二年（一一九一）全國共有官三萬三千五百十六員，[34]以之與紹熙四年（一一九三）全國戶數一千二百三十萬二千八百七十三戶[35]比較，官戶數尚不及總戶數的千分之三。又淳熙《三山志》載有福州及其屬縣官戶數目，

32 《文山先生全集》卷五〈與知吉州江提舉萬頃〉：「某所居里，凡千餘家，常年家中散米一日，不收錢；諸大家以次接續賑糶，可及三十日，隔一日糶，可當兩月。」

33 參見第二章第二節。

34 洪邁，《容齋四筆》卷四〈今日官冗條〉：「紹熙二年（一一九一）四選名籍尚左京官四千一百五十九員，尚右大使臣五千一百七十三員，侍左選人一萬二千八百六十九人，侍右小使臣一萬一千三百十五員，合四選之數，共三萬三千五百十六員。」

35 據《文獻通考》卷十一〈戶口考二〉。

可用來求取福州官戶所占的比率，如表四。

表四　淳熙年間福州官戶數及比率

地區	總戶數	官戶數	百分率	資料來源
福州	三二一、二八四	二、四四三	〇·七六	淳熙《三山志》卷十〈版籍類一·戶口條〉
閩縣	三二、七一四	六三〇	一·九六	
候官縣	二七、〇二一	六八〇	二·五二	
懷安縣	二三、三二〇	三四七	一·四九	
福清縣	四八、五一二	一四四	〇·二九	
長溪縣	四六、三二八	三八	〇·〇八	
古田縣	二三、六二五	三二	〇·一三	
連江縣	一八、七一四	八一	〇·四三	
長樂縣	一三、二六四	一四〇	一·〇六	

地區	總戶數	官戶數	百分率	資料來源
永福縣	二一、三六七	一三六	○·六四	
閩清縣	一四、五五九	一二二	○·八四	
羅源縣	一二、三九一	五三	○·四三	
寧德縣	二○、七四九	三六	○·一七	

可知在淳熙（一一七四—一一八九）年間福州管下十二縣中，官戶最多的候官縣也只有六百多戶，占總戶數不及百分之三；大部分縣分官戶都在一百五十戶以下，所占的比例不及百分之一，甚至有不及千分之一的情形。[36]福建在南宋是人文發達之區，福州是福建首府，官戶所占的比例已如此低，其他大部分人文發達程度不及福州的地區，官戶所占比例自然更低。因此，在南宋農村中經濟能力最高的官戶階層，在農村戶口中卻是所占比例最低的一個階層。

從上文的討論，可知南宋農村戶口大多數是客戶與下戶，並屬貧乏之家；而少數的上戶及

36 此外，遂寧府倚郭小溪縣有官戶五百八十四戶，數量同福州首邑閩縣約略相當，但由於缺乏全縣戶數，無法算出其在總戶數中的比例。李心傳《建炎以來繫年要錄》（以下簡稱《要錄》）卷一七四紹興二十六年（一一五六）九月潼川府路轉運判官王之望言：「臣置司遂寧，且以倚郭小溪一縣論之，官戶凡五百八十有四。」

官戶，又大部分是中產之家，僅能自給，富家在南宋農村戶口中只占很少數。因此，南宋農村戶口的社會結構是屬於金字塔狀的形態，貧困者甚多而富足者甚少，中產之家雖較富家為多，但與貧乏之家相比，則數量頗少。

第三節　南宋農村每戶的平均口數

南宋農村戶口的另一個重要問題，是農家每戶的平均口數。就農村經濟來說，農戶是共同生活、生產以及消費的基本群體，一戶有多少口，直接關係到農家有多少勞力可以投入生產，以及生產所得是否足供全家消費。由於宋代官方所記載的戶口數字，每戶平均口數要比歷代為少，因此久為研究宋史的學者所注意，並且對這一個現象提出了幾種不同的解釋[37]。本文專就南宋時期，以前輩學者的研究為基礎，並提供若干尚未被利用的史料，重新檢討這一個問題。

南宋全國性和地方性的例行官方戶口記載，大部分都分為戶、口兩項，也有一小部分分為戶、丁兩項，而在後者中，又有一部分記載再把丁分為丁和不成丁（包括老幼癈疾）兩項。但無論如何劃分，每戶平均的口數或丁數都僅有一人多或兩人多。這種現象，在全國、諸路或郡縣都相同，只有很少數的例外，茲據《文獻通考》以及各地方志，列舉南宋全國及地方每戶平均口（丁）數，如資料中有城、鄉戶口之分時，則僅列鄉村戶口數字，如表五。

表五　南宋官方例行戶口記載每戶平均口（丁）數

地區	年代	戶數	口（丁）數	平均數	資料來源
全國	紹興三十年（一一六〇）	一一、三七五、七三三	一九、二二九、〇〇八	一・六九	《文獻通考》卷十一〈戶口考二〉
同右	乾道二年（一一六六）	一二、三三五、四五〇	二五、三七八、六八四	二・〇七	
同右	紹熙四年（一一九三）	一二、三〇二、八七三	二七、八〇五、〇八五	二・二六	

37 主要論文有加藤繁，〈宋代の戶口〉，〈宋代の人口統計についこ〉（收入《支那經濟史考證》下卷）；宮崎市定，〈讀史劄記九・宋代戶口統計〉（收入宮崎市定，《アヅア史研究》（一））；日野開三郎，〈宋代の詭戶を論じて戶口問題に及ぶ〉（載《史學雜誌》第四十七編第一號）；曾我部靜雄，《宋代財政史》第三編第四章〈宋代の身丁錢と戶口數問題〉；方杰人師，〈宋代人口考實〉；袁震，〈宋代戶口〉（《歷史研究》一九五七年第三期）；孫國棟，〈北宋農家戶多口少問題之探討〉（收入孫國棟，《唐宋史論叢》）。

地區	年代	戶數	口（丁）數	平均數	資料來源
同右	嘉定十六年（一二二三）	一二、六七〇、八〇一	二八、三二〇、〇八五	二・二四	
兩浙路	同右	二、二二〇、三二一	四、〇二九、九八九	一・八二	
江東路	同右	一、〇四四、二六二	二、四〇二、〇三八	二・三〇	
江西路	同右	二、二六七、八八三	四、九五八、二九一	二・一九	
淮東路	同右	一二七、三六九	四〇四、二六一	三・一七	
淮西路	同右	二一八、二五〇	七七九、六一二	三・五七	
廣東路	同右	四四五、九〇六	七七五、六二八	一・七四	
廣西路	同右	五二八、二二〇	一、三二一、二〇七	二・五〇	
湖南路	同右	一、二五一、二〇二	二、八八一、五〇六	二・三〇	

地區	年代	戶數	口（丁）數	平均數	資料來源
湖北路	同右	三六九、八二〇	九〇八、九三四	二・四六	
福建路	同右	一、五九九、二一四	三、二三〇、五七八	二・〇二	
京西路	同右	六、二五二	一七、二二一	二・七五	
成都府路	同右	一、一三九、七九〇	三、一七一、〇〇三	二・七八	
利州路	同右	四〇一、一七四	一、〇一六、一一一	二・五三	
潼川府路	同右	八四一、一二九	二、一四三、七二八	二・五五	
夔州路	同右	二〇七、九九九	二七九、九八九	一・三五	
臨安府	乾道（一一六五—一一七三）	二〇五、三六七	五五二、六〇七	二・六九	潛說友咸淳《臨安志》卷五八〈風土志・戶口條〉
同右	淳祐（一二四一—一二五二）	三八一、三三五	七六七、七三九	二・一三	
同右	咸淳（一二六五—一二七四）	三九一、二五九	一、二四〇、七六〇	三・一七	
錢塘縣	乾道	四六、五三一	六八、九五一	一・四八	

地區	年代	戶數	口（丁）數	平均數	資料來源
同右	淳祐	四七、六三一	九八、三六八	二・〇七	
同右	咸淳	八七、七一五	二〇三、五一一	二・三三	
仁和縣	乾道	五七、五八四	七六、八五七	一・三三	
同右	淳祐	六四、一五〇	二二二、一二一	三・四六	
同右	咸淳	九八、六一五	二三八、四九五	二・三一	
餘杭縣	乾道	一九、八一七	二九、九一一	一・五一	
同右	淳祐	二六、五〇〇	一四〇、二八二	五・二九	
同右	咸淳	二五、九〇七	一二六、九六六	四・九〇	
臨安縣	乾道	二四、二六一	四四、七四三	一・八四	
同右	淳祐	二五、六一一	一二七、八九九	四・九九	
同右	咸淳	二五、九〇七	一二六、九六六	四・九〇	
於潛縣	乾道	二〇、二九五	四六、二九二	二・二八	
同右	淳祐	二〇、七五一	一一二、二九一	五・四一	
同右	咸淳	二〇、八〇三	一一一、九七〇	五・三八	
富陽縣	乾道	一九、九二三	三六、〇一七	一・八一	

地區	年代	戶數	口（丁）數	平均數	資料來源
同右	淳祐	三〇、〇六三	一五五、三六九	五・一七	
同右	咸淳	二九、九八五	一四九、八九八	五・〇〇	
新城縣	乾道	一二、四八三	三〇、六五一	二・四六	
同右	淳祐	一七、九〇八	八七、五二八	四・八九	
同右	咸淳	一八、〇七一	七九、八一六	四・四二	
鹽官縣	乾道	五〇、八三一	五九、三四四	一・一七	
同右	淳祐	五七、三〇三	一四〇、五二七	二・四五	
同右	咸淳	五六、九〇四	一三九、八七〇	二・四六	
昌化縣	乾道	一〇、〇一三	一四、〇三三	一・四〇	
同右	淳祐	一二、七九四	六八、四八一	五・三五	
同右	咸淳	一三、六七八	五九、一六〇	四・三三	
平江府	淳熙十一年（一一八四）	一七三、〇四二	二九八、四〇五	一・七二	范成大《吳郡志》卷一〈戶口稅租條〉
崑山縣	淳祐	四五、三六八	一三四、五〇〇	二・九六	淳祐《玉峰志》卷上〈戶口條〉

地區	年代	戶數	口（丁）數	平均數	資料來源
湖州	淳熙元年（一一七四）	二〇四、五〇九	五一八、三五二	二・五三	李堂乾隆《湖州府志》卷三六〈戶口志〉
烏程縣	紹興（一一三一—一一六二）	四一、八三五	五四、二一二	一・三〇	乾隆《烏程縣志》卷十二〈戶口篇〉
常州無錫縣	南渡後（一一二七—）	三四、三一〇	一三五、八〇二	三・九六	裴大中光緒《無錫金匱縣志》卷八〈賦役志・戶口條〉
同右	淳祐	三七、九一六	二三〇、五六八	六・〇八	
宜興縣	景定（一二六〇—一二六四）	三九、九四〇	四六、〇五九	一・一五	阮升基嘉慶《宜興縣志》卷三〈田賦志・戶口條〉
江陰軍	紹定（一二二八—一二三三）	六四、〇三五	一〇五、八一二	一・六五	朱昱重修《毗陵志》卷七〈食貨志・戶口條〉
鎮江府	乾道六年（一一七〇）	六三、九四〇	一二一、二三〇	一・九〇	至順《鎮江志》卷三〈戶口條〉
同右	嘉定（一二〇八—一二二四）	一〇八、四〇〇	六四四、一〇〇	五・九四	
同右	咸淳	七二、三五五	三九七、三四四	五・四九	
丹徒縣	乾道六年	一八、八〇〇	三二、二〇〇	一・七一	

地區	年代	戶數	口（丁）數	平均數	資料來源
同右（鄉村）	嘉定	二七、〇〇〇	一六九、六〇〇	六・二八	
同右（鄉村）	咸淳	一四、〇八一	七六、三五五	五・四二	
丹陽縣	乾道六年	二五、二四〇	五五、九八〇	二・二三	
同右	嘉定	三五、二〇〇	二一八、五〇〇	六・二一	
同右	咸淳	二二、七六八	一一八、四六一	五・二〇	
金壇縣	乾道六年	一九、九〇〇	三三、〇四〇	一・六六	
同右	嘉定	三〇、三〇〇	一九二、三〇〇	六・三五	
同右	咸淳	二六、八〇〇	一六四、六一三	六・一四	
衢州	端平（一二三四－一二三六）	一二五、九九二	二五三、六一七	二・〇一	楊準嘉靖《衢州府志》卷十三〈食貨紀・戶口條〉
西安縣	同右	二六、五二七	三八、九九一	一・四七	
龍游縣	同右	三四、三五〇	七四、六八二	二・一七	
江山縣	同右	二一、一二三	五〇、九五三	二・四一	
常山縣	同右	二五、四三五	三五、三八五	一・三九	
開化縣	同右	一八、五三八	五三、九二一	二・九一	

地區	年代	戶數	口（丁）數	平均數	資料來源
嚴州	紹興九年（一一三九）	七二、二五六	一一一、三九四（丁）	一・五四	《嚴州圖經》卷一〈戶口條〉
同右	淳熙（一一七四—一一八九）	八八、八六七	一七五、九三三（丁）	一・九八	
同右	景定	一一九、二六七	三三九、二〇六	二・七六	鄭瑤景定《嚴州續志》卷一〈戶口條〉
建德縣	紹興九年	一六、九〇二	二二、六五六（丁）	一・三四	《嚴州圖經》卷一〈戶口條〉
同右	淳熙	二四、八三二	三七、八九一（丁）	一・五三	
淳安縣	紹興九年	一五、三四六	二五、二九二（丁）	一・六五	
同右	淳熙	一八、七二六	四五、七九七（丁）	二・四五	
分水縣	紹興九年	七、一一四	一三、五一五	一・九〇	陳常鏵光緒《分水縣志》卷三〈食貨志・戶口條〉
同右	淳熙十三年（一一八六）	九、三四〇	一九、九七九	二・一四	

地區	年代	戶數	口（丁）數	平均數	資料來源
紹興府	嘉泰元年（一二〇一）	二七三、三四三	四五一、〇九一（丁）	一·六五	施宿嘉泰《會稽志》卷五〈戶口條〉
會稽縣	同右	三五、四〇六	五六、一五九（丁）	一·五九	
山陰縣	同右	三六、六五二	六一、九四四（丁）	一·六九	
嵊縣	同右	三九、七九二	七一、〇五五（丁）	一·七九	
同右（鄉村）	嘉定	三三、〇〇〇	五六、八一八（丁）	一·七八	《剡錄》卷一〈版圖篇〉
諸暨縣	嘉泰元年	四二、四二四	七四、九五八（丁）	一·七七	嘉泰《會稽志》卷五〈戶口條〉
蕭山縣	同右	二九、〇六三	四四、六四三（丁）	一·五四	
餘姚縣	同右	三〇、〇八三	四三、三七九（丁）	一·四四	
上虞縣	同右	三〇、三〇三	四三、三七九（丁）	一·四三	

地區	年代	戶數	口（丁）數	平均數	資料來源
新昌縣	同右	二八、八二〇	四八、一三七（丁）	一．六七	
慶元府	乾道四年（一一六八）	一三六、〇七二	三三〇、九八九	二．四三	寶慶《四明志》卷五〈郡志・敘賦上・戶口條〉
鄞縣（鄉村）	寶慶（一二二五－一二二七）	三六、二九六	五六、四一一	一．五五	同右卷十三〈鄞縣志・敘賦・戶口條〉
奉化縣	同右	三二、六五六	六〇、五二一	一．八五	同右卷十五〈奉化縣志・敘賦・戶口條〉
定海縣	同右	一九、一一九	五六、四九二	二．九五	同右卷十九〈定海縣志・戶口條〉
昌國縣	同右	一三、五四一	四一、五〇二	三．〇六	同右卷二十〈昌國縣志・戶口條〉
台州	嘉定十五年（一二二二）	二六六、〇一四	五四八、〇二九（丁）	二．〇六	嘉定《赤城志》卷十五〈版籍門一・戶口條〉
臨海縣	同右	七三、九九七	一五五、七四四（丁）	二．一〇	

地區	年代	戶數	口（丁）數	平均數	資料來源
黃巖縣	同右	六八、八九八	一四〇、五六三（丁）	二・〇四	
天台縣	同右	四三、八四一	八九、三四七（丁）	二・〇四	
僊居縣	同右	三三、九九四	七〇、八九五（丁）	二・〇九	
寧海縣	同右	三五、五一八	九一、五八〇（丁）	二・五八	
婺州	紹興	一五四、三二九	三〇三、〇六六（丁）	一・九六	王懋德萬曆《金華府志》卷五〈戶口條〉
金華縣	同右	二六、八二六	四六、〇五三（丁）	一・七二	光緒《金華縣志》卷十二〈食貨志・戶口條〉
蘭谿縣	同右	二二、九六一	四三、八一〇（丁）	一・九一	萬曆《蘭谿縣志》卷一〈戶口篇〉
義烏縣	同右	一四、八二九	二八、七一三	一・九四	諸自谷嘉慶《義烏縣志》卷一〈戶口篇〉
溫州	淳熙	一七〇、〇三五	九一〇、六五七	五・三六	湯日昭萬曆《溫州府志》卷五〈食貨志・戶口條〉
樂清縣	同右	二四、五八二	四一、七一六	一・七〇	

地區	年代	戶數	口（丁）數	平均數	資料來源
平陽縣	建炎（一一二七—一一三〇）	五一、〇八四	六一、二九〇	一・二〇	隆慶《平陽縣志》〈貢賦篇・戶口條〉
建康府	景定	一一七、七八七	二二八、一九六	一・九四	景定《建康志》卷四二〈風土志・民數條〉
上元縣	同右	一八、七四六	二四、五四二	一・三一	
江寧縣	同右	一三、六一一	一八、五三二	一・三六	
句容縣	乾道	二八、三九三	七二、八一六（丁）	二・五六	
同右	景定	二五、三六六	五七、三四三	二・二六	
溧水縣	同右	二四、七六一	五三、一二五	二・一五	
溧陽縣	乾道	三一、二一二	六八、九三一	二・二一	
同右	景定	六三、九八五	一三〇、七〇五	二・〇四	
徽州（鄉村）	寶慶三年（一二二七）	一三一、〇五五	二一三、八二三	一・六三	弘治《徽州府志》卷二〈食貨志・戶口條〉
歙縣	嘉定	二二、〇六三	三九、七八三	一・八〇	
休寧縣	寶慶三年	一九、六二六	四六、〇三八	二・三五	
婺源縣	嘉定	四四、四三二	五五、九三二	一・二六	

地區	年代	戶數	口（丁）數	平均數	資料來源
績溪縣	寶慶	九、六八四	二六、二九七	二・七二	
黟縣	端平	八、三三六	一九、三四七	二・三二	
太平州	淳熙	三五、〇五六	五八、六三九	一・六七	黃桂康熙《太平府志》卷九〈戶口志〉
當塗縣	同右	二二、四五三	三七、五七一	一・六七	
蕪湖縣	同右	七、六七七	一二、二五一	一・六〇	
繁昌縣	同右	四、九三六	八、八一七	一・七九	
隆興府	孝宗時（一一六三－一一八九）	二〇八、八六三	六〇一、〇六九	二・八八	許應鑅同治《南昌府志》卷十五〈賦役志・戶口條〉
南昌縣	同右	四二、三二七	一〇一、六八四	二・四〇	
新建縣	同右	二五、三〇二	一四九、〇一八	五・八九	
豐城縣	同右	五八、三六五	一二四、四八一	二・一三	
進賢縣	同右	二一、三一〇	二六、一三〇	一・二三	
奉新縣	同右	九、八四〇	二七、七四七	二・八二	
靖安縣	同右	四、二二九	二四、八七八	五・八八	
武寧縣	同右	三一、二三〇	一一六、九四九	三・七四	

地區	年代	戶數	口（丁）數	平均數	資料來源
分寧縣	同右	一四、八一三	二〇、六七七	一・四〇	
吉州廬陵縣	淳熙	一五二、〇八六	三八七、〇九二（丁）	二・五五	康熙《廬陵縣志》卷八〈戶賦志・戶口條〉
同右	嘉泰（一二〇一—一二〇四）	一五四、五〇〇	三八四、二三〇（丁）	二・四九	
龍泉縣	淳熙	三〇、七三八	四七、五五六（丁）	一・五五	光緒《吉安府志》卷十五〈賦役志・戶口條〉
安福縣	嘉泰	一一二、七八五	一一七、二三四（丁）	一・〇四	
泰和縣	淳熙	六九、〇〇〇	一三〇、〇〇〇	一・八八	
同右	嘉泰	七〇、〇〇〇	一五〇、〇〇〇	二・一四	
撫州	淳熙三年（一一七六）	二一五、八二三	五二四、四七四（丁）	二・四三	羅復晉雍正《撫州府志》卷十〈版籍考〉
同右	景定	二四七、三二〇	五五七、四七九	二・二五	
袁州萬載縣	嘉定十三年（一二二〇）	三一、八二三	四八、〇七八（丁）	一・五一	民國《萬載縣志》卷四之二〈食貨志戶口篇〉引《嘉定志》

地區	年代	戶數	口（丁）數	平均數	資料來源
萍鄉縣	同右	三五、四五九	六六、四〇〇（丁）	一・八七	同治《萍鄉縣志》卷二〈食貨志・戶口條〉
臨江軍	咸淳五年（一二六九）	一〇〇、九六四	二一六、三五一	二・一四	鄧廷輯乾隆《清江縣志》卷七〈賦役志〉
新淦縣	同右	四三、七〇〇	八八、六二五	二・〇三	
新喻縣	同右	三九、九二一	七六、七四一	一・九二	
清江縣	同右	一七、三四三	五〇、九八五	二・九四	
贛州	淳熙	二九三、三四四	五一九、三三〇	一・七七	嘉靖《贛州府志》卷四〈食貨志・戶口篇〉
同右	寶慶	三二一、三五六	六三九、三九四	一・九九	
福州	建炎	二七〇、二〇一	四〇七、三〇四	一・五一	淳熙《三山志》卷十〈版籍類・戶口條〉
同右	淳熙	三二一、二八四	五七九、一七七（丁）	一・八〇	
閩縣	同右	三二、七四五	五八、七九六	一・八〇	
候官縣	同右	二六、九一一	五九、一九〇	二・二〇	
懷安縣	同右	二三、三一〇	六六、三八一	二・八五	

地區	年代	戶數	口(丁)數	平均數	資料來源
福清縣	同右	四八、五一二	二八、六九四	〇・五九	
長溪縣	同右	四六、三二四	九六、四九八	二・〇八	
古田縣	同右	二三、六二五	八四、五九一	三・五八	
連江縣	同右	一八、七一四	三一、六五三	一・六九	
長樂縣	同右	一三、二六四	五八、〇五七	四・三八	
永福縣	同右	二一、三六七	二六、六五三	一・二五	
閩清縣	同右	一四、五五九	二六、四七四	一・八二	
羅源縣	同右	一二、三九一	一八、八〇〇	一・五二	
寧德縣	同右	二〇、二四九	三九、一七五	一・九三	
泉州	淳祐	二五五、七五八	三四八、七四四(丁)	一・三六	萬曆《泉州府志》卷六〈版籍志上・戶口條〉
德化縣	嘉泰	一七、七八一	二三、四二六	一・三二	嘉靖《德化縣志》卷三〈戶口篇〉
惠安縣	淳祐	三六、八七〇	四九、一七〇(丁)	一・三三	嘉靖《惠安縣志》卷六〈戶口篇〉

地區	年代	戶數	口（丁）數	平均數	資料來源
南安縣	南渡後	五八、八〇二	八二、二五七（丁）	一·四〇	康熙《南安縣志》卷六〈田賦志·戶口條〉
汀州	慶元（一一九五—一二〇〇）	二一八、五七〇	四五三、二三〇	二·〇七	《永樂大典》卷七八九〇〈汀州府條〉引《臨汀志》
同右（鄉村）	寶祐（一二五三—一二五八）	一五〇、二九三	三八五、三九六	二·五六	
漳州	淳祐	一一二、〇一四	一六〇、五六六	一·四三	萬曆《漳州府志》卷五〈漳州府賦役志·戶口條〉
漳浦縣	嘉定	四三、三八三	五二、一六三	一·二〇	同右卷十九〈漳浦縣賦役志·戶口條〉
龍巖縣	淳熙	二八、〇二五	四〇、八三九	一·四六	同右卷二一〈龍巖縣賦役志·戶口條〉
同右	嘉定	一一、八〇〇	一三、九七八	一·一八	
長泰縣	淳熙	八、一九二	一〇、一八五	一·二四	同右卷二三〈長泰縣賦役志·戶口條〉
同右	嘉定	九、一四〇	一〇、一八九	一·一一	
同右	淳祐	八、八九三	一〇、一六〇	一·一四	
興化軍	紹熙（一一九〇—一一九四）	七二、三六三	一七一、七八四	二·三七	弘治《興化府志》卷十〈戶紀〉

地區	年代	戶數	口（丁）數	平均數	資料來源
邵武軍	咸淳七年（一二七一）	二一二、九五三	五五八、八四六	二・六二	韓國藩萬曆《邵武府志》卷十八〈賦役志・戶口條〉
潮州	不詳	一一六、七四三	一四七、六七〇	一・二六	《永樂大典》卷五二三四〈潮州府條〉引《三陽志》
真州揚子縣（鄉村）	嘉定	六、八五六	六〇、一八七	八・七九	隆慶《儀真縣志》卷六〈戶口考〉
揚州（鄉村）	紹熙（一一九〇—一一九四）	三一、七二五	一二一、三〇二（丁）	三・八二	嘉靖《惟揚志》卷八〈戶口志〉
同右	嘉泰	三三、五二三	一八一、七三二（丁）	五・五九	
同右	寶祐四年（一二五六）	三五、九一七	九九、一〇五（丁）	二・七六	
荊門軍長林縣	慶元四年（一一九八）	一〇、六〇〇	三〇、五〇〇	二・八八	《漫塘文集》卷十一〈回荊門守張寺簿〉引《圖經》

據表五，可知無論全國、諸路或郡縣，每戶平均人數大部分是一人多或兩人多，丁、口兩類的平均數字並沒有差異；僅淳祐（一二四一—一二五三）、咸淳（一二六五—一二七四）年間臨安府餘杭、臨安、於潛、富陽、新城、昌化諸縣，南渡後及淳祐年間常州無錫縣，嘉定（一二○八—一二二四）、咸淳年間鎮江府諸縣，淳熙（一一七四—一一八九）年間溫州，孝宗時（一一六三—一一八九）隆興府新建縣、靖安縣，淳熙年間福州長樂縣、嘉泰（一二○一—一二○四）年間揚州，每戶平均在四人以上，七人以下；而嘉定年間真州揚子縣鄉村每戶平均將近九人，最為特殊。上表所列的每戶人數，大部分都是口數，只有一小部分是丁數，如果每戶平均口數只有一人多或兩人多，顯然和情理不合。南宋官方戶口記載這種不合理的現象原因何在？一般的解釋有三種：漏口說、詭戶說及丁口說。以下分別檢討這三種不同的說法。

一、漏口說。南宋大部分地區的人民，都要負擔身丁錢的賦稅，[38]這種賦稅按丁徵取，如果一戶丁數多，則所負擔的身丁錢也就重，部分人民為了逃避這一項負擔而有隱匿丁口的情形，於是導致口數記載較實數為少。《朝野雜記》甲集卷十七〈本朝視漢唐戶多丁少之弊條〉：

38《朝野雜紀》甲集卷十五〈身丁錢條〉：「身丁錢者，東南淮、浙、湖、廣等路皆有之。」同條：「閩、浙、湖、廣丁錢在園初歲為四十五萬緡，大中祥符四年（一○一一）七月當除之，後又復。」

今浙中戶口率以十戶為十五口有奇，蜀中戶口率以十戶為三十口弱，蜀人生齒非盛於東南，意者蜀中無丁賦，故漏口少爾。

即以戶多口少的原因歸之於為逃避身丁錢而隱匿丁口。隱匿丁口的現象，在南宋確實存在，以湖州為例，湖州在紹興三十年（一一六〇）因丁口不實而重行調查，其中長興縣「元管丁五萬一千有奇，今排出八萬三千」（《會要》〈食貨六六．身丁錢篇〉紹興三十一年（一一六一）正月十四日呂廣問言），漏口達三萬餘丁，約為實數的八分之三；至乾道八年（一一七二），湖州再調查丁口，又在元管二十六萬八千九十九丁之外，排出隱漏一萬四千八百九十二丁。[39]漏口無疑是宋代官方記載戶多口少的原因之一，但並非唯一的原因。以李心傳在《朝野雜記》中所舉的例證來說，四川每戶平均口數確實較兩浙為多，但每戶不滿三口，就情理論，仍嫌過少：兩浙路的身丁錢在開禧元年（一二〇五）曾獲永久蠲免，[40]而嘉定十六年（一二二三）兩浙路每戶平均口數仍然不滿兩口（見表五），則戶多口少和身丁錢之間是否有絕對的關係，顯屬疑問。而且，人民固然為了逃避身丁錢而隱匿丁口，但政府也為了確保稅源而時時調查，如上述湖州在紹興三十年至乾道八年十餘年之間，就有兩次大規模調查丁口的記載，而第二次調查時，漏口數字已比第一次減少很多。又《東萊集》卷一〈為張嚴州作乞免丁錢奏狀〉：

> 縣吏恐丁數虧折，時復搜括相驗，糾令輸納，謂之貌丁，民間既無避免之路，生子往往不舉。

可知在政府時時調查的措施之下，除非生子不舉，經常隱匿丁口也並非易事。因此，漏口只是助長了南宋官方記載戶多口少的現象，而非這一現象的基本原因。

二、詭戶說。南宋人民所負擔的差役和科敷，是根據戶等高下來決定的，部分人民為了減輕稅役的負擔，將財產分立為許多戶，以求降低戶等，宋代記載稱之為詭戶或詭名挾戶。[41]這種現象，使編籍戶數較實際戶數為多。詭戶的情形，在南宋相當普遍，多達「每一正戶，卒有十餘小戶。」（陳襄《州縣提綱》卷四〈關併詭戶條〉）「至有一家不下析為三、二十戶者。」（《會要》〈食貨六．經界篇〉紹興十五年（一一四五）二月十日王鈇言）「至有一戶析為四、五十者。」（楊萬里《誠齋集》卷一二五〈徐翊墓誌銘〉）甚至「將一家之產析為詭名女戶五、七

---

39 《會要》〈食貨六六．身丁錢篇〉乾道八年（一一七二）五月知湖州單夔言：「本州六縣管二十六萬八千九十九丁，……又續編排出隱漏一萬四千八百九十二丁。」

40 《朝野雜記》甲集卷十五〈身丁錢條〉：「開禧元年（一二〇五）十二月御筆，浙路身丁錢自今永與免除。」

41 《會要》〈食貨六．經界篇〉紹興十五年（一一四五）二月十日王鈇言：「比來有力之家，規避差役科敷，多將田產分作詭名挾戶。」又見註27引《宋史》卷一七五〈食貨志〉。

十戶。」（《會要》〈食貨六五·免役篇〉乾道九年（一一七三）七月四日條載臣僚言）詭戶眾多，無疑也是宋代官方記載戶多口少的原因之一，但同樣的不足以充分的解釋這一現象。就經濟能力來說，有必要分立詭戶至十餘家以上的，必然是富裕之家，而富戶在南宋農村社會中本占甚少數，因此富戶一家分立的詭戶雖多，但就總戶數看，則其影響顯然甚微。紹熙元年（一一九〇），知紹興府洪邁在將和買絹十四萬餘匹蠲減為十萬匹並重行科敷之前，曾作了一次詭戶調查，調查的結果，見《會要》〈食貨六六·免役篇〉紹熙元年六月二十四日條：

> 既而邁等榜示，官民戶立限一月，將詭名挾戶、隱寄田產從實開具，各令實封，經本府及逐縣投櫃首併，不以數目多寡，年歲遠近，並不追理所虧官物，仍免罪責，候限滿開拆，或人戶恃頑不首，鄉司隱庇，即點追最多者送獄根勘。和買局鄉司節次供具到人戶隱寄物力錢七十萬五千四百七十七貫，計四萬八千三百五十五戶。

以紹興府在嘉泰元年（一二〇一）戶數二十七萬三千三百四十二（見表五）計算，四萬八千三百五十五戶詭戶約占總戶數百分之十七左右，尚不及總戶數的五分之一，不可能造成每戶只有一、二口的現象。而且，除了詭戶之外，隱戶也是逃避稅役的方法之一。袁采《袁氏世範》卷三〈冒戶避役起爭之端條〉：

人有己分財產，而欲避免差役，則冒同宗有官之人為一戶籍者，皆他日爭訟之端由也。

周必大《文忠集》卷七七〈李守柔墓碣〉：

調雷州海康令，稽考簿書，得隱戶甚眾。

《勉齋集》卷二五〈代撫州陳守奏〉：

國之租稅，所以為公家經常之用者，顧乃為姦民變易名字，貿亂簿書，謂之逃戶，夫戶則逃矣，田園顧自若也。

這種隱戶，導致戶數記載較實數為少，足以和詭戶發生平衡的作用，使戶數記載不可能較實數多出太多。因此，就如同漏口一樣，詭戶也只是助長了官方記載戶多口少的現象，而非這一現象的基本原因。

三、丁口說。宋代戶口記錄中的口，可有廣狹二義，廣義的口包括男女口在內，狹義的口則僅指男口，包括成丁和不成丁兩部分，而不含女口，宋代官方每年例行戶口記載中的口，是指狹義的口而言，因此每戶平均口數實際就是每戶平均丁數。為了解宋代官方每年例行戶口記載的性質，必須先了解宋代的戶籍制度。宋太祖在建國之後第四年，即乾德元年（九六三），下詔建立全國戶籍。《長編》卷四乾德元年十月庚辰條：

始令諸州縣歲所奏戶帳，其丁口男夫二十為丁，六十為老，女口不須通勘。

《文獻通考》卷十一〈戶口考二〉亦載此事：

乾德元年，令諸州歲奏男夫二十為丁，六十為老，女口不預。

可知據宋代最早的規定，女口不包括在州縣每年的例行戶口記載內。這一制度，當為南宋所遵循。南宋稱戶籍為「丁帳」[42]或「丁籍」，[43]若與財產稅收合稱則為「丁產錢穀」，[44]都足以證明官方例行的戶口記載以丁為對象，不包括女口在內。又《慶元條法事類》卷四八〈賦役門・稅租帳條〉：

某州

今供某年夏稅或秋稅管額帳

某縣

主客戶丁：新收開閤逃移見管項內各開坊郭鄉村主戶丁各若干，客戶丁各若干，及各開丁中小老疾病人數，內自來不載者，即將保甲簿照會具實，具新收、開閤，仍說事因。

這是南宋州縣每年呈交上司的戶籍格式，其中也只提到丁，不提及女口；又其中有「內自來不

42《會要》〈食貨六九．版籍篇〉紹興七年（一一三七）五月七日比部員外郎薛徽言言：「欲望明飭有司稽考丁帳，覈正文籍，死亡生長，以時書落。歲終縣以丁之數上州，州以縣之數上漕，漕以州之數上戶部，戶部合天下之數上之朝廷。」同上紹興三十年（一一六〇）六月十四日詔：「請縣歲終攢造丁帳，三年推排物力。」

43《會要》〈食貨六九．戶口雜錄〉乾道二年（一一六六）五月九日臣僚言：「兩浙路去年百姓以疾疫死亡，以饑餓流移者至多，州縣丁籍自應虧減。」

44《會要》〈食貨六九．版籍篇〉紹興元年（一一三一）二月二十八日臣僚言：「今乞嚴勑諸路監司，應經兵火州縣，自來所有丁產錢穀簿書皆依法置造。」

載者，即將保甲簿照會具實」一句，而南宋保甲簿的格式，也只記載人丁，[45]更足以證明南宋官方例行的戶口記載不登錄女口。從《慶元條法事類》所載的戶籍格式又可得知，宋代戶口記載中的丁也有廣狹二義，狹義的丁指成丁而言，廣義的丁則包括丁中小老疾病所有男口在內。南宋官方例行戶口記載中的總丁數，應是指廣義的丁而言。[46]《慶元條法事類》所載的戶籍格式，可以從部分地方志的戶口記載得到印證。嘉泰《會稽志》卷五〈戶口條〉載嘉泰元年（一二〇一）紹興府戶口：

主客戶：二十七萬三千三百四十
丁：三十三萬四千二十
中小老幼殘疾不成丁：一十萬七千七十二

嘉定《赤城志》卷十五〈版籍門・戶口條〉載嘉定十五年（一二二二）台州戶口：

主客戶：二十六萬六千一十四
人丁：三十一萬八千二百一十九
幼丁廢疾：二十二萬九千九百九十

《永樂大典》卷七八九〇〈汀州府條〉引《臨汀志》載汀州見管戶口：

戶：二十二萬三千四百三十三

丁：三十三萬五千一百六

老小單丁殘疾不成丁：一十九萬九千七百八十四

總計口：五十三萬四千八百九十

45 見註19引《會要》〈食貨六六．役法篇〉開禧元年（一二〇五）七月二十七日條。

46 《會要》〈食貨六九．版籍篇〉淳熙五年（一一七八）二月四日臣僚言：「一丁之稅，人輸絹七尺，以唐租庸調之所自出也。二十歲以上則輸，六十則止，殘疾者以疾丁而免，二十以下者以幼丁而免，此祖宗之法也。」則殘疾與二十以下者也可稱丁，總丁數包括所有男口在內，並不與丁的意義抵觸。再以比較嵊縣年代相近的兩項戶口數字來說明總丁數應指廣義的丁而言，嘉泰《會稽志》卷五〈戶口條〉載嘉泰元年（一二〇一）嵊縣戶口：「戶三萬九千七百九十二，丁五萬三千五百七十七，不成丁一萬一千七百五十五。」《剡錄》卷一〈版圖篇〉載嘉定（當在嘉定七年〔一二一四〕以前）嵊縣戶口：「縣郭為戶一千一百九十四，為丁一千八百九十五……；鄉落為戶三萬二千，為丁五萬六千一百八十。……」嘉泰元年嵊縣戶口將人數分為丁與不成丁兩部分，兩項合計每戶平均一點七九人；嘉定嵊縣戶口僅列總丁數，而合縣郭、鄉落計每戶平均一點七八人，與嘉泰元年的每戶平均人數十分相近。可知嘉定嵊縣戶口的總丁數，應包括丁與不成丁等所有男口在內。

都把丁與老小殘疾不成丁分別列出，與《慶元條法事類》的規定相同。而《臨汀志》把丁與老小單丁殘疾不成丁兩項合稱為口，更說明大部分官方記載中的口數，其實只是包括丁與不成丁的丁口。[47]如此才能解釋在南宋地方志中的戶口記載，何以時而以口為單位，時而以丁為單位，每戶平均人數都是一人多或兩人多（見表五，特別比較建康府句容縣乾道（一一六五—一一七三）、景定（一二六〇—一二六四）兩項紀錄，撫州淳熙三年（一一七六）、景定兩項紀錄，福州建炎（一一二七—一一三〇）、淳熙（一一七四—一一八九）兩項紀錄及淳熙全州和十二縣的紀錄）；而若干地方志且以口、丁兩個不同單位來比較人數的增減。[48]將女口包括在戶口中的唯一資料，是乾道七年（一一七一）知隆興府龔茂良為賑濟災傷州縣戶口所上的建議，此一建議為朝廷所接受。《會要》〈食貨六九・戶口雜錄〉乾道七年九月十六日條：

> 知隆興府龔茂良言：「……又諸縣戶口，各有版簿。欲併老幼丁壯，無問男女，根括記籍。帥臣監司總其實數，明諭州縣，自今以始，至於來歲賑濟畢事之日，按籍比較戶口登耗。……」詔依。

但這似是為災荒救濟而發，而非當時通行的制度。至於表五中每戶平均在四人以上各縣，在所有資料中所占的比例很小，並不足以推翻丁口說，只能說是例外。總之，口數即丁數應為南宋官方記載中戶多口少現象的基本原因，由於這一制度的因素，再加上漏口和詭戶，使得官方記載中每戶平均人數只在一人至三人之間，很少超過三人以上。

官方例行戶口記載中的每戶平均口數，既只限於男口，又因受詭戶與漏口的影響，自然不能作為說明南宋每戶真正的平均口數的依據。至於南宋農村每戶真正的平均口數，可以從另外一類官方戶口記載求解答。這一類官方戶口記載，是為了安置流民及救濟災荒而作的臨時統計，沒有

47 丁口一詞在南宋史料中常可見到，如黎靖德編《朱子語類》卷一一一〈朱子九．論官〉：「開落丁口，推割產錢，是治縣八字法。」《會要》〈兵一．鄉兵篇〉乾道四年（一一六八）正月五日前知荊湖南北路安撫使王炎言：「取會得荊南七縣主客佃戶共管四萬二千二十戶，丁口計一十餘萬。」景定《建康志》卷四二〈風土志．民數條〉：「按乾道舊志，句容……主丁口六萬七千五十，客丁口五千七百六十六。」馮國京《昌國州圖志》卷一〈敘州．沿革〉：「紹興十三年（一一四三），戶部員外郎沈麟編類民籍，戶計萬餘，丁口再倍。」《昌國州圖志》為元代方志，但此條所據當為南宋史料。

48 如淳熙《三山志》卷十〈版籍類一．戶口條〉：「今額：主客戶三十二萬一千二百八十四，……主客丁五十七萬九千一百七十七。」又：「建炎（一一二七—一一三〇）以來戶至二十七萬二百有一，口四十萬七千三百四十四。以今較之，戶加建炎五之一，口加三之一。」景定《嚴州續志》卷一〈戶口條〉：「前志載紹興己未（一一三九）戶七萬二千二百五十六，丁一十一萬一千三百九十四；淳熙丙午（一一八六）戶八萬八千八百六十七，丁一十七萬五千九百有三。……今為戶凡一十一萬九千二百六十七，口凡三十二萬九千二百有六，比淳熙之數益增。」

漏口和析戶的必要，而且無論男女都需要得到救濟，自必包括男女在內。這類戶口，雖有為冒領救濟而浮報的可能，但在流移或災荒中，因離散、死亡也可能使口數較原有為少，兩相平衡之後，每戶平均口數仍較官方例行記載者高出甚多。茲將這類資料中的戶口數及每戶平均口數臚列於下，如表六。

表六　南宋災荒救濟及流移戶口記載每戶平均口數

戶口名稱	戶數	口數	平均數	資料來源
臨安府饑民戶口	五〇、〇〇〇	三〇〇、〇〇〇	六・〇〇	蔡戡《定齋集》卷六〈乞賑濟箚子〉
流移臨安府淮浙災民戶口	五六〇	二、〇八一	三・七二	《會要》〈食貨六八・賑貸篇〉嘉定元年（一二〇八）十二月八日臨安府言
流移臨安府江浙災民戶口	八五〇	三、六七六	四・三二	同右嘉定二年（一二〇九）四月四日臨安府言
南康軍饑民戶口	二九、五七八	二一七、八八三	七・三七	《朱文公文集》卷十六〈繳納南康軍任滿合奏稟事件狀〉
太平州災民戶口	六七、五〇四	四一五、〇七一	六・一五	《真文忠公文集》卷七〈申尚書省乞再撥太平、廣德濟糶米狀〉
廣德軍災民戶口	五五、〇七三	二三九、二二一	四・三四	同右

戶口名稱	戶數	口數	平均數	資料來源
撫州災民戶口	三九、〇〇〇	一八五、六九〇	四・七六	《會要》嘉泰四年（一二〇四）三月二十七日知撫州陳蓍壽言
流移奉新縣淮民戶口	六、〇〇〇	六〇、〇〇〇	一〇・〇〇	程敏政《新安文獻志》卷七十〈金文剛墓誌銘〉
高郵縣復業戶口	一、〇八〇	六、〇〇〇	五・五六	《要錄》卷五一紹興二年（一一三二）二月乙卯知高郵縣鍾離濬言
合肥縣復業戶口	三四四	一、九九六	五・八〇	陳傅良《止齋先生文集》卷五一〈薛季宣行狀〉
齊安縣復業戶口	三四一	二、一一二	六・一九	同右
興州災民戶口	三、四九二	一九、二〇九	五・五〇	《會要》〈瑞異三・水災篇〉紹熙二年（一一九一）七月十八日知興州吳挺言
長舉縣災民戶口	一七九	一、〇六三	五・九四	同右

據表六，每戶平均人口在三點七一至十口之間，有三分之二以上多於五口，約有一半在六口前後，遠較官方例行戶口記載的平均口數為多，可以視為比較可信的每戶平均口數。南宋地方官

有時以每戶三口或五口計算災民數字，[49]若以表六比較，三口應該只是每戶最低限度的口數。劉珙於淳熙二年（一一七五）在江東路救災，「籍農民當賑貸者若干戶，十口以上一斛，六口以上八斗，五口以上六斗；客戶當賑濟者若干戶，五口以上五斗，四口以下三斗。」（《朱文公文集》卷九七〈劉珙行狀〉）從這一分配賑貸及賑濟數量的方式看，農村每戶口數大約多在四口至十口之間，四口以下或十口以上均少，否則賑貸及賑濟的最高、最低標準還會再往上及往下移。這一個數字，正與表六的數字相符合。若以南宋大部分農家（下戶及客戶）所能擁有的田產數目與每戶平均口數比較，農家生產顯然有不足供其生活所需的現象。

49 如《會要》〈瑞異三．水災篇〉紹熙五年（一一九四）八月二十九日臨安府言：「據報到餘杭一縣淹漫之家計二十萬戶，每戶約三人、五人，約八萬口。」汪應辰《文定集》卷四〈御劄再問蜀中旱歉〉：「又宣撫司委官將梓潼、陰平兩縣災傷去處，每縣約三千戶，每戶三口。」《勉齋集》卷三十載黃榦〈申京湖制置司辨漢陽軍糴米狀〉：「本軍兩縣鄉村共二萬戶，且以一家五口計，共十萬口。」

第二章

南宋農村的
土地分配與租佃制度

第一節　南宋農村耕地的不足

南宋農村土地問題的基本癥結，在人口過多，耕地不足。在人口稠密的地區，耕地不足是普遍的現象，而人口稀疏的地區，則又缺乏良好的農業環境，無法吸收人口稠密地區過剩的人口。人口稠密地區的耕地雖然隨著人口的增加而不斷開發，但由於可耕地有限，耕地增加的速率趕不上人口增加的速率，使得每戶平均所能擁有的耕地數量，不僅不足供一家生活之需，甚至有逐漸減少的趨勢。

戶口多寡是決定每戶平均擁有耕地數量的重要因素。由於南方長期的開發，以及北宋以來人口的迅速增加，南宋全國戶口達到了自古以至南宋時期中國南方戶口的頂點，嘉定十一年（一二一八）南宋總戶數為一千三百六十六萬九千六百八十四，[1]已經超過漢、唐盛時全國的總戶數，即使在北宋時期，治平三年（一〇六六）以前全國總戶數也不及此數。[2]以漢、唐、北宋盛時一半的疆土，居然超過北宋治平以前中國全境的總戶數，耕地分配自然會感到不足。這種現象，由於南宋人口地理分布的不平均而更顯得嚴重。南宋全國大致可以分為人口稠密和人口稀疏兩類地區，前者包括兩浙路、江南東路、江南西路、荊湖南路、福建路、成都府路與潼川府路；後者包括淮南東路、淮南西路、廣南東路、廣南西路、荊湖北路、京西路、利州路與夔州路。茲列出各區各路嘉定十六年（一二二三）的戶數與面積於表七，以便比較。

表七　南宋各路戶數、面積及比率

地區別	戶數	百分率	面積（平方公里）	百分率
人口稠密區	一〇、三六五、八一一	八一・八一	七〇五、九〇五・三三	四一・八三
江南西路	二、二六七、八八三	一七・九〇	一三一、六八八・八四	七・八〇
兩浙路	二、二二〇、三二一	一七・五二	一二二、六二二・三四	七・二七
福建路	一、五九九、二一四	一二・六二	一二七、三三六・〇九	七・五五
荊湖南路	一、二五一、二〇二	九・八七	一二八、二三一・九一	七・六〇
成都府路	一、一三九、七九〇	九・〇〇	五四、八一八・三七	三・二五
江南東路	一、〇四六、二七二	八・二六	八六、一三四・九五	五・一〇
潼川府路	八四一、一二九	六・六四	五五、〇九二・八三	三・二六

1 見《宋史》卷八五〈地理志〉。

2 據《文獻通考》卷十、十一〈戶口者〉，漢、唐及北宋盛時全國戶數如下：

漢元始二年（二）：一二、二三二、〇六二戶

唐天寶十三年（七五四）：九、六一九、二五四戶

宋治平三年（一〇六六）：一二、九一七、二二一戶

宋熙寧八年（一〇七五）：一五、六八四、五二九戶

地區別	戶數	百分率	面積（平方公里）	百分率
人口稀疏區	二、三〇四、九九〇	一八・一九	九八一、六〇〇・四一	五八・一七
廣南西路	五二八、二二〇	四・一七	二三八、一四六・三九	一四・一一
廣南東路	四四五、九〇六	三・五一	一七〇、五七五・七五	一〇・一一
利州路	四〇一、一七四	三・一七	一〇六、五八〇・四三	六・三三
荊湖北路	三六九、八二〇	二・九一	一三〇、一二一・〇一	七・七一
淮南西路	二一八、二五〇	一・七二	九二、二九二・〇一	五・四七
夔州路	二〇七、九九九	一・六四	一〇七、三一〇・八八	六・三六
淮南東路	一二七、三六九	一・〇一	五四、八九一・〇九	三・二五
京西路	六、二五二	〇・〇四	八一、六八二・八五	四・八四
全國總數	一二、六七〇、八〇一	一〇〇	一、六八七、五〇五・七四	一〇〇

資料來源　戶數據《文獻通考》卷十一〈戶口考〉，面積據袁震〈宋代戶口〉附表三。[3]

表七所列人口稠密區七路，總面積七十萬五千九百零五平方公里，僅占全國總面積的百分之四十一點八三，而七路總戶數達一千零三十六萬五千八百一十一，占全國總戶數百分之八十

一點八一，可見南宋約五分之四的人口集中在五分之二的地區上。據當時人的觀察，地狹人稠的現象，尤其以兩浙、福建與四川（成都府路及潼川府路）最為嚴重。《要錄》卷一七二紹興二十六年（一一五六）三月乙巳韓仲通等言：

蜀地狹人稠，而京西、淮南係官膏腴之田尚眾。

史堯弼《蓮峰集》卷四〈均稅策〉：

吳、蜀有可耕之人，而無可耕之地；荊襄有可耕之地，而無可耕之人。

李石《方舟集》卷十六〈鄧承直墓誌銘〉：

湖北有可耕之田，川蜀有可耕之民。

3 本表全國總面積為各路面積合計的總數，與原表估計全國總面積為一、七二四、三五六．八一平方公里有出入。

《水心先生別集》卷二〈民事中〉：

分閩、浙以實荊楚，去狹而就廣，田益墾而稅益增。

可見這三個地區戶口過多，耕地不足，是當時所注意的問題。江南東路、江南西路與荊湖南路的人口壓力雖然不如以上四路嚴重，但江南西路的戶數超過兩浙路；荊湖南路的戶數超過成都府路，而且絕大多數戶口集中在潭州、衡州兩地；[4]江南東路的戶數僅比成都府路略少，而較潼川府路為多，則江西、湖南、江東三路也應當同樣有耕地不足的現象存在。

人口稀疏的地區，由於缺乏良好的農業環境，對調節戶口的地理分布只能發揮有限的作用。在人口稀疏的八路中，淮南東路、淮南西路、京西路與荊湖北路位於宋金邊界，常為雙方戰場，有廣大面積的荒田，雖然在南宋政府積極推行荒田開墾政策之下，江、浙、閩地區有相當數量的農民遷徙前往開墾，減輕了長江以南地區的人口壓力，但每逢宋金衝突，大量的戶口就又渡江南逃，仍然須藉江、浙的土地來維持他們的生活。[5]而且兩淮、荊襄在戶口最多時，總數不過七十萬戶（據表七計算），不及北宋崇寧元年（一一〇二）原戶數的三分之一，[6]占嘉定十六年（一二二三）全國總戶數尚不及百分之六，可知兩淮、荊襄對調節人口的地理分布，作用並不太大。廣南東西二路也有多量的未耕地，並且吸引了福建、江西若干農民前往耕作，[7]可是兩廣瘴氣很重，不適人居，至有大小法場之稱，[8]自然也不會有太多的人願意遷徙前往。利州路與夔州路固然人口稀少，但境內多山，耕作困難，[9]而利州路的關外地區又與金

4 據《宋史》卷八八〈地理志〉，北宋崇寧元年（一一〇二）潭州戶數為四十三萬九千九百八十八，衡州為十六萬八千零九十五人，合計六十萬八千零八十三人，占荊湖南路總戶數九十五萬二千三百九十七人的百分之六十四，南宋時期湖南戶口集中於潭州、衡州二郡的情形應大略和北宋末期相似。

5 參見拙作，《南宋的農地利用政策》，第二章〈南宋的荒田開墾政策〉。

6 據《宋史》卷八五、八八〈地理志〉，北宋京西路襄陽府、隨州、郢州、均州、房州及淮東路、淮西路、湖北路崇寧元年（一一〇二）合計二百一十八萬餘戶。

7 周去非，《嶺外代答》卷三〈外國門下．惰農條〉：「深廣曠土彌望，田家所耕，百之一爾。」同上卷三〈五民條〉：「欽民有五種，……四曰射耕人，本福建人，射地而耕也，子孫盡閩音。」《輿地紀勝》卷九五〈廣南東路．英德府篇〉引《真陽志》：「地廣人稀，為農者擇曠土以耕，而於磽地不復用力。」同上卷一〇二〈廣南東路．梅州篇〉引《圖經》：「郡土曠民惰而業農者鮮，悉藉汀、贛僑寓者耕焉，故人不患無田，而田每以工力不給廢。」許應龍《東澗集》卷十三〈初至潮州勸農文〉：「潮之為郡，土曠人稀，地有遺利。」

8 范成大，《桂海虞衡志》〈雜志．嶺南瘴氣條〉：「瘴，二廣惟桂林無之，自是而南皆瘴鄉矣。」《嶺外代答》卷四〈風土門．瘴地條〉：「嶺外毒瘴，不必深廣之地；如海南之瓊管，海北之廉、雷、化，雖曰深廣，而瘴乃稍輕。昭州與湖南、靜江接，士大大指以為大法場，言殺人之多也；若深廣之地，如橫、邕、欽、貴，其瘴殆與昭等，獨不知小法場之名在何州。……廣東以新州為大法場，英州為小法場，因併存之。」

9 《鶴山先生大全文集》卷一〇〇〈勸農文〉：「蜀地險隘，多磽少衍，側耕危穫，田事孔難，惟成都、彭、漢，平原沃壤，桑麻滿野。」《文定集》卷四〈御箚問蜀中旱歉畫一回奏〉：「一、契勘成都府路水田多，山

為界，為兵爭之地，夔州路若干州郡如施州、黔州地曠人稀，須人耕墾，則又僻處邊境，毗鄰蠻夷，[10]都不可能吸收人口稠密區過剩的人口。此外，在人口稠密的各路中，荊湖南路的戶口僅集中於潭州、衡州兩地，其他各郡戶口較少，但是蠻傜散布，時生傜亂，[11]也難以改善湖南境內人口分布的不均。

南宋人口稠密的地區，戶口較北宋有顯著的增加，是加重耕地不足現象的重要原因。茲表列南北宋間人口稠密地區各路及若干郡縣戶口增加的情形，如表八—表九。

表八　南宋人口稠密各路南北宋間戶數年平均增加率

路別	元豐三年（一〇八〇）戶數	嘉定十六年（一二二三）戶數	年平均增加千分率	資料來源
江南西路	一、四六〇、九一七	二、二六七、八八三	三・九	《文獻通考》卷十一〈戶口考二〉。內梓州路元豐三年戶數《文獻通考》只載主戶數，另據王存元豐《九域志》卷七〈梓州路篇〉統計。又江州於北宋隸江南東路，南宋改
兩浙路	一、八三〇、〇九六	二、二二〇、三二一	一・五	
福建路	九九二、〇八七	一、五九九、二一四	四・三	
荊湖南路	八一一、〇五七	一、二五一、二〇二	三・八	

路別	元豐三年（一〇八〇）戶數	嘉定十六年（一二二三）戶數	年平均增加千分率	資料來源
成都府路	七七一、五〇二	一、一三九、七九〇	三·三	隸江南西路，據元豐《九域志》卷六〈江南東路篇〉所載江州戶數，自《文獻通考》所載元豐三年江南東路戶數中減除，而加入江南西路戶數中，以便比較。
江南東路	九七八、三七六	一、〇四六、二七二	〇·五	
潼川府路（梓州路）	四七八、一七一	八四一、一二九	五·三	

田少，又有渠堰灌溉；其潼川府路多是山田，又無灌溉之利。……一、夔州路最為荒瘠，就刀耕火種之地，雖遇豐歲，民間猶不免食草木根實，又非潼川路之比。……」《真文忠公文集》卷四一〈故資政殿學士李公神道碑〉：「公謂本道（按：利州路）蓬、閬等處，皆山田磽瘠。」

10 《會要》〈食貨六九．逃移篇〉開禧元年（一二〇五）六月二十五日夔州路轉運判官范孫言：「本路施、黔等州，界分荒遠，綿亙山谷，地曠人稀，其占田多者，須人耕墾。」按《宋史》卷四九六「蠻夷傳」有黔州、涪州徼外蠻及施州蠻，可知黔州、施州毗鄰蠻夷。

11 《宋史》卷四九四〈蠻夷傳〉載隆興（一一六三—一一六四）初右正言尹穡言：「湖南州縣，多鄰溪峒，省民往往交通傜人。」宋代湖南傜亂的頻繁，可參考林天蔚，〈宋代傜亂編年紀事〉（收入林天蔚，《宋史試析》）。

表九　南宋人口稠密郡縣南北宋間戶數年平均增加率

地區	北宋戶數		南宋戶數		年平均增加千分率	資料來源
臨安府	元豐（一〇七八—一〇八五）	二〇二、八一六	咸淳（一二六五—一二七四）	三九一、二五九	五・〇	咸淳《臨安志》卷五八〈風土志・戶口條〉
平江府	元豐三年（一〇八〇）	一九九、〇〇〇	德祐元年（一二七五）	三二九、六〇三	三・四	盧熊洪武《蘇州府志》卷十〈戶口志〉[12]
鎮江府	元豐	五四、七九八	嘉定（一二〇八—一二二四）	一〇八、四〇〇	七・五	至順《鎮江志》卷三〈戶口條〉
湖州	元豐	一四九、六一二	淳熙九年（一一八二）	二〇四、五〇九	三・五	乾隆《湖州府志》卷三六〈戶口志〉
嚴州	治平（一〇六四—一〇六七）	七〇、四七三	景定（一二六〇—一二六四）	一一九、二六七	三・五	景定《嚴州續志》卷一〈戶口條〉
衢州	元豐	八六、七九七	端平（一二三四—一二三六）	一二五、九九二	二・九	元豐《九域志》卷五〈衢州條〉，嘉靖《衢州府志》卷十三〈食貨紀〉
江陰軍	大中祥符（一〇〇八—一〇一六）	二九、四三九	紹定三年（一二三〇）	六四、〇三五	五・三	張袞嘉靖《江陰縣志》卷五〈食貨紀・戶口篇〉

地區	北宋戶數		南宋戶數		年平均增加千分率	資料來源
婺州	元豐	一三八、〇五一	紹興（一一三一—一一六二）	一五四、三三九	二・二	元豐《九域志》卷五〈婺州條〉，王懋德萬曆《金華府志》卷五〈戶口條〉
台州	大觀三年（一一〇九）	二四三、五〇六	嘉定十五年（一二二二）	二六六、〇一四	〇・八	嘉定《赤城志》卷十五〈版籍門・戶口條〉
溫州	元豐	一二一、九一六	乾道（一一六五—一一七三）	一七〇、〇三五	四・五	元豐《九域志》卷五〈溫州條〉，萬曆《溫州府志》卷五〈食貨志〉
紹興府	大中祥符四年（一〇一一）	一八七、一八〇	嘉泰元年（一二〇一）	二七三、三四〇	二・四	嘉泰《會稽志》卷五〈戶口條〉
慶元府	政和元年（一一一一）	一二三、六九二	乾道四年（一一六八）	一三六、〇七二	一・八	寶慶《四明志》卷五〈郡志・敘賦上・戶口條〉

12 原書又稱：「宣和（一一一九—一一二五）間戶至四十三萬焉。」此當據《吳郡志》卷一：「今考孫覿〈普明寺記〉，載宣和間戶至四十三萬。」則南宋末戶口反較北宋宣和年間為少，但據《宋史》卷八七〈地理志〉載北宋崇寧元年（一一〇二）戶十五萬二千八百二十一，自崇寧至宣和僅二十年，二十年間戶數能否增加如此之多，頗有疑問，孫覿的記載可能有錯誤。

地區	北宋戶數		南宋戶數		年平均增加千分率	資料來源
常州無錫縣	紹聖（一〇九四－一〇九七）	二三、三一四	淳祐（一二四一－一二五二）	三七、九一六	四・三	光緒《無錫金匱縣志》卷八〈賦役志・戶口條〉[13]
徽州	元豐	一〇五、九八四	乾道八年（一一七二）	一二二、〇一四	一・六	淳熙《新安志》卷一〈郡志・戶口條〉
撫州	大中祥符	九二、三三三	景定	二四七、三二〇	一一・〇	雍正《撫州府志》卷十〈版籍考〉
瑞州	元豐	七九、五九一	寶慶二年（一二二六）	九六、〇五六	一・四	元豐《九域志》卷六〈筠州條〉，陶履中崇禎《瑞州府志》卷十〈戶田志〉
臨江軍	元豐	八九、四九七	咸淳五年（一二六九）	一〇〇、九六四	〇・七	元豐《九域志》卷五〈臨江軍條〉，乾隆《清江縣志》卷七〈賦役志〉
吉州盧陵縣	元豐	七〇、〇〇〇	嘉泰（一二〇一－一二〇四）	一五四、五〇〇	九・八	平觀瀾乾隆《盧陵縣志》卷十一〈賦役志・戶口條〉
袁州萍鄉縣	大中祥符	二二、七二二	嘉定十三年（一二二〇）	三五、四五九	二・六	同治《萍鄉縣志》卷三〈食貨志・戶口篇〉

地區	北宋戶數		南宋戶數		年平均增加千分率	資料來源
萬載縣	大中祥符	一二、七五四	嘉定十三年	三一、二二三	六·八	民國《萬載縣志》卷四之二〈食貨志·戶口篇〉引《嘉定志》
贛州	太平興國（九七六—九八三）	八五、一四八	寶慶（一二二五—一二二七）	三二一、三五六	一一·一	嘉靖《贛州府志》卷四〈食貨志·戶口篇〉
建昌軍	元豐	一一五、二〇八	開慶元年（一二五九）	一六八、二七九	二·五	夏良勝正德《建昌府志》卷三〈圖籍篇〉
福州	元豐	二一一、五四六	淳熙（一一七四—一一八九）	三三一、二八四	五·四	淳熙《三山志》卷十〈版籍門·戶口條〉
汀州	元豐	八一、四五六	慶元（一一九五—一二〇〇）	二一八、七五〇	一三·九	《永樂大典》卷七八九〇〈汀州府條〉引《臨汀志》

13 原書紹聖（一〇九四—一〇九七）作紹興（一一三一—一一六二），但在紹興戶數之後又列有南渡後戶數三萬四千三百一十，紹興疑為紹聖之誤。

地區	北宋戶數		南宋戶數		年平均增加千分率	資料來源
泉州	元豐	二〇一、四〇六	淳祐	二五五、七五八	一·七	元豐《九域志》卷九「泉州條」，萬曆《泉州府志》卷六〈版籍志〉
漳州	元豐	一〇〇、四六九	淳祐	一一二、〇一四	〇·七	元豐《九域志》卷九〈漳州條〉，萬曆《漳州府志》卷五〈賦役志〉
興化軍	元豐	五五、二三七	紹熙（一一九〇—一一九四）	七二、三六三	二·八	弘治《興化府志》卷十〈戶口志〉
邵武軍	崇寧（一一〇二—一一〇六）	八七、五九四	咸淳	二一二、九五三	一〇·〇	萬曆《邵武府志》卷十八〈賦役志·戶口條〉

按：有年號而無確定年分者，以該年號的元年為計算基準。

據表八，南宋人口稠密區各路戶數，自元豐三年（一〇八〇）至嘉定十六年（一二二三）間，戶數年平均增加率除兩浙路和江南東路在千分之一點五以下之外，其他均在千分之三以上，福建路和潼川府路且在千分之四以上。而地方志的資料顯示若干州縣的戶口增加特別迅速，超過上述的戶數年平均增加率，據表九，自北宋至南宋，臨安府戶數年平均增加率為千分之五，鎮江府為千分之七點五，江陰軍為千分之五點三，撫州為千分之十一，吉州廬陵縣為千分之九點八，袁州萬載縣為千分之六點八，贛州為千分之十一點一，福州為千分之五點四，汀州為千分之十三點九，邵武軍為千分之十，均超過千分之五的年平均戶數增加率，而內中撫州、汀州、邵武軍的年平均戶數增加率更在千分之十以上。這樣的增加率，使得許多州郡的南宋中晚期戶數比起北宋中晚期來增加了百分之五十甚或一倍以上。人口稠密區普遍增加的大量戶口，由城市吸收了一部分，但是數量是有限的，除非耕地面積能夠按照戶口增加的同一比率而增加，否則南宋農民每戶平均所能分到的耕地就要比北宋少。

南宋在戶口增加的趨勢下，耕地確實也隨著增加。北宋時期，南方人口稠密地區的平原已開發到相當階段，為維持新增人口的生活，只有繼續向沼澤和丘陵地帶發展。開發新耕地的第一個方式，是排水為田，主要行之於兩浙及江東。這一類耕地稱為圩田、圍田或湖田，是疏排湖水、溪水，築堤耕種而成。自北宋末葉起，兩浙、江東已在大量構築這一類耕地，至南宋時期，更是無限制的擴張。例如建康府圩田占全府農地面積的百分之十六，寧國府圩田占全府農地面積的百分之二十五，平江府常熟縣官田中有四分之一以上是圍田，嘉興府華亭縣的農地登記全以圍為單位，紹興府湖田租米占湖田米、秋苗米二項總數的五分之一。圩田、圍田和湖田的開發，固然增加了江、浙地區耕地的面積，但是由於這一類耕地無限制的擴張，使得許多原來具有調節水量功能的湖泊、溪渠都被侵占為田，湖水、溪水失去蓄積和宣洩的處所，於是水、旱災時常發生，原有農地的產量為之減少，甚或成為荒地。[14]因此，排水為田對農地面積增加的貢獻顯然有一定的限度，不能過分強調。

開發新耕地的第二個方式，是墾山為田，普遍見於南宋全國各處的丘陵山地。自唐代以來，南方各地由於人口增加，已使用火耕的方法開發山區；[15]宋代部分較為落後的山區仍然使用火耕的方法，[16]其他南方山區則由於人口繼續增加以及灌溉技術的進步，採用了平地的耕作技術，將山地開墾成畦，種植水稻。山區的水稻栽培，在北宋已經相當發達。如方勺《泊宅編》卷三載朱行中知泉州有詩云：

水無涓滴不為用，山到崔嵬盡力耕。

葉廷珪《海錄碎事》卷十〈農田部．田疇門〉記果州、合州、戎州農地利用的情形：

農人于山壟起伏間，為防豬雨水，用植粳稬稻，謂之噌田，俗謂雷鳴田。

按《泊宅篇》、《海錄碎事》均為南宋初期著作，但朱行中於北宋神宗時仕宦，戎州則為北宋政和（一一一一—一一一七）以前地名（政和以後改稱敘州），所以以上兩段資料所述為北宋時期現象。南宋時期，山區稻作更加普遍。范成大《驂鸞錄》：

> 泊袁州，聞仰山之勝久矣，去城雖遠，今日特往遊之。……嶺阪山皆禾田，層層而上至頂，名梯田。

《石湖居士詩集》卷十三〈黃羆嶺詩〉：

> 謂非人所寰，居然見鋤犁。山農如木客，上下翾以飛。

---

14 參見拙作，《南家的農地利用政策》，第三章〈南宋的圩田政策〉。

15 參見李劍農，《宋元明經濟史稿》，頁二〇—二四。

16 《石湖居士詩集》卷十六〈勞畬耕詩序〉：「畬田，峽中刀耕火種之地也。春初斫山，眾木盡蹶，至當種時，伺有雨候，則前一夕火之，藉其灰以糞，明日雨作，乘熱土下種，即苗盛倍收。」《後村先生大全集》卷九三〈漳州諭畬〉：「凡溪洞種類不一，……在漳曰畬，……西畬隸龍溪，南畬隸漳浦，……二畬皆刀耕火耘。」洪咨夔《平齋文集》卷十〈龍州免運糧夫碑跋〉：「山窮水盡之鄉，刀耕火種之俗。」陽枋《字溪集》卷九〈夔州勸農文〉：「火種者宜早燒畬。」《輿地紀勝》卷一一五〈廣南西路・賓州篇・澄江洞條〉：「在遷江縣之西，傜人所居，無田可耕，惟恃山畬，刀耕火種。」

《攻媿集》卷七〈馮公嶺詩〉：

> 百級山田帶雨耕，驅牛扶耒半空行。不如身倚市門者，飽食豐衣過一生。

方岳《秋崖集》卷三六〈徽州平糴倉記〉：

> 徽民鑿山而田，高耕入雲者十半。

《會要》〈瑞異二．旱篇〉嘉定八年（一二一五）七月二日臣僚言：

> 閩地瘠狹，層山之顛，苟可置人力，未有尋丈之地，不坘而為田。泉溜接續，自上而下，耕墾灌溉，雖不得雨，歲亦倍收。

可知南宋丘陵山區耕種用牛、用犁、引水灌溉、種植稻米，所栽培的作物及使用的耕作技術都和平地相同，並且已有了梯田的名稱。上引資料中，泉州在福建，果州、合州、戎州均在四川，馮公嶺在浙東，黃羆嶺在湖南，[17] 徽州屬江東，袁州屬江西，可知南宋全國各處的丘陵山地，都有墾山為田的現象。墾山為田確實增加了農地的面積，但是山田的面積、土質都不能和平原農地相提並論，而且耕作困難，因此，墾山為田對減輕人口壓力的作用也是有一定的限度的。

　　無論排水為田或墾山為田，所能增加的耕地都有一定的限度，所以到南宋中期，閩、浙地區耕地的增加已經達到極限。[18]在這種情形下，耕地增加率顯然無法超過戶口增加率，因此南宋每戶平均所能擁有的耕地數量，比起北宋來就有減少的趨勢。這種現象，在當時已有人指出。戴栩《浣川集》卷五〈定海七鄉圖記〉：

17《驂鸞錄》：「行衡、永間，……自吳至桂三千里，除水行外，餘舟車所通，皆無大山，惟此有黃羆嶺，極高峻，回複半日方度，與括之馮公，歙之五嶺相若。」

18 嘉定《赤城志》卷十三〈版籍門一〉：「州（台州）負山瀕海，沃土少而瘠地多，民生其間，轉側以謀衣食，寸壤以上，未有萊而不耕者也。」，倪朴《倪石陵書》〈投鞏憲新田利害箚子〉：「浦江（屬婺州）居山僻間，地狹而人眾，一寸之土，墾開無遺。」《吳郡志》卷二〈風俗篇〉：「吳中自昔號繁盛，四郊無曠土，隨高下悉為田。」衛涇《後樂集》卷十三〈論圍田劄子〉：「自紹興（一一三一—一一六二）間行界限後，至今五六十年，生齒日繁，豈復有可耕之田，荒而不治。」《東澗集》卷十三〈初至潮州勸農文〉：「閩浙之邦，土狹人稠，田無不耕，固不待勸。」

余嘗以鄉籍考之，政和六年（一一一六），戶一萬六千二百二十六，口三萬六千二百，墾田三千三百頃，蓋國家極盛時也。中興以來，休養生息，以迄於今，戶視政和幾增半之，口更逾昔數之半，而墾田所加纔三十之二焉。以故稅戶益分，而客戶猥眾。

清楚地指出了定海縣由於戶口大量增加，而耕地增加無幾，使得農民所能分配的土地減少。比較南北宋定海縣的戶數和田畝數，可知北宋政和六年每戶平均約可有二十畝，至南宋時期，則只約有十二畝半，減少將近五分之二。每戶只有二十畝的土地已嫌過少，十二畝半自然更感不足。其他地區缺乏可資比較的資料，但從南宋若干州縣每戶平均所能擁有的耕地數量看來，至少可以說明此一數量不足以供一家生活之需。茲表列如表十。

表十　南宋郡縣每戶平均畝數

地區	戶數		田畝數		每戶平均畝數	資料來源
平江府常熟縣	淳熙元年（一一七四）	五一、一三八	端平（一二三四—一二三六）以前	二、三三二、五六三	四五・四〇	《吳郡志》卷三八引《常熟縣記》，盧鎮重修《琴川志》卷六〈敘賦〉
嘉興府華亭縣	紹熙（一一九〇—一一九四）	九七、〇〇〇	紹熙	四、七〇〇、〇〇〇	四八・四五	楊潛紹熙《雲間志》卷上〈版籍篇〉，顧清《傍秋亭雜記》上卷
江陰軍	紹定（一二二八—一二三三）	六四、〇三五	紹定	一、二五三、六〇二	一九・五八	重修《毗陵志》卷七〈食貨志・戶口條〉、〈財賦條〉
紹興府（除餘姚、上虞二縣）	嘉泰元年（一二〇一）	二、一二一、五七	淳熙九年（一一八二）	二、〇〇〇、〇〇〇	九・四三	嘉泰《會稽志》卷五〈戶口條〉，《朱文公文集》卷十六〈奏救荒事宜狀〉
紹興府嵊縣	嘉定（一二〇八—一二二四）	三三、一九四	嘉定	三七五、七三八	一一・三一	《剡錄》卷一〈版圖篇〉
慶元府鄞縣	寶慶（一二二五—一二二七）	四一、六一七	寶慶	七四六、〇二九	一七・九三	寶慶《四明志》卷十三〈鄞縣志・敘賦・戶口條〉、〈田畝條〉

地區	戶數		田畝數		每戶平均畝數	資料來源
慈溪縣	同右	二〇、〇〇〇	同右	四六九、一〇〇	二三・四六	同右卷十六〈慈溪縣志・官僚・丞條〉
定海縣	同右	一九、一一九	同右	三五六、七九〇	一八・六六	同右卷十九〈定海縣志・敘賦・戶口條〉
溫州樂清縣	淳熙（一一七四—一一八九）	二四、五八二	淳熙	四六〇、〇〇〇	一八・七一	萬曆《溫州府志》卷五〈戶口條〉、〈田土條〉
台州	嘉定	二六六、〇一四	嘉定	二、六二八、二八三	九・八八	嘉定《赤城志》卷十三〈版籍門・田條〉，卷十五〈版籍門・戶口條〉
寧海縣	同右	三五、五一八	同右	三八五、七一八	一〇・八六	
臨海縣	同右	七三、九九七	同右	六六八、三八三	九・〇三	
黃巖縣	同右	六八、八九八	同右	九五七、九七四	一三・九〇	
天台縣	同右	四三、八四一	同右	三一三、一二二	七・一四	

地區	戶數		田畝數		每戶平均畝數	資料來源
僊居縣	同右	三三、九九四	同右	三一〇、一二六	九・一二	
徽州	乾道（一一六五—一一七三）	一二二、〇一四	淳熙	二、九一九、五五三	二三・九三	淳熙《新安志》卷一〈州郡志・戶口條〉，卷二〈州郡志・稅則條〉
歙縣	同右	二六、〇三四	同右	四五八、一五六	一七・六〇	同右卷三〈歙縣志・戶口條〉，〈田畝條〉
休寧縣	同右	一九、五七九	同右	三〇三、九六四	一五・五三	同右卷四〈休寧縣志・戶口條〉、〈田畝條〉
祁門縣	同右	一五、五三六	同右	七一七、六三六	四六・一九	同右〈祁門縣志・戶口條〉、〈田畝條〉
婺源縣	同右	四二、八六四	同右	七九五、七八七	一八・五七	同右卷五〈祁門縣志・戶口條〉、〈田畝條〉
績溪縣	同右	八、三九一	同右	三〇九、五六六	三六・八九	同右〈績溪縣志・戶口條〉、〈田畝條〉
黟縣	同右	七、七六九	同右	三三四、四四〇	四三・〇五	同右〈黟縣志・戶口條〉、〈田畝條〉

地區	戶數		田畝數		每戶平均畝數	資料來源
建康府	景定（一二六〇—一二六四）	一一七、七八七	景定	四、三九七、六三三	三七・三四	景定《建康志》卷四十〈田畝志・田數條〉，卷四二〈風土志・民數條〉
上元縣	同右	一八、七四六	同右	七七五、四三一	四一・三七	
江寧縣	同右	一三、六一一	同右	五二三、四二六	三八・四六	
溧陽縣	同右	六三、九八三	同右	一、七八八、九五九	二七・九六	
句容縣	同右	二五、三六六	同右	一、〇一三、六八三	三九・九六	
溧水縣	同右	二四、七六一	同右	二九六、一三九	一一・九六	
福州	淳熙	三二一、二八四	淳熙	四、二六三、三一八	一三・二七	淳熙《三山志》卷十〈版籍類・戶口條〉、〈墾田條〉
閩縣	同右	三二、七四五	同右	三三五、八二五	一〇・二六	

地區	戶數		田畝數		每戶平均畝數	資料來源
候官縣	同右	二六、九二一	同右	二九三、四五一	一〇・九〇	
懷安縣	同右	二三、三二〇	同右	二六三、四五一	一一・三〇	
福清縣	同右	四八、五二二	同右	五三三、〇八七	一〇・九九	
長溪縣	同右	四六、三三四	同右	八二六、八三四	一七・八五	
古田縣	同右	二三、六二五	同右	六〇九、〇四一	二五・七八	
連江縣	同右	一八、六七四	同右	二五五、七五六	一三・七〇	
長樂縣	同右	一三、二六四	同右	二〇〇、四一一	一五・一一	
永福縣	同右	一九、六三三	同右	二八二、七三五	一四・四〇	

地區	戶數		田畝數		每戶平均畝數	資料來源
閩清縣	同右	一四、五五九	同右	二三一、〇一五	一五．一八	
羅源縣	同右	一二、三九一	同右	一六九、一七五	一三．六五	
寧德縣	同右	二〇、二四九	同右	二八四、八九一	一四．〇七	

上列郡縣，分布於兩浙、江東、福建三路，均屬人口密集地區。各郡縣的田畝數，由於有隱漏的情形，可能較實際的數字為少，但誤差不至於太大。因為南宋紹興十二年（一一四二）至十九年（一一四九）間，除兩淮、湖北及若干特殊州郡外，曾施行全國性的土地經界，「江、浙、閩、蜀之地，寸量尺度，無有隱漏。」（《雙溪類稿》卷十九〈林鄂州書〉）減少了隱漏田畝的可能性。表十中紹興府（除餘姚、上虞二縣）、徽州、福州的田畝均為淳熙（一一七四—一一八九）年間數字，嘉興府華亭縣的田畝為紹熙（一一九〇—一一九四）年間數字，上距紹興十九年仍不甚遠。此後歷時既久，地籍發生混亂，於是又有地區性的土地經界實施，例如台州黃巖縣、寧海縣、臨海縣、僊居縣在嘉定（一二〇八—一二二四）年間均曾重新施行經界，其中

黃巖縣、寧海縣且已完成，[19]而表十中寧海縣每戶平均耕地不過十畝餘，黃巖縣每戶平均耕地不過十五畝餘，可知即使在地籍確實的情形下，二縣每戶平均耕地數量仍然不多。大致說來，上列的每戶平均田畝數，屬於丘陵地區的江陰軍、紹興府、慶元府、溫州、台州、福州、徽州等郡縣較少，在十餘畝至二十餘畝之間，甚至有在十畝以下的；屬於平原地區的平江府、嘉興府以及平原、丘陵各半的建康府等郡縣較多，在三十餘畝至四十餘畝之間，但也沒有超過五十畝以上。

上列南宋人口稠密地區各郡縣每戶平均所有的耕地數量，不論是否較北宋減少，大部分都只相當一個貧乏下戶所擁有的耕地數量，僅仰賴如此少量的耕地，是否足以維持一家的生活，可以用南宋末年方回的估計作參考。方回《古今考續考》卷十八〈附論班固計井田百畝歲出歲入條〉：

予往在秀之魏塘王文政家，望吳儂之野，茅屋炊煙，無窮無極，皆佃戶也。一農可

19 嘉定《赤城志》卷十三〈版籍門一〉：「按紹興十八年（一一四八），李侍郎椿年建行經界，俾編戶實書其產，依土風水色，認兩稅，履畝授砧基，貳藏之官，於是州縣無隱田。余聞長老言，李健而明，吏不得弄毛髮，以故得事集，集後無敢議者。今七十有五載，猾吏豪民，相倚仗為蠹，賦役龐亂，遂有舉行前說者焉。往歲寧海、黃巖嘗行之矣，臨海、仙居則方行而未備也。」

> 耕今田三十畝，假如畝收米三石或二石，姑以二石為中，畝以一石還主家，莊幹量石五以上，且曰納主三十石，佃戶自得三十石，五口之家，人日食一升，一年食十八石，有十二石之餘。予見佃戶攜米，或一斗，或五七三四升，至其肆易香燭、紙馬、油鹽、醬醯、漿粉、麩麵、椒薑、藥餌之屬不一，皆以米準之。整日得米數十石，每一百石舟運至杭、至秀、至南潯、至姑蘇，糶錢復買物歸售。水鄉佃戶如此，山鄉又不然。要知佃戶歲計惟食用，田山之所種，納主家租外，不知有軍兵傜役之事，亦苟且辛苦過一世也。

秀州位於浙西，而浙西是南宋稻米每畝生產量最高的地區。據方回的估計，魏塘農村裡一個耕種三十畝地的佃農，如果每畝稻米的生產量有二石，可以維持一家五口一年的生活。事實上，這一個估計對佃戶的消費是低估了，因為佃戶除食用外，至少還有農業資本和婚喪祭祀的支出，以農業資本來說，從地主提供給佃戶耕牛則可多收一分租課這一慣例看（詳第三節），當不下於佃戶所得的五分之一，因此三十畝田未必能維持一年的生活，當然，如果一年能有兩季稻作，或稻麥輪作，情形便有改善，但是農家卻必須付出更長時間的勞力於田事上。秀州尚且如此，何況其他地區。至於自耕農，雖無地租負擔，卻須納稅服役，僅以二稅中秋苗一項來說，各地負擔不等，約為土地生產力的三十七分之一至五分之一，[20]但是南宋雜稅繁重，超過二稅的數倍以上，[21]因此三十畝田能否維持自耕農一家的生活也很成問題。而上列各郡縣每戶平均所有的耕地數字，竟大多數都在三十畝以下。這種現象，說明耕地不足不僅是某一社會階層的問題，而且是耕地總數不足供養戶口總數的問題。在這種情形下，如果有土地集中的現象發生，土地分配的問題就更顯得嚴重。

第二節　南宋農村的土地所有與經營

對南宋農村的土地分配問題，應該兼從土地的所有和經營兩方面來觀察。從土地所有方面看，土地所有權集中在少數的官戶、富家手中，他們擁有多量的土地，而多數的農家則所有耕

20 參見周藤吉之，〈宋代の兩稅負擔〉（收入周藤吉之，《中國土地制度史研究》）。

21 蔡堪《定齋集》卷五〈論州縣科擾之弊劄子〉：「二稅古也。今二稅之內，有所謂暗耗，有所謂漕計，有所謂州用，有所謂斛面；二稅之外，有所謂和買，有所謂折帛，有所謂義倉，有所謂役錢，有所謂身丁布子錢，此上下之通知也。于二者之中，又有折變，又有水腳，又有糜費，有隔年而預借者，有重價而折錢者，其賦斂煩重，可謂數倍于古矣。然猶未也，有所謂月樁，有所謂鹽產，有所謂茶租，有所謂上供銀，有所謂乾酒錢•有所謂醋息錢，又有所謂科罰錢，其色不一，其名不同，各隨所在有之，不能盡舉。」——

地甚少，或者全無；從土地經營方面看，土地所有權的集中並沒有造成經營規模的擴大，直接經營土地的自耕農和佃農，均在分割零碎的農地上耕作。因此，南宋農村中就有了土地所有權集中而土地經營零散兩個不同的現象。

土地所有權的集中，是自西漢以來長期的歷史趨勢。在以農業為經濟基礎的社會中，土地是最主要的生產因素，因此也是最主要的財富，成為財富追求者所極力追求的對象；而在土地私有制度之下，若政府對土地分配不作積極的干預，則土地經由買賣、侵占、強奪、賞賜以及開墾等過程，逐步集中在少數強有力者的手中，是不可避免的現象。[22]除此之外，又有兩項特殊的因素，增加了南宋農村土地集中的程度。

第一是南方官戶的增加。官戶是南宋農村社會的最上層，在經濟上享有免除差科的特權，稅役負擔既輕，財富累積自易，因此他們擁有多量的田產。在北宋時，官戶擁有田產數量的眾多，已使得政府不得不對官戶免除差科的田產數加以限制。政和（一一一一—一一一七）年間，限定品官之家免除差科的田產，一品為百頃，二品為九十頃，以次遞減，至九品為十頃；[23]南宋初年，曾一度停止官戶免除科敷的特權，僅能免除差役；[24]此後免除科敷的特權雖然恢復，可是免除差科的田產數額則遭到削減，僅餘政和年間規定的一半。[25]官戶的經濟特權雖然日益減少，但擁有特權的官戶數卻日益增多。金人占據北方，北方士大夫大量南徙，南方官戶數因而突然大增，紹興間臣僚已言「今日官戶不可勝計」（《會要》〈食貨六．限田雜錄〉

紹興十七年〔一一四七〕正月十五日條〕；此後南宋立國既久，官員全出身南方，與北宋兼出自南北有所不同，加以入仕之途冗濫，更使官員數量大增，洪邁《容齋四筆》卷四「今日官冗

22 此類事實，周藤吉之，〈宋代莊園制の發達〉（收入《中國土地制度史研究》）已舉出甚多，本文不再贅述。

23《會要》〈食貨六．限田雜錄〉紹興十七年（一一四七）正月十五日臣僚言：「政和（一一一一—一一一七）令格，品官之家，鄉村田產得免差科，一品一百頃，二品九十頃，下至八品二十頃，九品十頃，其格外數悉同編戶。」

24《要錄》卷一〇五紹興六年（一一三六）九月壬辰右司諫王縉言：「竊見軍興以來，費用百出，州縣科數有不能免，已降指揮官戶並同編戶。」《會要》〈食貨六．限田雜錄〉紹興十七年（一一四七）正月十五日條：「臣僚言：『……令朝廷之意，蓋欲盡循祖宗之法，以紓民力。比年以來，軍須百出，編戶有不能辦，州縣必勸誘官戶共濟其事，上下併力，猶患不給，今若自一品至九品皆得如數占田，則是官戶更無科配，所有軍須，悉歸編戶，豈不重困民力哉。望詔大臣重加審訂，凡是官戶，除依條免差役外，所有其他科配，並權同編戶一例均數，庶幾上下均平，民受實惠。……』詔令戶部限三日勘會申尚書省，於是戶部勘當：『欲依臣僚所乞，權令應官戶除依條免差役外，所有其他科配，不以田限多少，並同編戶一例均數科配，候將來邊事靜息日，卻依舊制施行。』從之。」同上淳熙十年（一一八三）十一月十二日條載戶部狀：「處州申：『……恭覩淳熙（一一七四—一一八九）專法，該載限田新格，明言品官之家鄉村田產免差科。』」則官戶免除科敷之制，在南宋初年一度停止實施，至淳熙間又恢復。

25《慶元條法事類》卷四八〈賦役門．科數篇．田格〉：「品官之家鄉村田產免差科：壹品伍拾頃，貳品肆拾伍頃，叁品肆拾頃，肆品叁拾伍頃，伍品叁拾頃，陸品貳拾伍頃，柒品貳拾頃，捌品拾頃，玖品伍頃。」

條」：

元豐（一〇七八—一〇八五）中，曾鞏判三班院（原注：今侍右也），上疏言：「國朝景德（一〇〇四—一〇〇七）墾田百七十萬頃，官萬員；皇祐（一〇四九—一〇五三）二百二十五萬頃，官二萬員，治平（一〇六四—一〇六七）四百三十萬頃，官二萬四千員。……」慶元二年（一一九六）四月，有朝臣奏對，極言：「曩在乾道（一一六五—一一七二）間，京朝官三四千員，選人七八千員。紹熙二年（一一九一）四選名籍尚左京官四千一百五十九員，尚右大使臣五千一百七十三員，侍左選人一萬二千八百六十九員，侍右小使臣一萬一千三百十五員，合四選之數，共三萬三千五百十六員，冗倍於國朝全盛之際。近者四年之間，京官未至增添外，選人增至一萬三千六百七十員（原注：比紹熙增八百一員），大使臣六千五百二十五員（原注：比紹熙增一千三百四十八員），小使臣一萬八千七百餘員（原注：比紹熙增七千四百員），而今年科舉，明年奏薦不在焉，通無慮四萬三千員，比四年之數，增萬員矣，可不為之寒心哉。」蓋連有覃霈，慶典屢行；而宗室推恩，不以服派遠近為間斷；特奏名三舉皆值異恩，雖助教亦出官；歸正人每州以數十百。病在膏肓，正使俞跗、扁鵲持上池良藥以救之，亦無及已。

可知南宋乾道年間，文官數已達北宋治平年間文武官員數的一半，紹熙二年文武官員數超出治平年間一萬員，慶元二年文武官員數更幾達治平年間的一倍。以北宋盛時一半的領土，而有北宋盛時一倍的官員，南宋官戶數無疑是比北宋南方官戶數大為增加。享有經濟特權者既多，土地兼併之勢自必愈盛。

第二是南方米價、田價的上漲。南宋的物價，一般說來，都要比北宋為高，米價、田價也不例外，而且米價上漲是帶動其他物價上漲的基本因素。米價、田價上漲的原因，一方面由於南宋政府為籌措經費而發行紙幣過多，使貨幣購買力下跌，[26]而另一個重要原因，則在於耕地增加率無法超過戶口增加率，人口對糧食、土地的需求量增加快，而糧食、土地的供給量增加慢，產生供不應求的現象，米價、田價就自然上漲。岳珂《愧郯錄》卷十五「祖宗朝田米直條」：

> 太平興國（九七六—九八三）至熙寧（一〇六八—一〇七七）止百餘年，熙寧至今亦止百餘年，田價、米價乃十百倍蓰如此。

26 南宋中晚期的濫發紙幣，參考全漢昇，〈宋末的通貨膨脹及其對於物價的影響〉（收入《中國經濟史論叢》第一冊）。

《水心先生別集》卷二〈民事中〉：

> 夫吳、越之地，自錢氏時，獨不被兵，又以四十年都邑之盛，四方流徙盡集於千里之內，而衣冠貴人不知其幾族，故以十五州之眾，當今天下之半。計其地不足以居其半，而米粟布帛之直三倍於舊，雞豚菜茹樵薪之鬻五倍於舊，田宅之價十倍於舊，其便利上腴爭取而不置者數十百倍於舊。

岳珂只觀察到米價、田價上漲的趨勢，葉適則已了解這一趨勢是由有限的土地不足以供養眾多人口所造成。在北宋物價低廉的元祐（一〇八六—一〇九三）年間，蘇、杭米價約在每斗六十餘文至一百文之間，而在南宋物價低廉的乾道（一一六五—一一七三）年間，臨安府及浙西諸州軍的米價則已上漲至每斗一百二、三十文至五百文之間。[27]田價上漲的幅度較米價尤大。北宋慶曆（一〇四一—一〇四八）、皇祐（一〇四九—一〇五三）間，明州鄞縣田價每畝約為一、二貫；熙寧（一〇六八—一〇七七）間，蘇州以一貫文可以典得一畝田。[28]至南宋時期，一般田價都值數十貫文。陳造《江湖長翁集》卷二四「與諸司乞減清泉兩鄉苗稅書」載淳熙（一一七四—一一八九）間定海縣田價：

今五鄉之田，賣買之價，畝不下二十千或三十千，而清泉之地，佳者兩千，次一千，又其次舉以予人，唾去不受也。

寶慶《四明志》卷十二〈鄞縣志．水篇．東錢湖條〉載嘉定（一二〇八—一二二四）間鄞縣田價：

每畝常熟價直三十二貫官會。

胡敬《淳祐臨安志輯逸》卷二〈靈芝崇福律寺撥賜田產記〉載紹定（一二二八—一二三三）間臨安府田價：

27 據全漢昇，〈北宋物價的變動〉（收入《中國經濟史論叢》第一冊）所列北宋江、淮米價表；及衣川強著，鄭樑生譯，《宋代文官俸給制度》，頁八六—八九所列南宋首都及其附近米價表。

28 王安石，《臨川先生文集》卷七六〈上運使孫司諫書〉：「鄞於州為大邑，某為縣於此兩年。……百畝之值為錢百千，其尤良田乃直二百千而已。」按王安石知鄞縣在慶曆七年（一〇四七）至皇祐二年（一〇五〇）間。又《愧郯錄》卷十五〈祖宗朝田米直條〉：「熙寧八年（一〇七五）八月戊午，……呂惠卿曰：臣等有田在蘇州，一貫錢典得一畝田。」

復出私錢二百萬，易沃壤為畝二十有五。

則每畝平均值四十貫。景定《建康志》卷二八〈儒學志・立義莊條〉載淳祐（一二四一—一二五二）間建康府田價：

今用錢五十萬貫，回買到制司後湖田七千二百七十八畝三角二十八步。

則每畝平均約值七十貫。可知南宋江、浙地區田價，除定海縣清泉兩鄉因情形特殊而偏低外，其他每畝在二十貫以至七十貫之間，比北宋中期田價高出數十倍。米價、田價的上漲對土地分配產生兩項影響：第一，米價、田價既高，增進了富人投資於田產的興趣；第二，田價上漲，則一般農民購買田產愈感困難，而有利於富人置產。這兩項影響，都足以增加南宋農村土地集中的程度。

南宋農村土地集中的程度，可以分別就官戶、富家階層整體及個別所擁有的土地數量來觀察。

先就官戶、富家階層整體來看。紹興年間，已有臣僚言農村中「官戶田居其半」（《要錄》卷五一紹興二年〔一一三二〕正月丁巳方孟卿言），「一都之內，膏腴沃壤，半屬權勢。」（《會要》〈食貨六五．免役篇〉紹興三十一年（一一六一）正月二十七日臣僚言）這當是僅就大略而言，可能若干地區有這種嚴重情況，而非普遍如此。葉適在他所提出的贍軍買田計畫中，條具了溫州近城三十里內擁有田產三十畝以上的官戶及民戶共一千九百五十三戶，各買穀子五分，內有田四百畝以上者四十九戶，共買穀一萬八千九百五十二扛；有田一百五十畝以上至四百畝以下者二百六十八戶，共買穀二萬九千六百八十三扛；有田三十畝以上至一百五十畝以下者一千六百三十六戶，共買穀四萬九千四百九十扛（《水心先生別集》卷十六〈後總中〉）。若以穀數推算田產數量的比例，則有田一百五十畝以上的戶數只占總戶數的百分之十五，而擁有田產總數的百分之四十九；有田三十畝以上至一百五十畝的戶數占總戶數的百分之八十五，而只擁有田產總數的百分之五十一。從這一個土地分配的比率看，少數富家的田產數雖未能占農村田產總數的一半，卻已幾占中產以上人家田產總數的一半。葉適所條舉的戶數中，田產最多的一家有田二千七百六十四畝，還不能算是鉅富之家，從其他資料，可以推知有田萬畝（百頃）以上富家田產的數量。《會要》〈食貨六三．蠲放篇〉乾道二年（一一六六）八月二十六日詔：

降指揮兩浙、江東路州軍不已，官戶、富民管田一萬畝，出糶米二千五百石。兩浙三十五萬四千三百餘石，已納三十萬六千七百餘石，未納四萬七千六百餘石；江東三萬四千四百八十餘石，已納二萬三千二百三十餘石，未納一萬一千二百五十石。以上未納並予除放。

以出糶米數推算，則兩浙路集中於有田萬畝以上富家的土地，當在一百四十一萬七千畝以上，而戶數至多為一百四十一家，以百餘戶人家，而擁有的土地超過台州全郡田畝數的一半（台州田畝數見表十）；江東路集中於有田萬畝以上富家的土地在十三萬八千畝以上，而戶數至多為十三家，而這十餘戶人家，所擁有的土地也僅略少於建康府溧水縣田畝數的一半（溧水縣田畝數見表十）。以兩浙路與江東路相比，兩浙路土地集中的情況顯然要比江東路嚴重。這說明土地集中在南宋農村雖然是明顯的現象，但各地區有程度上的不同。

再就個別的官戶、富家來看。擁有田產最多的是高級文武官員，例如南宋初年大將張俊，「喜殖產，其罷兵而歸也，歲收租米六十萬斛。」（《要錄》卷一三五紹興十年（一一四〇）四月乙丑條）以每畝收租米一石計，歲收租米六十萬斛至少相當六十萬畝的土地，而這鉅量的田產，分布於兩浙、江東、淮東三路。[29]又《歷代名臣奏議》卷二六〇虞允文上言：

國家營田有年矣，蜀口之入歲不過十二萬石，武昌之入歲不過八萬石，荊、淮之間所入益少，而將相故家一歲之儲有至數十萬石者，豈天下之大，乃不及之。

可見高級文武官員每歲收租達數十萬石者，不只張俊一人。至南宋晚年，權勢之家所擁有的田產愈多。《宋史》卷一七三〈食貨志．農田篇〉載淳祐六年（一二四六）謝方叔言：

> 國朝駐蹕錢塘百有二十餘年矣，外之境土日荒，內之生齒日繁，權勢之家日盛，兼併之習日滋，百姓日貧，經制日壞，上下煎迫，若有不可為之勢。所謂富貴操柄者，

29 徐夢莘，《三朝北盟會編》卷二三七紹興三十一年（一一六一）三月二十七日戊辰張子顏等輸米助軍條：「右承議郎充敷文閣待制提舉江州興國宮子顏，右通直郎充敷文閣待制提舉祐神觀子正，右承事郎充集英殿修撰主管祐神觀子仁，左朝散大夫充秘閣修撰江南西路計度轉運副使兼本路勸農使宗元奏：『臣等伏覩王師進討，竊慮兵食所須，費用浩大，謹以私家所積糧米一十萬石進獻朝廷，伏望聖慈特令所屬各差人船前去逐莊交割，開具停米去處下項：湖州烏程縣烏鎮莊一萬二千石，石思莊八千石，秀州嘉興縣百步橋莊五千石，平江府長州縣尹山莊六千石，東莊二千五百石，吳縣橫金莊二千五百石，儒教莊五千石，常州無錫縣新安莊七千石，宜興縣善計莊九千石，晉陵縣莊二千石，武進縣石橋莊一千石，宣黃莊七千石，鎮江府丹徒縣樂營莊二萬石，新豐莊六千石，太平州蕪湖縣逸恭莊七千石。已上共計一十萬石。』有旨令轉運使拘收。」《會要》〈食貨六三．營田雜錄〉乾道元年（一一六五）八月三日條：「敷文閣待制張子顏言：『朝廷見今措置兩淮營田官莊，臣於真州及盱眙軍境內有水、陸、山田等地共一萬五千二百七十七畝，謹以陳獻。』詔價值令戶部紐計支降度牒給還。繼而張宗元以真州己產二萬一千八百一十三畝，楊存中以楚州寶應縣田三萬九千六百四十畝，並牛具、船、屋、莊客等獻納，並從所請。」按張子顏、張子正、張子仁、張宗元皆為張俊子孫，可知張俊田產分布於兩浙、江東、淮東三路。

若非人主之所得專，識者懼焉。夫百萬生靈，資生養之具，皆本於穀粟，而穀粟之產皆出於田，今百姓膏腴，皆歸貴勢之家，租米有及百萬石者。

又《後村先生大全集》卷五一端平元年（一二三四）九月備對箚子：

至於吞噬千家之膏腴，連亙數路之阡陌，歲入號百萬斛，則自開闢以來未之有也，亞乎此者，又數家焉。

可知南宋晚年，權勢之家一歲能收租米百萬石，相當田產一百萬畝（萬頃），為南宋初年張俊田產所不能及。一般富豪所擁有的田產數量雖然不及高官大將多，但也不少。例如淮東土豪張拐腿，「其家歲收穀七十萬斛」（《朝野雜記》甲集卷八「陳子長築紹熙堰條」）；常德府查市富戶余翁，「歲收穀十萬石」（《夷堅甲志》卷七〈查市道人條〉）。又《古今考續考》卷十八〈附論班固計井田百畝歲出歲入條〉：

後世田得買賣，富者數萬石之租，小者萬石、五千石，大者十萬石、二十萬石。

可知一般富民收租也可高達數十萬石。此外，寺觀也擁有大量土地，「夫天下所謂占田最多者，近屬勳戚之外，寺觀而已。」（《會要》〈食貨七十・賦稅雜錄〉開禧三年〔一二〇七〕七月四日臣僚言）淳熙（一一七四—一一八九）年間福州每一寺院平均有田產四百九十六畝餘，嘉定（一二〇八—一二二四）年間台州每一寺院平均有田產三百一十九畝餘，寶慶（一二二五—一二二七）年間明州每一寺院平均有田產二百二十八畝餘，[30]和表十所列三郡每戶平均田畝數比較，相差十分懸殊。而泉南佛寺歲入以巨萬斛計，漳州上寺歲入達數萬斛，[31]吳興城南的千金無為寺，「有房居僧幾達二百人，良田千餘頃。」（《鬼董》卷三）每歲收租更可有十萬石之多。在這種情形下，陳亮所說：「今天下之田，已為豪民所私矣。」（陳亮《龍川文集》卷二七〈郎秀才墓誌銘〉）雖然過甚其辭，但確實反映出部分實況。

南宋農村的土地所有權雖然集中在少數官戶、富家的手中，但是他們並非土地的直接經營者。直接經營土地的，是客戶、下戶和一部分中產之家。就戶口數看，客戶、下戶合計已約占農村戶口總數的百分之九十，[32]即農村絕大多數的戶口，不論是否擁有土地，都是土地的直接

30 參見黃敏枝，〈宋代福建路的寺院與社會〉（載《思與言》卷十六第四期），〈宋代兩浙路的寺院與社會〉（載《國立成功大學歷史系學報》第五期）。

31 參見黃敏枝，〈宋代福建路的寺院與社會〉。

32 參見第一章第二節。

經營者。因此，以土地直接經營者的數量與土地總面積相較，每一戶農家平均所經營耕地面積的狹小，就同上節所論每戶平均所有耕地面積的狹小大略相同，加以南宋土地經營是以農家為單位，而非集體耕作，於是耕地就顯得零碎分割，而有土地經營零散的現象。[33]

先就自耕的下戶而論。下戶是土地所有者，同時也是土地的直接經營者。他們雖然擁有田產，但是數量很小。例如在紹興府，下戶最多擁有第一等田十餘畝或第六等田四十餘畝；[34]此外，如江東路「下五等人戶，所有數畝之田，以為卒歲之計」（《會要》〈瑞異三・水災篇〉嘉定十六年（一二二三）八月二十八日江南東路轉運判官陳宗仁言），如潭州「五等下戶，纔有寸土」（《真文忠公文集》卷十〈申尚書省乞撥和糴米及回糴馬穀狀〉），如桂陽軍農民「有田十畝，歲收不過十石，供輸之外，贍養良難」（《止齋先生文集》卷四四〈桂陽軍勸農文〉），都說明農村下戶經營土地面積的狹小。以上是就一般情形言，還有一些個別的例子。《黃氏日抄》卷七十〈由縣（按：吳縣）乞放寄收人狀〉：

遂即喚上嚴七七取問，因依據稱住居七都，有田七畝，盡典在李奉使邊。

可知嚴七七在將田產典出之前，他所擁有並直接經營的土地只有七畝。《名公書判清明集》〈戶婚門・爭業類・田鄰侵界條〉：

聶忠敏祖聶仕才元有田參段，計參號，自北而南，上流下接，總而言之，東至普門院山，西至黃推官及阿廖與張大宗、嗣宗田，南至阿黃田，北至車言可元買車迪功田。上件四至分明，但內有南畔一至，本是聶仕才田，與阿黃田相抵，緣經界之初，聶家開墾土力不具，為西向田鄰張大宗、嗣宗兄弟侵占耕作，後來張家兄弟相繼傾亡，其家將所侵占田並己田同立契出賣，凡經數年，而後歸諸蒙彥隆、韓國威之家，目今與阿黃田相抵者，乃蒙彥隆、韓國威之田也。當遂喚上田宅牙人陳達同鄰保等人將車言可、聶仕才、蒙彥隆、韓國威四家毗連田對眾從頭打量。據蒙彥隆所買上手張嗣宗田，元計陸畝貳角壹拾捌步，今打量出剩壹畝有零；韓國威所買上手張大宗田，元計伍畝參角伍拾肆步貳尺，今打量出剩貳畝有零，所是車言可元買車迪功田，其計壹拾貳畝貳角壹拾柒步，今打量已有壹拾貳畝參拾捌步，……至於聶仕才之田，僅計柒畝貳角貳拾壹步參尺，今打量止有伍畝參角貳拾參步，卻近自虧折貳畝，推尋其數，必是落在蒙彥隆、韓國威兩家出剩數內無可疑。

33 此一趨勢，宮崎市定，〈宋代以後の土地所有形體〉（收入宮崎市定，《アヅア史研究》〔四〕）；柳田節子，〈宋代土地所有制にみられろ二ろ型——先進と邊境〉（載《東洋文化研究所紀要》第二十九冊）已略提及。

34 參見第一章第二節。

從這一段史料，可以看出兩件事實：第一，聶、車、張、蒙、韓五家所經營的土地面積都很狹小，僅在數畝至十餘畝之間；第二，由於他們所擁有的土地面積狹小，連帶的影響到土地交易面積的狹小，蒙、張兩家，韓、張兩家，以及車言可和車迪功之間的土地交易面積，都僅在數畝至十餘畝之間，在南宋文獻中，甚至有不滿二畝的土地交易記載。[35]從第二件事實，又可以推知另外一種現象，由於土地交易面積的狹小，使得農民甚至地主縱或積蓄有多餘的財力購買田產，也難以在同一地點購得數量較多的土地，而是零碎的分散在好幾個不同的處所，甚至相距甚遠。具體的事實，如嵊縣縣學分別向楊滂、王周二人購入水田，楊滂所售出的水田十六畝，竟分散於嵊縣方山鄉、仁德鄉和昇平鄉三鄉；王周所售出的水田六十四畝，也分散於昇平鄉下湖畈、田壥畈、潭遏畈及仁德鄉謝墓畈、安家門前荒等五地，其中雖然以位於昇平鄉下湖畈的田畝最多，但亦非集中於一處。[36]又如處州坊郭居民楊大亨，晚年因養子遁入空門，於是將畢生錙銖累積的田產全部捨入梵嚴寺，共計秧一千一百二十二把，而這些田產，分散於十都湞邱、新邱、澤邱、猛塘弄口堰頭、俞家下、姚畈及五都赤巖前、山塘、桐木邱等九處，[37]

35《名公審判清明集》〈戶婚門・爭業類・羅琦訴羅琛盜去契字賣田條〉：「趙宅買羅琛庚難字號晚田一畝二角二十二步。」

36《越中金石紀》卷四〈嵊縣學田紀〉：「買到楊滂田也並水田壹拾陸畝……，水田壹丘陵畝，坐落方山鄉音生畈……；水田壹丘陸畝，坐落方山鄉音生畈……；水壹丘貳畝，坐落仁德鄉東塘畈……；水田壹丘貳畝，坐落昇平鄉下湖畈……。」同上：「承買王周田地水田陸拾肆畝……，水田壹丘捌畝，坐落昇平鄉下湖畈，……東至袁述田，西至劉屬田，南至史懃田，北至葛述並任齋田；水田壹丘壹拾柒畝，坐落昇平鄉田墺畈，……東至水甽，西至行路，南至超化院水塘，北至王迪功田；水田壹丘參畝，坐落昇平鄉下湖畈，……東至謝六田，西至王揚巡田，南至謝十九田，北至眾路；水田壹丘參畝，坐落昇平鄉下湖畈，……東至桑二十笆，西至學田，南至眾戶路，北至王三八娘田；水田壹丘參畝，坐落昇平鄉下湖畈，……東至學田，西至官路，南至眾戶路，北至官路；水田壹丘肆畝，坐落昇平鄉下湖畈，……東至學田並王三八娘，西至學田，南至眾路，北至張豫田並珞；水田壹丘伍畝，坐落昇平鄉潭過畈，……東至王迪功田，西至水甽，南至婁秀才婆，北至任邦式田；水田壹丘貳畝，坐落昇平潭過畈，東至屠十六田，西至王念八田，南至王迪功田，北至屠十六田；水田壹丘壹拾叁畝，坐落仁德鄉謝墓畈，……東至陶良田，西至鄭助教田，南至沈念四田，北至鄭助教田；水田壹丘壹畝，在安德鄉安家門前荒，東至安弟，西至甽，南至安弟，北至孫球；水田壹丘肆畝半，坐落昇平鄉下湖畈，……東至甽，西至路，南至丁念二田，北至吳任田。」

37 鄒柏森，《括蒼金石志》「補遺」卷三〈楊曾九宣義捨田數〉：「郭居楊大亨娶薛氏，無子，亦無上世產業，動撥節用，錙銖累積，僅置田秧數畝，晚年（按：原缺七字）養，命名寄老，長大有心，銳志空門，勢弗可遏。大亨夫妻年老，惸然無依，日夜籌繹，願將所有田畝捨入梵嚴寺，生則給養，沒則津送，安葬寺山，追忌祭祀。……一、田坐落十都，土名湏邱，計秧壹佰陸拾把（原註：計貳邱）。一、田壹邱，土名新邱，計秧壹佰把。一、田壹邱，土名澤邱，計秧壹佰貳拾把。一、田壹邱，土名猛塘弄口堰頭，計秧捌拾把。一、田壹邱，土名俞家下，計秧陸拾把；又壹邱與鄭宅共，自獲拾伍把。一、田貳邱，土名姚畈，計秧壹佰捌拾把；又壹邱與鄭宅共，自獲參拾把。一、田坐落五都，土名赤巖前，大小壹拾貳邱，計秧貳佰把，併塘壹按秧二十把約當一畝，[38]一千一百二十二把也不過是五十六畝餘而已，竟分散於九個不同的處所。這種情形對土地經營的零散自然不會有所改善。

次就佃戶而論。佃戶包括兼營佃耕的下戶以及完全依賴佃耕的客戶，他們並非所經營土地的所有者。佃戶向地主租佃土地來經營，由於競租者眾，因此每一佃戶所能租得的面積也很狹小，而若干地主雖然擁有多量田產，但卻位置分散，使得佃戶的土地經營同樣的傾向零散。南宋兩浙若干學校及公益事業的田產，留下了佃戶租佃土地面積的記載，這些田產，部分是典買或沒入民田而來，仍然由原佃戶繼續耕作，[39]因此可以同時說明公私田產佃戶佃田面積的概況，茲據以統計各類佃田面積的佃戶數，如表十一。

口。一、田四邱，土名山塘，計秧伍拾把；又田壹邱，計秧伍拾把，與葉似人官人共，自獲二十五把。一、田坐落貳都壹邱，土名桐木邱，計秧壹佰貳把，併塘壹口，土名裊頭塘。」

38 尤稱章，康熙《宜黃縣志》卷三〈版冊志．田賦篇．秋糧條〉載王安石行方田均稅法時事：「時荊國秉政，請行方田法，本縣丞佐不得其人，憚於履畝之勞，祇從三鄉擇平壙田一區，計所刈禾一百把，就其地而丈之，即一區以概其餘，每百把崇鄉約得田五畝，……仙鄉約得田五畝五分，……待鄉約得田六畝三分。」又見札隆阿道光《宜黃縣志》卷三一之五〈藝文志〉載明譚綸與江西巡撫止高安縣分派書：「荊國作相時，欲行均田之政，時有令宜黃者，以山田難丈，以禾把準晦，每田一畝，準禾二十把，每一百把準田五畝，復有郡倅周復初至邑求賄不得，遂增至六畝三分。」

39 《江蘇金石志》卷十五〈平江府添助學田紀〉：「承申今將當直司供具沒到席杞數內常熟縣管下田畝，點算得田貳佰伍拾捌畝陸拾壹步，租米壹佰肆拾柒碩肆升：二十九都石四五田貳拾畝叁角貳拾步，係伍阡步計，米壹拾壹碩。又呂百九、呂百十一田壹拾肆畝壹角肆拾壹步，米柒碩伍㪷。……」同上卷二十〈吳學糧田續紀〉：「一項置到喻工部四五官人田下項：長州縣彭華鄉一都，田貳拾叁畝壹角貳拾玖步，上糙米壹拾陸石柒斗四升，租戶張百七等；彭華鄉二都，田壹拾柒畝壹拾伍步，上糙米柒石陸斗，租戶謝三九等。」同上卷十四〈吳學續置田記二〉：「一契，開禧二年（一二〇六）五月內，用錢貳佰肆拾貫玖佰貳拾文九十九陌，典到黃縣宅總幹男三上舍妻徐氏粧奩元典到吳縣吳苑鄉第拾都李七三登仕並楊朝奉下九官人、本都李价等共三契，計苗田貳拾貳畝壹角壹拾玖步半，共上租米叁拾柒碩壹升，元交易錢貳佰玖拾肆貫文九十九陌，除本宅節次優潤租戶，減退租額陸頭肆㪷陸升外，計退交易錢伍拾參貫捌拾文九十九陌，今實計租額叁拾碩伍㪷伍升，壹佰參拾合㪷，實計交易錢貳佰肆拾貫玖佰貳拾文九十九陌，今開具於後。一、元典李校尉七三登仕等田，開具下項：一、玉字貳拾陸號田肆畝貳拾參步，……租戶徐八，上米貳碩玖㪷。一、芥字貳拾號田參畝貳拾壹步半，……租戶李五八，上米參碩柒㪷。……」以上平江府學陸續沒入及典買各項田產，原佃戶均隨田產同時轉移於平江府學，可知仍由原佃戶繼續耕作。

表十一　南宋兩浙學校及公益事業田產佃戶佃田面積

田產名稱	佃田面積及佃戶數										資料來源
	二〇〇畝以上	一五〇—二〇〇畝	一〇〇—一五〇畝	五〇—一〇〇畝	四〇—五〇畝	三〇—四〇畝	二〇—三〇畝	一〇—二〇畝	一—一〇畝	一畝以下	
慶元府廣惠院田	〇	一	〇	三	一	三	二	一六	四五	六	梅應發開慶《四明續志》卷四〈廣惠院田租總數條〉
嵊縣學田	〇	〇	〇	〇	〇	〇	〇	二	二四	七	《越中金石記》卷四〈嵊縣學田記〉
紹興府小學田	〇	〇	〇	〇	〇	〇	〇	〇	一四二	一九	《兩浙金石志》卷十三〈宋紹興府小學田記〉
平江府學田（二）	〇	〇	〇	〇	二	〇	〇	六	一一七	一四	《江蘇金石志》卷十四〈吳學續置田記一、二〉

平江府學田（二）	〇	〇	〇	〇	〇	〇	二	一一	五	〇	同右卷十五〈平江府添助學田記〉
平江府學田（三）	三	〇	〇	七	一	四	六	一三	一六	二	同右卷二十〈吳學糧田續記〉
華亭縣學田	一一	六	一五	四一	一七	二三一	一八	二九	五六	九	同右卷十六〈華亭學田碑一〉
常熟縣學田	〇	一	〇	四	六	三	九	二三一	一一五	〇	同右卷十六〈常熟縣學田籍碑〉
平江府貢士莊田	〇	〇	〇	〇	〇	〇	〇	五	二九	三	同右卷十七〈平江府貢士莊田籍記〉
無錫縣學養士田	〇	〇	〇	〇	〇	一	〇	二	一一五	三二	同右卷十七〈無錫縣學淳祐癸卯續增養士田記〉

按：以上佃田面積及佃戶數僅是大略估計，有一人佃田數處者，各作一佃戶算；有數人共佃一處田者，合作一佃戶算；有僅列田畝款而未列佃戶姓名者，亦作一佃戶算。

據表十一，可知佃田五十畝以下的佃戶占絕大多數，而在佃田五十畝以下的佃戶中，又以佃田一至十畝的佃戶占絕大多數；尤其令人驚異的，是佃田一畝以下的佃戶也為數不少。以上各項田產都在兩浙，可見至少在兩浙地區，佃戶所經營的土地面積都很狹小。雖然部分佃戶佃田數處，但土地分散在幾個不同的地點，對土地經營的零散不能有所改善。《江蘇金石志》卷十七〈無錫縣學淳祐癸卯續增養士田記〉：

一段私中田參畝，在後祁村。……

一段私高田貳坵壹畝參角，在顧巷。……

一段私高田壹畝，在梨花莊村東。……

佃戶並係王千八。

就是一例，而且三處田畝合計也不過五畝三角而已。至於一些佃田面積較廣的佃戶，則又可能佃戶本身並非直接經營者，只是利用權勢，請佃大量的公地，再轉佃給他人，從中取利。《江蘇金石志》卷十六〈華亭學田碑一〉：

日字圍田壹佰貳拾畝：錢省元宅金□佃。

稱字圍田壹佰貳拾捌畝：錢府兩位佃。
聲字圍田壹佰肆拾柒畝參角伍拾陸步：錢宅盧成佃。
孝字圍田貳佰陸畝：錢宅□珪、李成佃。
欽字圍田肆佰畝：錢宅李成佃。

可知錢宅一家，就以各種名義請佃了一百畝以上的土地五處，總面積達一千畝，而一百畝以下的土地尚未計入。這種情形，只是以請佃的方式擴張土地所有權，不能用來說明土地經營的形態。兩浙地區人口眾多，佃戶土地經營零散的現象自然嚴重；其他地區人口壓力雖然不及兩浙，但同樣有佃戶土地經營零散的傾向。例如建康府明道書院，在江寧縣有田產七十七畝，分由佃戶十戶經營；在句容縣有田產二十五畝，分由佃戶十一戶經營；在溧陽縣有田產四百九十二畝，分由佃戶十八戶經營，[40]每一佃戶經營土地平均只在數畝至三十餘畝之間。總之，佃戶

40 景定《建康志》卷二九〈儒學志二．建明道學院條〉：「帥府累政撥到田產四千九百八畝三角三十步（原註：上元縣徐提舉等三戶佃田七十三畝，又三十八畝，地二十一畝一角；江寧縣邵仁等一十戶佃田七十七畝三十步；句容縣戴日德等四十一戶佃田三百八十六畝二角四十三步，地一十二畝一角二十五步，雜產二十六畝二角二十步；溧水縣平登仕等一十四戶佃田三千五百四十二畝四十七步；溧陽縣楊省四等一十八戶佃田四百九十二畝三十八步。）」按上元縣徐提舉等及溧水縣平登仕等佃田畝數稍多，但徐提舉及平登仕均為官戶，利用

經營土地的零散，也與自耕下戶相同。

因此，南宋的土地分配情況，從土地所有來觀察呈集中的趨勢；從土地經營來觀察卻顯得零散，個別的農家在分割細碎的農地上從事獨自的經營。如果僅觀察土地所有，而不兼顧土地經營的形態，對於南宋的農村經濟便容易有所謂「莊園經濟」的誤解。據上節所述，南宋時期一個農人有能力經營三十畝的土地，而實際上許多農民所經營的耕地面積，遠小於此一數字，這對勞力與資本都是很不經濟的，也因而對農家的收益及生活產生不良的影響。

第三節　南宋農村的租佃制度

南宋農村租佃制度的盛行，與土地所有權的集中是一事的兩面。在當時的社會經濟情況下，土地不足及缺乏土地的眾多農民，必須向擁有多量土地的地主租佃土地，才能維持生活。租佃制度在南宋農村中的重要性，可以從地主、佃農關係的普遍看出。包括佃農、雇農在內的客戶，在州縣戶口中多占有百分之二十至百分之四十間的比例，而在若干州縣更高達百分之五十以上，另外又有許多耕地不足的下戶，一方面經營自己的田產，另一方面同時租佃土地耕作；而出租土地的地主，也不限於富家，中產之家同樣將土地出租給佃戶。[41]此外，政府有官田，學校有學田，寺觀、公益事業各有相當數量的田產，也都招有佃戶耕作。因此，租佃制度實足以反映南宋農村的社會經濟關係。茲分別就佃權與佃戶地位、租課兩項，說明南宋農村的租佃制度。

一、佃權與佃戶地位

地主、佃戶之間的關係主要是契約關係。根據雙方簽訂的契約，佃戶取得地主土地的佃權，而以繳納租課作為報酬。宋代土地租佃契約的格式沒有留存下來，但從若干史料可以推知，佃戶向地主租佃土地時是訂有契約的。《江蘇金石志》卷十四〈吳學續置田記一〉：

> 已上田共上租米柒拾柒碩玖蚪陸升，係壹佰參拾合斗，連前陶氏粧奩田一契，係租戶吳七十五等立契，租在名下布種。前細數並有租契，抄上田籍訖。

《會要》〈食貨六九．宋量篇〉紹興三十二年（一一六二）七月二十三日條引紹興二十九年（一

權勢以佃的方式擴張土地所有權，與一般佃戶不同。

41 參見第一章第二節。

一五九）十一月二十四日指揮：

諸州縣應千租斗，止於百合，如過百合以上，並赴所屬毀棄，佃戶租契並仰仍舊。

可知地主、佃戶之間訂有契約，佃戶根據契約取得佃權，而地主則根據契約收取租課。這種關係，可以用現存元代土地租佃契約的格式加以印證。元代土地租佃契約的格式，見於《新編事文類要啟劄青錢》「外集」卷十一〈公私必用篇〉載當何田地約式：

厶里厶都姓　厶

右厶今得厶人保委就厶處

厶人宅當何得田若干段，揔計幾畝零幾步，坐落厶都，土名厶處，東至、西至、南至、北至，前去耕作，候到冬收成了畢，備一色乾淨园米若干石，送至厶處倉所交納，即不敢冒稱水旱，以熟作荒，故行坐欠，如有此色，且保人自用知當，甘伏代還不詞，謹約。

年　月　日　佃人姓　厶　號　約

保人姓　厶　號

此書為元泰定元年（一三二四）重刊本，[42]原刊當更早，泰定元年上距南宋滅亡不及五十年，所載租佃契約格式當和南宋時期相去不遠。又元刊本《新編事文類聚啟劄青錢》也載有租佃契約格式，和上引格式大略相同。[43]大致上契約詳載佃戶租佃土地的面積、位置，並載有租課數量及繳納地點，由保人保證佃戶履行契約，但其中沒有記載佃戶擁有佃權的期限。總之，佃戶在與地主簽訂契約，保證履行繳納租課的義務後，即可取得佃權。

租佃契約中沒有佃期的規定，說明佃戶的佃權仍然缺乏完全的保障，若有他人願意增高租課的數額時，原佃戶的佃權即可能被取消，而由他人取得佃權，這種情形，宋代稱為剗佃或攙佃。[44]但佃權的缺乏保障，並非絕對的。至少政府所有的官田，自北宋以來，已規定只有當佃

42 此一刊本為日本舊德山藩毛利家傳，最先介紹此一資料者為周藤吉之，〈《新編事文類要啟劄青錢》の成立年代とその中契約證書の關係〉（收入《中國土地制度史研究》附錄）。

43 《新編事文類聚啟劄青錢》卷十〈雜題門〉載佃田文字式：「某里某都住人姓某，今托得某人作保，就某里某人宅，承佃得晚田若干段，坐（按：原缺二字）名佃處，計幾畝，前去耕作管得，不致拋荒，逐年到冬實供白米若干，挑赴某（按：原缺三字）交納，不敢少欠，如有此色，且保人甘當代還為詞，今立佃榜為用者。年　月　佃人。」

44 《要錄》卷一八〇紹興二十八年（一一五八）七月乙酉條：「時所在州縣閒田頗多，舊許民請佃，歲利厚而租輕，間有增租以攘之者，謂之剗佃。」《真文忠公文集》卷八〈中戶部定斷池州人戶爭沙田事狀〉：「正是鄉曲強梗之徒，初欲攙佃他人田土，遂詣主家，約以多償租稻，主家既如其言，逐去舊客。……」

戶連續三料欠租時，才允許他人剗佃，至南宋初年，又再展延欠租的期限。《真文忠公文集》卷八〈申戶部定斷池州人戶爭沙田事狀〉：

> 國家立租課之法，明言三料有欠，然後許人剗佃，至紹興（一一三一—一一六二）勑又復展一季之限。

此狀所判為人戶爭佃官有沙田的爭訟，所謂租課之法，是否包括民田在內，不得而知，至於確實可應用於官田之上，則無疑問。部分地方官為了財源，未必遵循此一規定，即使如此，當有人增租剗佃時，如原佃戶願意增租至他人所增之數，仍由原佃戶優先保留佃權。[45]此外，官田中也已有永佃權出現，佃戶可以將佃權出售，在這種情形下，租佃官田與擁有己產無異。陸九淵《象山先生全集》卷八〈與蘇宰〉論及江西的係省額屯田：

> 若係省額屯田者，……其租課比之稅田雖為加重，然佃之者皆是良農。……歲月寖久，民又相與貿易，謂之資陪。厥價與稅田相若。著令亦許其承佃，明有資陪之文，使之立契字，輸牙稅，蓋無異於稅田。

這種佃權買賣的情形所以發生，且為政府所承認，即由於官田中已有永佃權的建立。南宋官田永佃權的存在並不普遍，然而這一種佃權最佳保障的出現，已說明佃戶的地位逐漸上升。民田佃戶的佃權是否享有類似官田佃戶的保障，缺乏明確的史料說明，從兩浙地區若干州縣學校在典買民田之後，仍然由原佃戶繼續耕作的事實看來，[46]似乎佃戶的佃權並不因地主的更易而喪失，則民田佃戶的佃權亦非全無保障。

佃戶對地主的義務，僅止於契約所規定者為限，而契約在雙方同意不繼續履行時，即可解除，佃戶在身分上並不隸屬於地主。南宋佃戶的法律地位確實要較地主略低，[47]經濟能力也必

45《文忠集》卷六七〈汪大猷神道碑〉：「僧田多戶絕，豪右增租爭佃，公論見佃人若受所增最高之數，歲以輸官，聽其如舊，佃戶樂從。」《真文忠公文集》卷八〈申戶部定斷池州人戶爭沙田事狀〉：「上項事產，元係呂仲富、胡承文承佃，歲入租錢一千七百貫有奇，其後提舉常平司以各人拖欠數多，遂下本州主管召人剗佃，於貴池縣稅戶喬廷臣乞增為二千七十餘貫，且先納半租入官，本州主管官申取提舉司指揮，尋蒙行下估計，喬廷臣抵產給據為業，此開禧二年（一二〇六）也。……嘉定二年（一二〇九）二月，提舉司下池州將上項沙產出榜召人實封請佃，江諮之弟從龍增租錢為三千四百貫，官司為其所啖，復給據以予之。……喬廷臣不甘其攘奪，亦乞增租如江從龍之數。」

46 見註39引《江蘇金石志》各條。

47《要錄》卷七五紹興四年（一一三四）四月丙午起居舍人王居正言：「……臣伏見主毀佃客致死，在嘉祐（一〇五六—一〇六三）法奏聽敕裁，取赦原情，初無減等之例；至元豐（一〇七八—一〇八五）始減一等，配

然較地主為弱，但佃戶一般都享有人格上完全的自主，而其佃戶身分也可因經濟狀況的變動而改變。當代學者，有認為南宋佃戶在地位上普遍隸屬於地主者，似乎全無人格的自主，亦無法改變其身分，這種現象，在南宋土地經營零散而一佃戶所租種的土地未必全屬於一地主的環境裡，實不可能發生。[48]佃戶的自主地位，可以分別從幾方面觀察。

第一，佃戶欠租，按照法令必須由政府催理，地主不得私自強索。《水心先生別集》卷十六〈後總〉：

> 或有抵頑佃戶欠穀數多，或白腳全未納到，至冬至後，委是難催之人，方許甲頭具名申上，亦止合依田主論佃客欠租穀體例，備牒本縣追理，本倉不得擅自追擾。

《黃氏日抄》卷七十〈再申提刑司乞將理索歸本縣狀〉：

> 在法，十月初一日已後，正月三十日已前，皆知縣受理田主詞訴，取索佃戶欠租之日。

如果佃戶在身分上隸屬於地主，則欠租應可由地主直接催理，不必經由訴訟的程序。

第二，佃戶對租課不滿，可以退佃，解除契約。《會要》〈食貨六九・宋量篇〉紹興三十二年（一一六二）九月二十八日戶部言：

> 今來所乞各隨鄉原元立文約租數及久來鄉原所用斟器數目交量，如佃戶不伏，許令退佃。

《名公書判清明集》〈戶婚門・墓木類・爭墓木致死條〉：

> 及至交業之後，佃人洪再十二欲行退佃，不過與幹甲通同，欲邀田主退減苗租而已。

鄰州，而殺人者不復死矣；及紹興（一一三一—一一六二）又減一等，止配本城。」《慶元條法事類》卷八十〈雜門，諸色犯姦篇，雜敕〉：「佃客姦主，各加貳等以上。」可知地主侵犯佃客，在法律上可以減輕處罰；佃客侵犯地主，則要加重處罰。

48 主張宋代佃戶之隸屬地位者，如周藤吉之，〈宋代の佃戶制〉（收入《中國土也制度史研究》）；李劍農，《宋元明經濟史稿》頁一九五—一九七；黃毓甲，〈宋元之佃農制與佃農生活〉（載《說文月刊》卷二第二期）。宮崎市定曾對周藤吉之的說法作有力的反駁，見宮崎市定著，杜正勝譯，〈從部曲到佃戶〉（載《食貨月刊》復刊卷三第九、十期）；又草野靖，〈宋代の頑佃抗租と佃戶の法身分〉（載《史學雜誌》第七十八編第十一號）也對周藤吉之的說法提出質疑。

可見解除契約之權並不完全操在地主之手。

第三，佃戶稍有積蓄，即可自購田產，成為主戶，或改行經商。胡宏《五峰集》卷二〈與劉信叔書〉：

而客戶，……或丁口蕃多，衣食有餘，稍能買田宅三五畝，出立戶名，便欲脫離主戶而去。

《夷堅支景》卷五〈鄭四客條〉：

鄭四客，台州僊居人，為林通判家佃戶，後稍有儲羨，或出入販貿紗帛海物。

可見佃戶可因經濟能力的變動而自由改變其身分。而地主的經濟能力，同樣的常有變動，收租數萬石以至一二十萬石的富民，「驟盛忽衰，亦不可常」（《古今考續考》卷十八〈附論班固計井田百畝歲入歲出條〉），而「主佃易勢」的現象也就難免在「徒以區區貧富為強弱」的社會裡發生（《名公書判清明集》〈戶婚門．墳墓類．主佃爭墓地條〉），固定不變的身分不可能在這種環境中維持。

第四，佃戶未必全無自己的田產，下戶也有兼為佃戶的情形，這類佃戶，和地主同為主戶，主佃之間更不可能有隸屬的關係。《名公書判清明集》〈戶婚門．爭業類．陳五訴鄧楫白奪南原田不還錢條〉：

去冬，方燧出賣土名唱歌堆晚田五畝，田在陳五門前，其主鄧楫託陳五作新婦吳二姑收買，往往欲為寄稅之計，其後陳五自以田在本人之門，便於耕作，託曾少三致懇，憑鄧四六寫契，就以本人南原祖業田兩相貿易，陳五立契，正行出賣，鄧楫亦立約付陳五，俾照方燧田為業。

鄧楫是陳五的地主，而陳五也有自己的田產，兩者交換田產，完全站在平等的地位上，可見佃戶除因租佃契約而必須對地主盡繳納租課的義務外，其他方面與地主可以說是對等的。

這些事實，說明地主、佃戶之間只有貧富之分，地主並不能控制佃戶的行動。由於地主的經濟能力較強，地主對佃戶的要求必然較多，地主仰仗勢力欺壓佃戶的現象也有可能存在，偶有若干地主因個人因素或特殊環境限制佃戶的行動自由，政府必然出來干預。早在北宋天聖五年（一〇二七），已有詔令「自今後，客戶起移更不取主人憑由，須每田收田畢日，商量去住，各取穩便，即不得非時衷私起移。如是主人非理攔占，許經縣論詳。」（《會要》〈食貨一．

農田雜錄〉天聖五年十一月條）可知佃戶在收成納租之後的去留，由其本人決定，地主不得強制，有法律上的保障。南宋初年，荊湘地區有若干地主干涉客戶的行動自由，地方官便上言朝廷加以禁止。《五峰集》卷二〈與劉信叔書〉：

> 荊湘之間，有主戶不知愛養客戶，客戶力微，無所赴訴者，往年鄂守莊公綽言於朝，請買賣土田，不得載客戶於契書，聽其自便。朝廷須行其說。

紹興二十三年（一一五三）所下「民戶典賣田地，毋得以佃戶姓名，私為關約，隨契分付，得業者亦毋得勒令耕佃。如違，許越訴。」的詔令（《要錄》卷一六四紹興二十三年六月庚午條），應即由莊綽的上言而來。〈與劉信叔書〉所述的事實和紹興二十三年所下的詔令，尚須作進一步的解釋。宋元時代典買田地，在地契上載明佃戶姓名和租米數量，似為通例，元刊本《新編事文類要啟劄青錢》及《新編事文類聚啟劄青錢》所載典買田地契式，均是如此。[49] 地契上如此記載的目的，可能在於方便新地主和原佃戶商討租佃契約續訂的問題，以免在土地易手時因手續不清而發生糾紛，而非規定原佃戶必須繼續耕作，如果新地主維持原佃約，原佃戶自可繼續佃耕，前述兩浙地區若干學校田產的情形，即是如此，但原佃戶也有權另謀出路。問題出在紹興二十三年詔令中所說的「私為關約」，即買賣二方在正式的地契之外，尚有私下的文件。荊湘地區在南宋初年由於經歷宋金之間的戰爭以及盜亂，地廣人稀，地主擁有土地而乏人耕作，自然以各種優惠的待遇來爭取佃戶，[50]在這種供求關係之下，是佃戶選擇地主，而非地主選擇佃戶。部分地主為了防止農業勞動力的流失，於是當典買土地時，和賣主在正式的地契之外，私下另立文件，規定原佃戶不得離業，必須繼續佃耕，以強制的手段來欺壓知識短淺的佃戶，也就是紹興二十三年詔令中所說的「勒令耕佃」。莊綽的建言和朝廷的詔令，顯示南宋政府站在維護佃戶人格自主的立場，禁止這一類事情發生。類似的情形，又曾經在南宋中期的夔州路出現。《會要》〈食貨六九·逃移篇〉開禧元年（一二〇五）六月二十五日夔州路轉運判官范蓀言：

---

49 《新編事文類要啟劄肯錢》「外集」卷十一〈公私必用篇〉載典買田地契式：「厶里厶都姓厶，右厶有梯己承分晚田若干段，總計幾畝零幾步，產分若干貫文，一段，坐落厶都，土名厶處，東至、西至、南至、北至，係厶人耕作，每冬交米若干石，今為不濟差役重難，情願召到厶人為牙，將上項四至內田段立契盡底出賣……。」又《新編事文類聚啟劄青錢》卷十〈雜題門〉載典買田地契式：「某里某都住人姓某，有梯己承分晚田若干段，總計幾畝零幾步。一段，坐落某都，土名某處，東至某，西至某，南至某，北至某，已上具出，即四至分明，係佃人姓某耕作，年收白米若干石，令來要得錢兩用度，欲將前田盡數召賣。……」

50 薛季宣，《浪語集》卷十七〈奉使淮西與虞丞相書〉：「安豐之境，主戶常苦無客，今就流移至者，爭欲得之，借貸種糧與夫室廬牛具之屬，其費動百千計，例不取息。」按安豐軍屬淮南西路，在南宋初年也是遭受戰亂破壞的地區，其情況如此，荊湘地區當亦相同。

本路施、黔等州，界分荒遠，綿亙山谷，地曠人稀，其占田多者，須人耕墾，富豪之家爭地客，誘說客戶，或帶領徒眾舉室般徙，乞將皇祐（一〇四九—一〇五三）官莊客戶逃移之法稍加校定。諸凡為客戶者許役其身，而毋得及其家屬婦女皆充役作。凡典賣田宅，聽其從條離業，不許就租以充客戶，雖非就租，亦無得以業人充役使。凡借錢物者，止憑文約交還，不許抑勒以為地客。凡為客戶身故，而其妻願改嫁者，聽其自便。凡客戶之女，聽其自行聘嫁。庶使深山窮谷之民，得安生理，不至為彊有力者之所侵欺，實一道生靈之幸。

范蓀的請求，為朝廷所接受。據范蓀所言，施、黔等州由於地曠人稀，也發生缺乏佃戶的問題，當地地主有人甚至率領徒眾搶奪別人的佃戶，為禁絕這類糾紛發生，范蓀請求引用皇祐官莊客戶逃移法來處理。所謂皇祐官莊客戶逃移法，是「客戶逃移者，並卻勒歸舊處，他處不得居停。」（同上淳熙十一年（一一八四）六月二十七日戶部言引皇祐四年（一〇五二）勅）如此引用，並非以法令限制佃戶的行動自由，而是懲治以非法手段搶奪他人佃戶的地主，保障原地主應有的權益。事實上，范蓀的用意是要使佃戶的生活不受強有力者無理的干擾，所以他進一步對當地若干地主妨礙佃戶及其家屬人身自由的各種行為，也一併提出加以禁止。南宋政府維護佃戶人格自主的態度，是很明顯的。若干學者所舉佃戶缺乏人格自主的各項例證，實應從個人因素和特殊環境去解釋，如果忽略佃戶自主地位的許多事實，而認為宋代的佃戶已淪為農奴，則顯然是一種誤解。

二、租課

租課是地主出讓土地使用權給佃戶所得的報酬，輕重視田畝而不同，受土地肥瘠、爭佃人數多寡及地主態度等因素所決定。[51]南宋租課繳納的方式，大致可以分為實物地租和貨幣地租兩類，而實物地租又可以分為分租和額租兩種。實物分租是自古以來的舊例，實物額租和貨幣地租則是新的發展。

實物分租自漢代以來已經存在，由地主和佃戶按一定的比例互分生產所得。南宋時期的分

51《會要》〈食貨六九．宋量篇〉紹興三十二年（一一六二）九月二十八日戶部上言引臣僚箚子：「地有肥瘠之異，故租之多寡，賦之輕重，價之低昂係焉。」可知土也肥瘠足以決定租課輕重。《象山先生全集》卷八〈與蘇宰〉：「佃沒官、絕戶田者，或是吏胥一時紐立租課，或是農民競互增租剗佃，故有租重之患。」可知爭佃人數多寡足以決定租課輕重。《江蘇金石志》卷十四〈吳學續置田紀二〉：「本宅節次優潤租戶，減退租額陸碩肆㪷陸升。」這是也主為優潤佃戶而減租。陳起編《南宋群賢小集》卷四載毛珝《吾竹小稿》〈吳門田家十詠〉：「今年田事謝蒼蒼，儘有瓶罌卒歲藏，只恐主家增斛面，雙雞先把獻監莊。」可知地主有增收斛面米的情形。

租，有由主佃中分的，也有以四六分的，如果耕牛、農具等資本由地主提供，則地主可多取一分。《容齋隨筆》卷四〈牛米條〉：

> 予觀今吾鄉之俗，募人耕田，十取其五，而用主牛者取其六，謂之牛米。

此書作者洪邁是饒州人，可知饒州主佃對生產所得的分配比例是中分，如果地主供應耕牛，則地主多取一分。《雙溪類稿》卷十九〈上林鄂州〉載湖北租課分配的情形：

> 膏腴之田，一畝收穀三斛，下等之田一畝二斛，若有田不能自耕，佃客稅而耕之，每畝所得一斛二斗而已。（原註：有牛具種糧者主客以四六分，得一斛二斗，若無牛具種糧者又減一分。）

可知湖北主佃對生產所得的分配比例是四六分，如果地主供應耕牛、農具、種子，則地主多取一分，也與饒州相同。民間這種主佃分配生產所得的辦法，為政府官田所倣行。《會要》〈食貨六三．營田雜錄〉乾道二年（一一六六）三月六日條宰執進呈荊南駐劄御前諸軍都統制兼提舉措置營田王宣劄子：

初開荒年所收全給；次年依鄉例主客減半輸官，是十分止收二分半；第三年方依主客例分。

這是政府與客戶分配營田生產所得的情形，所謂依鄉例及依主客例，即指依民間主佃分配生產所得的慣例而言。

實物額租在唐代實施均田法的時代已曾經出現，隨著均田法的崩潰而消失，到南宋時期才又普遍起來。[52]促成南宋時期實物額租逐漸普遍的因素，可能有以下三點：第一，精耕稻作技術趨於成熟，除遭遇意外的天災之外，每年的收穫量大致上可以控制；第二，城市經濟逐漸發達，離鄉地主增加，以及學校和公益事業以田產作基金的風氣逐漸盛行，這一類地主對於佃農不容易監督，為了防止佃農怠耕或匿報收成，採用定額地租比較方便；第三，土地經營零碎分割，地主出租的土地往往以很小的面積分散在許多不同的處所，佃戶租入的土地也有相同的情形，採用定額地租比較省事。實物額租高低不一，南宋兩浙若干學校及公益事業田產的碑記，載有佃戶佃田面積及租課數額，可據以說明實物額租的概況。茲表列數例如表十二。

52 參見趙岡、陳鍾毅，〈中國歷史上的土地租佃制度〉（載《幼獅學誌》卷十六第一期）。

表十二　南宋兩浙學校及公益事業田產租課數額

佃戶	佃田畝數	總租（米）數	每畝租數	資料來源
張氏兒	二畝一角三十五步	四石四斗二升	一石八斗四升	開慶《四明續志》卷四〈廣惠院田租總數條〉
僧子皋	二畝二角五十一步	四石五斗	一石六斗六升	
李五八	一畝	一石五斗	一石五斗	《江蘇金石志》卷十四〈吳學續置田記二〉
同右	一畝一角十三步	一石八斗	一石三斗八升	
劉千四	一畝	一石	一石	同右卷二十二〈無錫縣學淳祐癸卯續增養士田記〉
朱小五	二畝	二石	一石	
花千五	六畝	四石八斗	八斗	
史大一	三畝	一石八斗	六斗	
丘千八	十畝	三石	三斗	同右卷十六〈常熟縣學田籍碑〉
陸五七	二十八畝	七石	二斗五升	

可知租額高者可達每畝一石八斗以上，低者每畝只有二斗五升。南宋稻米每畝最高產量為三石，[53]以之與每畝高達一石八斗四升的租額相比，則實物額租可多至生產量的十分之六以上。

事實上，無論實物分租或實物額租，租課在一石以上者並不多。景定年間行公田法，於浙西購買公田，田價依租課計算，「畝起租滿石者償二百貫，九斗者償一百八十貫，八斗者償一百六十貫，七斗者償一百四十貫，六斗者償一百二十貫。」（《宋史》卷一七三〈食貨志·農田篇〉）可知租課多在每畝一石至六斗之間。浙西是南宋稻米單位面積生產量最高的地區，租課也只多在一石至六斗之間，其他地區在一石以上者自然更少見。南宋一般民田只有稻米必須納租，政府為鼓勵農民利用農地種麥及雜作以增加生產，規定這些作物收成全歸佃戶所有，地主不得分取。[54]如果農民能在一年之中輪種稻、麥，則其租課負擔自然就比僅種稻米為輕。稻

53 《止齋先生文集》卷四四〈桂陽軍勸農文〉：「閩、浙上田，收米三石。」

54 方大琮，《鐵庵集》卷三十〈將邑丙戌勸種麥文〉：「禾則主佃均之，麥則農專其利。」《黃氏日抄》卷七八咸淳七年（一二七一）〈中秋勸種麥文〉：「惟是種麥，不用還租，種得一石是一石，種得十石是十石。」《宋史》卷一七三〈食貨志·農田篇〉：「嘉定八年（一二一五），左司諫黃序奏：『雨澤愆期，地多荒白，知餘杭縣趙師恕請勸民雜種麻、粟、豆、麥之屬，蓋種稻則費少利多，雜種則勞多獲少，慮收成之日，田主欲分，官課貴輸，則非徒無益，若使之從便雜種，多寡皆為己有，則不勸而勸，民可無饑。望如所陳，下兩浙、江淮、江東西等路，凡有耕種失時，並令雜種，主毋分其地利，官無取其秋苗，庶幾人民得以續食，官免賑救之費。』從之。」但麻、粟、豆等雜作似僅在災荒時不收租課，平時仍必須納租，《古今考續考》卷十八〈附論秦力役三十倍於古條〉：「今民貧，耕主家田，田佃戶率中分，畝或一石，或八斗，七斗，五斗，或二十秤勺，大小穀麻粟豆不等，惟種麥、蕎麥則佃戶自得。」

米在納租時，有納白米的，有納糙米的，也有納穀的，[55]規定各有不同。

貨幣地租的逐漸流行，也是開始於南宋。早在唐代實施均田法的時代，已有以貨幣代替實物繳納地租的事實，但僅見於零星的資料，[56]宋代商業日益發達，貨幣流通愈加頻繁，在實物額租普遍之後，從實物額租演變出貨幣額租，是很自然的趨勢。若干田產的租課，或部分納錢，或以實物折錢，或完全直接納錢，茲分別敘述於下：

第一，部分納錢。《江蘇金石志》卷十三〈吳學糧田籍記二〉：

> 全吳鄉第五保贊字號田參拾壹畝參拾陸步。
> 管納折八白米陸石柒斗貳升。
> 帶收并靡費錢兩貫玖佰玖拾柒文省。
> 盛暹佃。

《朱文公文集》卷七九〈江西轉運司養濟院記〉：

> 并得故僧田六頃，又市鍾陵、灌城兩墅之田七十畝，歲收穀三百餘斛，錢五萬有奇。

嘉定《鎮江志》附錄引咸淳《鎮江志》：

> 金壇縣榮登鄉十七都有學田一千四百八十一畝，……寶慶三年（一二二七），李大諫幹人何端義爭佃，增米五十石，錢一百五十貫。

都是租課部分納實物，部分納錢。

第二，以實物折錢。開慶《四明續志》卷四〈廣惠院田租總數條〉：

> 定海淘湖田計二十六畝三角一步，租米五十三碩二斗五升六合四勺五抄，每碩折錢五十貫文十七界，計二千六百六十二貫八百二十二文十七界。

---

55 納白米的例子如《江蘇金石志》卷十七〈無錫縣淳祐癸卯續增養士田紀〉：「一段私高田參畝貳角，在路村，……共椎白米參碩參㪷貳勝伍合。佃戶劉萬六。」納糙米的例子如同上卷二十〈吳學糧田續記〉：「紹定二年（一二二九）內寶聖院僧捨賣到長洲縣吳宮鄉二十一都田參拾畝，上糙米貳拾陸石，租戶周文舉、孫三二。」納穀的例子如《愧郯錄》卷十五〈祖宗朝田米直條〉：「如江鄉田，上色可收穀四石，卻可得主租二石。」

56 參見全漢昇，〈中古自然經濟〉（收入全漢昇，《中國經濟史研究》上冊）；又見同註52。

所謂十七界，指十七界會子而言。《北溪大全集》卷四六〈上傅寺丞論學糧〉載漳州州學田租繳納的情形：

湧口莊元係莊氏捐百斛田租以助學糧，具載學碑。始者每壹桶斟納錢一百五十足，中間將貳桶斟折為三官斟，納錢三百足。有舊鈔可憑，後來佃戶郝謙之、蔡泰叔、林容等計較，將每斟一百足作七十輸納。

《鐵庵集》卷二一〈與項鄉守〉載興化軍地主收租的清形：

緣士大夫家當收租時多折價，至春夏間無以為。

都是將實物地租折為貨幣繳納。

第三，完全直接納錢。陸耀遹《金石續編》卷十九〈廣州贍學田記并陰〉：

都共參頃參拾畝參角參拾捌步，是李諤請佃，從（淳照）拾壹年（一一八四）內給據，當年納錢參拾貫文省，至拾貳年（一一八五）起頭，每年納錢貳佰貳拾貫文省。

計陸拾伍畝參角參拾貳步，羅餘請佃，每年納錢貳拾貳貫文省。……都共壹頃貳拾玖畝參角伍拾步，張賓請佃，每年納錢貳拾伍貫文足。

開慶《四明續志》卷四〈廣惠院田租總數條〉：

僧善皎地并新開田共七畝二十一步半，租錢二十四貫二百文足。

《真文忠公文集》卷八〈申戶部定斷池州人戶爭沙田事狀〉：

上項沙產，元係呂仲富、胡彥文承佃，歲入錢一千七百貫有奇。

都是完全直接以貨幣繳納租課。

以上貨幣地租流行的地區，包括兩浙、江東、江西、福建以及廣東，而尤以兩浙的例子為多。興化軍的士大夫在收租時多折價，可見貨幣地租的繳納已不罕見。雖然貨幣地租在南宋時已逐漸流行，但是實物地租仍然是租課繳納的主要方式，貨幣地租遠比不上實物地租的盛行；

南宋晚期的通貨膨脹和幣值劇跌，[57]使地主徵收貨幣不如徵收實物有利，則更是不利於貨幣地租繼續發展的因素。

從佃權和租課看，南宋的租佃制度顯然有不利於佃戶之處，佃權仍然缺乏完全的保障，租課偏重，貨幣地租的流行則使佃戶必須將農產物出售於市場，在價格上受商人的操縱。此外，部分地主雇用幹人[58]收租，而幹人往往或明或暗的增收租課，飽入私囊，[59]減少佃戶應有的收入。這些情形，無疑都會使佃戶的生活水準降低。但是一般土地不足及缺乏土地的農民仰賴租佃制度而得以維持生活，政府也鼓勵地主收容災民作佃客以解決失業問題，[60]則租佃制度在南宋的農村社會中，亦非全無價值。

57 參見全漢昇，〈宋末的通貨膨脹及其對於物價的影響〉。

58 幹人即富家管事，《袁氏世範》卷三〈淳謹幹人可付託條〉：「幹人有管庫者，須常謹其書簿，審其見存；幹人有管穀米者，須嚴其簿書，謹其管鑰，兼擇謹畏之人，使之看守；幹人有貸財本興販者，須擇其淳厚，愛惜家業，方可付託。」

59《夷堅志補》卷七〈沈二八主管條〉：「吳興鄉俗，每租一斗為百十二合，田主取百有十，而幹僕得其二。」《古今考續考》卷十八〈附論班固計井田百畝歲出歲入條條〉：「假如畝收米三石或二石，姑以二石為中，畝以一石還主家，莊幹量石五以上。」呂午《左史諫草》「戊戌三月二十五日奏為財賦八事」：「譬如千金之家，必有千金之產，火佃出力以得其半而可贍妻孥，主人端坐以收其半而可足用度。乃有強悍之幹，執其收斂之權，過取於火佃之家，少入於主人之室，火佃有饑寒之苦，主人有窘迫之憂，而為幹者家日益饒，用日益侈。」

60《會要》〈食貨六九．逃稅篇〉淳熙九年（一一八二）二月十五日條：「臣僚言：『乞下諸路監司郡守，令所部郡縣令勸諭上戶，遇有流移之民未歸業者，收為佃戶，借與種糧，秋成之後，量收其息。……』從之。」同上〈食貨六一．官田雜錄〉開禧二年（一二〇六）十二月二十四日詔：「淮農流移，尚未歸業，自今無田可種，理合措置矜恤。可將兩浙州軍昨開掘過圍田，許元主復行圍裡，永給為業，卻令專召淮農耕種。」《朱文公文集》「別集」卷一〇〇〈甲監司為賑糶場利害事〉：「今照管屬近來不住有外州縣饑民流移入界，本軍（南康軍）已下諸縣存恤，及委自當職官勸諭上戶收充佃客。」

第三章

南宋的
農家勞力與農業資本

第一節　南宋農家勞力的運用

南宋農家使用於農業生產的勞動量，由於受農作物生長季節的影響，有明顯的農忙季節與農閒季節的區別。在農忙季節，農家必須對農業生產投入大量的勞力，工作十分辛苦，而在農閒季節，則甚少農事可作。農家在農忙季節付出了大量而辛苦的勞力，但農業收入十分微薄，生產所得甚至不足供一年生活所需，農閒季節的農家勞力就必須從事其他的工作，以彌補收入的不足。

稻米是南宋境內最主要的農作物，因此南宋農家農忙季節與農閒季節的劃分，大致上是以稻米的生長季節為依據。稻米的生長季節，因地域、品種而不同，但一般最早不會早於二月，最晚不會晚於十月，僅特別炎熱的地區全年都適於稻米生長。[1]以浙西的平江府（蘇州）為例，稻作季節約在三月至九月間。洪武《蘇州府志》載有當地各稻米品種的播種及成熟時期，其中部分品種已見於南宋時期的地方志，[2]可用以說明南宋平江府的稻作季節。洪武《蘇州府志》卷四二〈土產志〉：

箭子稻：九月熟。

紅蓮稻：五月種，九月熟。

穲稏稻：五月種，九月熟。
六十日稻：三月種，五月熟。
麥爭場稻：三月種，六月熟。
小秈米：三月種，七月熟。
大秈米：四月種，八月熟。
晚白：九月熟。
閃西風稻：八月半熟。
師姑粳稻：五月種，九月熟。
金釵糯：三月種，七月熟。
青稈糯稻：四月種，九月熟。

上列稻米品種，均已見於南宋時期的地方志，這些品種，播種最早在三月，成熟最晚在九月。

---

1 《嶺外代答》卷八〈花木門．月禾條〉：「欽州……地暖，故無月不種，無月不收。正、二月種者曰早禾，至四、五月收；三、四月種者曰晚早禾，至六月、七月收；五、六月種者曰晚禾，至八月、九月收。而欽陽七峒中，七月、八月始種早禾，九月、十月始種晚禾，十一月、十二月又種，名曰月禾。」

2 參考周藤吉之，〈南宋に於ける稻の種類と品種の地域性〉（收入周藤吉之，《宋代經濟史研究》）。

而南宋的稻作，還有早在二月初即已浸種的，有晚至十月才成熟的，[3]因此南宋的稻作季節約自二月至十月。事實上，由於地域和品種的不同，農家不會自二月至十月九個月中都在農忙。例如平江府，據上引資料，如以早晚稻配合，栽種二季，則農忙季節自三月至九月，可長達七個月；如只栽種一季，則農忙季節不過五、六個月而已。農家除種稻外，也有種植其他雜作的，如麻、粟、豆、蔬菜等，這些作物的生長季節多在二月至九月間，[4]與稻米的生長季節相類。南宋也有麥作，麥的生長季節與稻米相交替，約在八、九月下種，至次年三、四月成熟，[5]延長了農家工作的時間，但種麥所需的勞力要較種稻為少，[6]對農家的勞動量所增不重。因此，南宋農家施於農業生產的大量勞力，就集中使用於稻米生長的五至七個月間。

南宋人口稠密的地區，由於稻作採用精耕的方式，農家需要在稻作季節投入大量且辛苦的勞力。南宋的稻作，因受各地區人口疏密不同的影響，而可分為粗耕和精耕兩種形態。地多人少的地區，如兩淮、京西、湖北、兩廣等地，採用粗耕的方式，直接播種於田間，既不移秧，又不重視施肥、灌溉、除草，盡量利用土地自然的生產力，農家所施勞力不多，這種耕作方式的單位面積產量不高，但由於人少，也可以勉強維持生活。[7]至於在南宋絕大部分人口集中的江、浙、閩、蜀等地區，卻不能如此。這些地區地狹人稠，一戶所經營的土地甚至只有數畝或十餘畝，而每戶平均人口又在五口以上，[8]因此必須採用精耕的方式，盡量以人力提高土地的生產力，以求增加單位面積的生產量，才能以狹小的土地養活眾多的人口。南宋時期南方人口

3 陸游，《劍南詩稿》卷二九〈夏四月渴雨恐害布種代鄉鄰作插秧歌〉：「浸種二月中。」《黃氏日抄》卷七八〈七月初一日勸勉宜黃、樂安兩縣賑糶未可結局榜〉：「樂安、宜黃兩縣管下，多不種早禾，率待九月、十月間方始得成熟。」《永樂大典》卷五三四三〈潮州府條〉引《三陽志》：「州地居東南而暖，穀嘗再熟，其熟於夏五、六月者，曰早禾；冬十月，曰晚禾。」

4 陳旉，《農書》上卷〈六種之宜篇第五〉：「正月種麻枲，間旬一糞，五六月可刈矣。………二月種粟，必疎播種子，碾以輾軸，則地緊實，科本鬯茂，穡穟長而子顆堅實，七月可濟乏絕矣。………三月種早麻，纔甲拆，即耘鉏令苗稀疎，一月凡三耘鉏，則茂盛，七八月可收也。四月種豆，耘鉏如麻，七月成熟矣。五月中旬後，種晚油麻，治如前法，九月成熟矣。………五月治地，唯要深熟，於五更承露，鉏之五七遍，即土壤滋潤，屢加糞壅，又復鉏轉，七夕已後，種蘿蔔、菘菜，即科大而肥美也。」，

5 參考周藤吉之，〈南宋に於ける麥作の奬勵と二毛作〉（收入《宋代經濟史研究》）。

6 《黃氏日抄》卷七八〈咸淳七年（一二七一）中秋勸種麥文〉：「凡種稻須用凍耕熱耘，須用霑體塗足。惟麥則不然，及秋而種，天氣未寒；初夏即收，天氣未熱；種於乾地，手腳不沾泥水；鋤塊而作孔亦可種，犁地而撒子亦可種。是麥之事甚易也。」

7 《止堂集》卷六〈乞權住湖北和糴疏〉：「湖北地廣人稀，耕種滅裂，種而不蒔，俗名漫撒，縱使收成，亦甚微簿，每到豐稔之年，僅足贍其境內。」《江湖長翁集》卷六〈次程帥勸農和陶詩韻序〉：「房（京西路房州）民種藝簡單，水旱豐歉，一委之天，人力不至。」同上卷三十〈房陵勸農文〉：「淮、漢之俗，大抵略同。」《嶺外代答》卷三〈外國門下．惰農條〉：「深廣曠土彌望，田家所耕，百之一爾。必水泉冬夏常注之地，然後為田，苟膚寸高仰，共棄而不顧。其耕也，僅取破塊，不復深耘，乃就田點種，更不移秧，既種之後，旱不求水，澇不疏決，既無糞壤，又不耘耔，一任於天，穫則束手就食以卒歲。」

8 參見第二章第二節，第一章第三節。

已增加至前所未有的頂點，精耕稻作技術也隨之而達於純熟。精耕稻作技術的進步，大致包含以下幾點：第一，整地除用犁外，又使用耙、耖多次打、壓田土；第二，經過浸種、催芽、育苗等過程，然後才移植秧苗於田間；第三，致力於肥料的搜集和處理，重視施肥；第四，增加除草的次數；第五，中期排水，然後再車水入田；第六，重視灌溉，如水車的使用，灌溉設施的建設和維護。[9]上述幾點，除灌溉設施的建設須投入多量的資本外，都和勞力的使用密切相關，因此，南宋時期稻作技術的進步，其實際意義就是勞力使用的增加。精耕稻作不僅需要使用大量的農家勞力，而且由於農民長時間在戶外工作，忍受日曬風霜，十分辛苦。這種情形，見於真德秀和高斯得的描述。真德秀《大學衍義》卷二七〈論田里休戚之實〉：

> 晚霜未釋，忍饑扶犁，凍皴不可忍，則燎草火以自溫，此始耕之苦也；燠氣將炎，晨興以出，傴僂如啄，至夕乃休，泥塗被體，熱爍濕蒸，百畝告青，而形容變化，不可復識矣，此立苗之苦也；暑日如金，田水苦沸，耘耔足力，稂莠是除，爬沙而指為之戾，傴僂而腰為之折，此耘苗之苦也；迨垂穎而堅栗，懼人畜之傷殘，縛草田中，以為守舍，數尺容膝，僅足蔽雨，寒夜無眠，風霜砭骨，此守禾之苦也。

高斯得《恥堂存稿》卷五〈寧國府勸農文〉：

太守，蜀人也，起田中，知農事為詳，試為父老言蜀人治田之事。方春耕作將興，父老集子弟而教之，曰：「田事起矣，一年之命繫於此時，其毋飲博，毋訟詐，毋嬉遊，毋爭鬭，一意于耕。」父兄之教既先，子弟之聽復謹，莫不盡力以布種；四月草生，同阡共陌之人，通力合作，耘而去之，置漏以定其期，擊鼓以為之節，怠者有罰，趨者有賞；及至盛夏，烈日如火，田水如湯，薅耨之苦尤甚，農之就功尤力。人事勤盡如此，故其熟也常倍。及來浙間，見浙人治田比蜀中尤精，土膏既發，地力有餘，深耕熟犁，壤細如麵，故其種入土堅緻而不疎；苗既茂矣，大暑之時，決去其水，使日曝之，固其根，名曰靠田；根既固矣，復車水入田，名曰還水，其勞如此。還水之後，苗日以盛，雖遇旱暵，可保無憂。其熟也，上田一畝收五六石，故諺曰：「蘇、湖熟，天下足。」雖其田之膏腴，亦由人力之盡也。

說明農家在犁田、插秧、除草、靠田、還水及守禾各階段，都必須使用大量而辛苦的勞力；而

9 參見周藤吉之，〈南宋稲作の地域性〉（收入《宋代經濟史研究》）；天野元之助，《中國農業史研究》，頁二一一—二五六；趙雅書，〈耕織圖與耕織圖詩〉（一）—（四）（載《食貨月刊》復刊卷三第七期、九、十一期，卷四第五期）；陳良佐，〈我國水稻栽培的幾項技術之發展及其重要性〉（載《食貨月刊》復刊卷七第十一期）。

浙、蜀兩地的農家，由於在農事上使用的勞力較多，所獲的生產量也就較高。這種現象，實因浙、蜀兩地的人口壓力要較其他地區嚴重所致。[10]除田間工作外，農家還必須兼顧灌溉設施的維護，以確保灌溉水源，如處州通濟堰堰規渠堰條：「諸處大小渠堰，如遇淤塞，即請眾田戶，眾田戶分定窠座丈尺，集工開淘。」（李遇孫《括蒼金石志》卷五載范成大〈書通濟堰碑〉）如袁州宜春縣的李渠，規定「遇有小小損壞衝決去處，本保即報知渠長，令甲首喚集陂戶自行修整。」（王光烈康熙《宜春縣志》卷十三〈李渠志·寶慶修復始末〉）按陂戶是蒙受李渠灌溉利益的農家。因此，農家在農忙季節工作的勞苦，是可以想見的。

農耕通常是農家成年男子的工作，但由於精耕稻作所需的農家勞力特別多，僅依賴家中成年男子有時仍感不足，因此婦女、兒童也經常下田工作，尤以協助插秧為多，而當家中勞力不足時，尚必須出錢雇募工人，才能應付農忙季節所需的勞力。婦女、兒童協助插秧的事實，屢見於南宋時人的詩歌與筆記。《誠齋集》卷十三〈插秧歌〉：

> 田夫拋秧田婦接，小兒拔秧大兒插。

劉學箕《方是閒居士小稿》上卷〈插秧歌〉：

父兒呼喚手拔齊，千把萬把根連泥。

周南《山房集》卷一〈山家〉：

子男輸絹急，姑婦插秧歸。

陳藻《樂軒集》卷一〈田家婦〉：

蒔秧郎婿晚歸來，白面匀粧是乃妻。笑說福唐風俗惡，一田夫婦兩身泥。

《夷堅支癸》卷九〈東塔寺莊風災條〉：

鄱陽城下東塔寺與城北芝山禪院皆有田在崇德鄉，疇壤相接，耕農散居，慶元三年（一一九七）五月一日，農人男女盡詣田插稻秧。

10 參見第二章第一節。

可知在插秧時，經常必須農家男女壯少通力合作，農家勞力充分的運用於農作上。此外，婦女、兒童也協助車水灌溉、車出積水、修補塍岸及牧牛等工作。[11]傭工是農忙季節農家勞力的另一來源，南宋農村有部分客戶，既無田產，又未佃得土地，仰賴雇傭為生，[12]因此農家在農忙時雇工並不困難。《夷堅支丁》卷四〈吳廿九條〉：

紹熙二年（一一九一）春，金溪民吳廿九將種稻，從其母假所著皁綈袍，曰：「明日插秧，要典錢與雇夫工食費。」

《朱文公文集》卷十九〈按唐仲友第四狀〉：

又據臨海縣長樂鄉人戶沈三四、王細九、張四八狀，各住鄉下，地名蹟村江次，取州五十來里，即非禁地內人戶，七月初九日，驀有船三隻，係酒務腳子楊榮等到家捉酒，沈三四等為天旱雇覓人工車水，雖有些少白酒喫用，即不曾將出沽賣。

可知農家在插秧、車水灌溉等工作忙碌時，必須雇工協助農作，甚至必須典當衣物作為傭工的工資。婦女、兒童及傭工的協助農作，說明精耕稻作所需的勞動量，超出了正常的家庭勞動人口所能負擔之外，農家在必要時須將所有勞力全部投入農業生產，仍有不足的可能。

農家在農忙季節為農業生產付出了超出正常的勞動量，但其生產所得卻不能與付出的勞力相平衡。農家的生產所得，在償還債務、繳納租課或賦稅之後，已所餘無幾，甚或透支。[13]在這種情形下，農家的農業收入顯然很難維持一家的全年生活。在一年之中，農家常有數月食用發生問題。《勉齋集》卷二七〈申江西提刑辭兼差節幹〉：

> 農事方興，青黃未接，三月、四月之間，最細民艱食之時。

---

11 舒岳祥，《閬風集》卷三〈十婦詞〉：「田頭車水婦，挽水要流通。」劉一止《苕溪集》卷三〈水車〉一首：「老龍下飲骨節瘦，引水上泥聲咿呀。初疑蹙踏動地軸，風輪共轉相鉤加。嗟我婦子腳不停，日走百里不離家。綠芒刺水秧初芽，雪浪翻壠何時花。」陸游，《渭南文集》卷四三〈入蜀記第一〉：「（秀州）運河水泛溢，高於近村地至數尺，兩岸皆車出積水，婦人、兒童竭作，亦或用牛。」姚文灝，《浙西水利書》上卷載范成大，〈水利圖序〉：「今之塍岸，率去水二三尺，人單行猶側足其上，既卑且狹，又坎坷斷裂，纍纍如蹲羊伏兔。佃戶貧下，至冬作時，質舉以備種糧，其勢無餘力以及畚臿之工，婦子持木杴，探污泥，補綴缺空，累塊亭亭，一蹴便隕，謂之作岸，實可憐笑。」陳旉，《農書》中卷〈牛說·牧養役用之宜篇第一〉：「又牧人類皆頑童。」

12 參見第一章第二節。

13 詳見下節。

陳著《本堂集》卷五二〈嵊縣勸農文〉：

農家不是不勤，入冬便無飯吃。

《大學衍義》卷二七〈論田里休戚之實〉：

刈穫而歸，婦子咸喜，舂揄簸蹂，競敏其事，而一飽之懼，曾無旬月，穀入主家之廩，利歸質貸之人，則室又垂罄矣。

可知農家的收成，不僅不能維持食用至次年農事開始，甚至有在農事結束後一、二個月就發生食用不繼的情形。這種情形反映於糧食市場上，即是米價的季節變動。在農家剛收成時，農民為償債或納稅，競相將米穀出售，於是米價下跌；及至農家自己收成的糧食食用已盡，必須向市場購買，於是米價上漲。[14]農家既必須向市場購買糧食以維持生存，除依賴借貸之外，就必須兼事副業以求獲得現金的收入。總之，由於農家在農忙季節所付出的大量勞力，有相當多的一部分實際是沒有報酬的，才誘使農家在農閒季節兼事副業。

南宋農家既為了增加收入而必須兼事副業，則農家勞力就不僅是用於農耕。農家所兼營的副業，有些是全年性的，無論農忙季節或農閒季節都在經營，例如紡織與豢養家禽、家畜。紡織業是農村中最主要的手工業，由農家婦女兼營，一方面用來繳納賦稅，一方面用來供給家中衣著，[15]有剩餘還可以出售以換取現金。[16]家禽、家畜的豢養在農家中也很普遍，而在稻米收成之後，由於有米糠、粞穀及遺留在田中的穗粒可作飼料，飼養更多。除耕牛為農作所必需外，豬、雞、鵝、鴨都為農家所豢養。談鑰嘉泰《吳興志》卷二十〈物產志〉，引舊編：

牛：農家畜水牛，……今鄉土水牛有烏、白二種，止用耕稼，特者或取乳，冬月取酥，以烏戍者為勝。黃牛角屈向前者呼沙牛，少畜，水鄉不用負挽，又不能取酥也。

豕：田家多豢豕，皆置欄圈，未嘗放牧，樂歲尤多，搗米有杜糠以為食，歲時烹用，供祭祀、賓客，糞又宜桑。

14《魯齋集》卷七〈社倉利害書〉：「農人以終歲服勤之勞，於逋負擬償之時，則穀賤而倍費；及其不憚經營之艱苦，於青黃未接之時，則穀貴而倍費。」

15見第一章註6引《石湖居士詩集》卷二七〈夏日田園雜興〉。

16《江湖長翁集》卷三十〈房陵勸農文〉：「繰織飼守，求盡其技，精其事，將不止溫煖取給，亦可貨以自贍。」

雞：今田家多畜，秋冬月樂歲尤多，蓋有粞穀之類以為食也。

鵝：今水鄉田家多畜。

鴨：今水鄉樂歲尤多畜，家至數百隻，以竹為落，暮驅入宿，明旦驅出已收之田食遺粒，取其子以賣。

這些禽畜，除牛被禁止屠殺，牛肉被禁止販賣之外，[17]其肉、乳、酥、卵均可供農家食用或者出售，既減輕了農家生活費用的負擔，又有助於收入的增加。紡織與家禽、家畜的豢養，均在農家家內經營，此外，農民在漫長的農閒季節裡，為貼補家用，又多外出工作。《象山先生全集》卷十〈與張元鼎〉：

金谿陶戶，大抵農民於農隙之時為之，事體與番陽鎮中甚相懸絕。今時農民率多窮困，農業利薄，其來久矣，當其隙時，藉他業以相補助者，殆不止此。

《魯齋集》卷七〈社倉利害書〉：

今之農與古之農異，秋成之時，百逋叢身，解償之餘，儲積無幾，往往負販傭工以謀朝夕之贏者，比比皆是也。

《南宋群賢小集》卷九載利登《骳稿》〈田父怨〉：

黃雲百畝割還空，垂老禾堂泣晚春。償卻公私能幾許，販山燒炭過殘冬。

都說明農家的農業收入不足以維持一年生活所需，才在農閒季節外出從事商販、傭工、燒陶或燒炭等工作。此外，農民有在農閒時，捕捉魚、鱉、鰍、鱔的，有從事採銅的，江西農民在農閒時前往廣西販牛，並且攜帶土布前往販賣，而汀州、贛州更有若干農民在農閒時聚眾販賣私

17《會要》〈刑法二．禁約篇〉建炎四年（一一三〇）五月二十三日詔：「訪聞行在諸軍及越州內外多有宰殺耕牛之人，可令御營司出榜禁止。諸色人告捉，賞錢三百貫；犯人依軍法，如係軍兵，其本軍統領官取旨施行。」又同年十月十四日詔：「知情買肉與販者，徒二年，許人告，賞錢五十貫。」

貨。[18]以販鱔而言，在南宋中期的平江府，一日即可有三百文的收入，[19]這一時期兩浙平時米價每升約在十餘文至三十文之間，饑荒時亦少超過五十文，[20]三百文可糴米約十升，可供五口之家一日的食用。

除上述各項副業外，南宋政府常在農閒季節興修各種灌溉、排水或防洪等水利工程，需要雇用大量人工，也為農家勞力提供了出路。水利設施有助於農業生產的增加，災荒發生時，陂塘所發揮的灌溉作用固然明顯；[21]即使平時，在四川、江西等糧產豐盛的地區，如非藉助於陂塘堤堰，也往往歉收，甚或土地荒蕪。[22]而這類工程，通常都相當浩大，所需資金、勞力甚鉅，必須由政府來負責推動。南宋政府運用農閒季節大量空閒的農家勞力進行這類工程，一方面達成農業增產的目的，使農家收入相對增加；另一方面農民因受雇工作而獲得工資，足以貼補家用，對農家有雙重的益處。茲列舉南宋若干水利工程所使用的人工數及進行時間如表十三。

18 《夷堅支甲》卷五〈周三蛙條〉：「南城田夫周三當農隙時，專以捕魚、鱉、鰍、鱔為事。」《漢濱集》卷八〈諭銅坑朝劄〉：「諸村匠戶多以耕種為業，間遇農隙，一二十戶相糾入窟。」《會要》〈食貨十八．商稅篇〉嘉定七年（一二一四）二月二十四日廣西轉運判官兼提舉鹽事陳孔碩言：「贛、吉之民，每遇農畢，即相約入南販牛，初亦將些小土布前去博買。」《要錄》卷一七二紹興二十六年（一一五六）三月丁卯條：「（董）苹知汀州，代還，入對，……又言：『汀、贛二州相去五百里，民輕生喜盜，多於農隙聚眾私販。……』」

19 《夷堅丁志》卷十六〈吳民放鱓條〉：「吳中甲乙兩細民，同以鬻鱓為業，日贏三百錢。」

20 據依川強著，鄭樑生譯，《宋代文官俸給制度》頁八六—八九所附「南宋首都及其附近米價表」。

21 《朱文公文集》卷十七〈奏救荒事宜畫一狀〉：「至於近日巡歷，又得親見，所至原野，極目蕭條，唯是有陂塘處，則其苗之蔚茂秀實，無以異於豐歲，於是竊嘆，益知水利之不可不修。」

22 李流謙，《澹齋集》卷九〈與汪制置劄子〉：「蜀之為國，無旱乾水溢之憂者，以堤堰為命爾，故蜀人視堤堰修壞以為豐歉之候。」《勉齋集》卷二五〈代撫州陳守奏〉：「江西之田，瘠而多涸，非藉陂塘井堰之利，則往往皆為曠土。」

表十三　南宋水利工程使用人工數及進行時間

工程名稱	人工數	進行時間	資料來源
崑山縣塘浦	十三萬六千四百工	春	《浙西水利書》上卷載范成大〈崑山縣新開塘浦記〉
華亭縣顧會浦	二十萬工	十月—十二月	紹熙《雲間志》下卷載楊炬〈重開顧會浦記〉
華亭縣堰閘	不詳	九月—十二月	同右卷中〈堰閘篇〉
華亭縣浚河置閘	八萬九千六百工	十一月—十二月	同右卷下載許克昌〈浚河置閘碑〉
仁和縣永和堤	不詳	春	《東澗集》卷十三〈永和堤記〉
鎮江府練湖	二十二萬六千二百七十九工	十二月—三月	嘉定《鎮江志》卷六〈地理志·山川篇·湖條〉
江陰軍中港、利港	三十六萬工	正月—二月	陳延恩道光《江陰縣志》卷三〈山川志·河港篇〉載章洽〈乾道申利治水記〉
處州通濟堰	不詳	正月—四月	《文忠集》卷六一〈范成大神道碑〉
餘姚縣海隄	不詳	冬—春	《攻媿集》卷五九〈餘姚縣海隄記〉
定海縣顏公渠	二十三萬九千工	農隙	寶慶《四明志》卷四〈敘水〉
慶元府烏金堨	一萬九千工	十月—十二月	魏峴《四明它山水利備覽》下卷載魏峴〈四明重建烏金堨記〉

工程名稱	人工數	進行時間	資料來源
慶元府回沙閘	不詳	八月—十月	同右載林元晉〈回沙閘記〉
台州東湖	八千九百工	二月—三月	林逢吉《赤城集》卷十三載王廉清〈修東湖記〉
南陵縣大農陂、永豐陂	不詳	冬—夏	魯銓嘉慶《寧國府志》卷二一〈藝文志〉上載謝鍔〈重修大農陂永豐陂記〉
豐城縣稅亭石埽、子堤等	五萬三千七百九十五工	十一月—二月	同治《南昌府志》卷三〈地理志・圩堤篇〉
撫州千金陂	不詳	十月—十二月	徐良傅嘉靖《撫州府志》卷十六〈藝文錄〉載趙與輴〈重修千金陂記〉
莆田縣太平陂	六千人	冬—春	《後村先生大全集》卷八八〈重修太平陂記〉
莆田縣陳壩斗門	不詳	十月—十二月	陳池養《莆田水利志》卷八載傅淇〈陳壩斗門記〉
福清縣石塘祥符陂	六千人	七月—十月	林希逸《竹溪鬳齋十一藁續集》卷十〈福清縣重造石塘祥符陂記〉
眉州蟇頤堰	不詳	十月—三月	《鶴山先生大全文集》卷四十〈眉州新修蟇頤堰記〉
合州單公隄	七萬九千八百工	十月—三月	傅增湘《宋代蜀文輯存》卷七三載任逢〈重修單公隄記〉
梓州王公隄	三萬八千四百工	十月—三月	同右卷一百載韓己百〈王公隄記〉

以上各項工程，都利用農閒時間進行，而使用工數自數萬至二十餘萬，所用勞力甚眾，工程地區的農民，因此獲得工作的機會。《浙西水利書》上卷載范成大〈崑山縣新開塘浦記〉：

仍飭供上之羨，若勸分所得，為之糗糧，扉履畚臿號召前仰哺者，一夕麕至。

康熙《宜春縣志》卷十三〈李渠志．寶慶丁亥（一二二七）修復始末〉：

凡役夫每旦畢集於庭，……其傭金一視市直，遇晚親自給散，吏不得預毫髮，遠近聞之，荷鍤而至者日幾千夫，方春小民艱食，賴此以濟者甚眾。

農民聞知興修水利工程，踴躍前來應募，反映農家勞力在農閒季節需要工作的迫切。紹興三十一年（一一六一）成都府修治渠堰，役夫工資為每人每日米二升，薪菜錢二十文，[23]這一項工資固然不可能供農家一日之需，但已足供役夫本人食用。

從上文的討論，可知南宋的農家勞力負擔甚重，精耕稻作造成農民全家在農忙季節備極辛勞，付出超出正常的勞動量，但所得卻不敷生活所需，使得他們在農閒時仍然必須從事農業以外的工作，才能維持家計的平衡。因此，南宋的農家勞力並非僅用之於農業，南宋農家也並非僅依賴農業收入作生活費用，如無農業以外的收入作貼補，農家顯然不易維持生活。

第二節　南宋農家生產資本的融通

資本在南宋農業生產中的地位不及土地與勞力重要，但仍然是不可缺乏的生產要素。南宋的農業資本可以分為兩類，一是由農家自行籌措的生產資本，一是由政府和社會共同負擔的水利建設資金，本節先討論前者。南宋農家的收入微薄，生產所得甚至不足供生活之需，沒有能力儲蓄以作生產資本之用，必須以借貸的方式向地主或富家融通資本，才能繼續從事生產。農家以借貸的方式融通資本，一方面固然有助於農業生產的進行，另一方面由於利率過高，也加重了農家家計的負擔。

南宋農家生產資本所以發生困難，實由入不敷出而來。農家的支出，除生產資本外，大致可以分為三項：維持生活的衣食費用，對地主及政府的租課或賦役負擔，以及婚喪祭祀不時之

23《宋代蜀文輯存》卷五四載任淵，〈雙流昭烈廟記〉：「成都屬邑之田，多仰渠堰，……紹興三十一年（一一六一），于護新開之役，……蓋凡執役之夫，日費米人二升，薪菜之錢二十。」

需。南宋農家的衣食費用，一般已降至甚低的限度，而租課、稅役的過於繁重以及婚喪祭祀容易流於奢侈，成為助長農家微薄收入不敷支出的兩項重要因素。

先就租課和賦役說。南宋佃戶繳納租課，多占收成的四分或五分，高者可達六分以上，而負責收租的幹人又或明或暗的額外增取，[24]佃戶實際所得不多；此外又對政府有身丁錢的負擔，[25]更加重了佃戶家計的困難。自耕中下戶負擔賦役的繁重，不下於佃戶的租課負擔。南宋雜稅繁多，農民實際上所繳納的賦稅，是二稅原額的數倍。[26]而對農家家計影響尤大的，是賦稅負擔的不均。依照南宋的稅率標準，擁有眾多土地的富家應該是賦稅的主要負擔者，但他們卻以各種方式逃漏賦稅。《會要》〈食貨七十・賦稅雜錄〉紹興三十一年（一一六一）二月十七日兩浙轉運使林安宅言：

> 近巡歷郡縣，多有形勢之家，憑恃強橫，全不輸納，茍有追呼，小則擊逐戶長，大則脅制官吏，於是縣令懦者低首容忍，彊者反擠排而去。

《清獻集》卷八〈便民五事奏箚〉：

> 貴家豪戶所納常賦，重賂鄉吏，或指為坍江逃閣，或詭寄外縣名籍，雖田連阡陌，

輸稅既少，役且不及。

可知富戶或恃強拒納，或勾結胥吏逃漏，地方官對他們無可奈何。地方政府為了向朝廷繳足稅額，只有將富戶所逃漏的賦稅均派給貧困的農民，形成「出等上戶多緣計弊而免，其數併於貧下，實出強倍之征。」（《浪語集》卷十六〈知湖州朝辭劄子〉）「上戶既不樂輸，未免殃小弱。」（《本堂集》卷七十〈嵊縣催科劄〉）的狀況，增重了貧困農民的負擔。差役的繁重，與賦稅相同。南宋役法，由於役錢被移作經總制錢起發上供，名雖雇役，實同差役，[27]執役者既無俸祿，而又對官府有各種陋規的負擔，還常須代納賦稅。《會要》〈食貨六五・免役篇〉隆興二

24 見同註10。

25《會要》〈食貨六六・身丁錢篇〉隆興二年（一一六四）四月二十六日知常州宜興縣姜詔言：「本縣無稅產人戶，每丁納丁身鹽錢二百文足。」同上乾道七年（一一七一）十月一日司農少卿總領淮東軍馬錢糧蔡洸言：「鎮江共管三邑，而輸丁各異，……稅戶、客戶惟丹徒並輸丁，而丹陽、金壇二邑有稅則無丁，其輸丁者客戶而已。」《北溪大全集》卷四四〈上莊大卿論鬻鹽〉：「其餘客戶，……歲輸身丁一百五十，猶不能辦。」

26 見第二章註21引《定齋集》卷五〈論州縣科擾之弊劄子〉。

27《朱文公文集》卷二一〈論差役利害狀〉：「蓋朝廷曾有指揮，罷支耆、戶長雇錢以充經、總制窠名起發，遂致州縣無錢可雇耆、戶長，而此等重役。遂一切歸於保正、保長無祿之人。」

年（一一六四）八月五日臣僚言：

方其始參也，饋諸吏則謂之參役錢；及其既滿也，又謝諸吏則謂之辭役錢；知縣迎送，僦夫腳則謂之地理錢；節朔參賀，上榜子則謂之節料錢；官員下鄉，則謂之過都錢；月認醋額，則謂之醋息錢。如此之類，不可悉數。

說明執役者負擔了許多額外的陋規。同上〈食貨六九．賦稅雜錄〉紹興十二年（一一四二）九月十三日敕：

訪聞州縣催理賦稅，多因形勢官戶及胥吏之家不輸納，或典買之際，並不推割，產去稅存，無從催理，官司取備一時，勒令催稅保長等出備。

說明執役者常須代逃稅的勢家償納賦稅。此外，差役也同樣有不均的情形。《會要》〈食貨六五．免役篇〉紹興十五年（一一四五）七月十八日給事中李若谷言：

州縣差募之際，不體法意，致令上戶百端規避，卻令中下戶差役頻併。

同上隆興二年（一一六四）八月五日臣僚言：

州縣被差執役者率中下之戶，中下之家產業既微，物力又薄，故凡一為保正副，鮮不破家者。

可知上戶逃避差役，使中下戶役次頻繁，而中下戶因差役而增的開支，甚至使家計難以維持。租課、賦役既重，農民微薄的收入自然難有節餘。

次就婚喪祭祀費用而言。婚喪祭祀的費用，原為家庭中開支不可缺少的一部分，但農民不知量力而為，往往容易流為奢侈，對農民家計的影響，不下於繁重的租課和賦役。《高峰文集》卷五〈漳州到任條具民間利病五事奏狀〉：

本州有習俗之弊，婚嫁喪祭，民務浮侈，殊不依禮制。娶婦之家，必大集里鄰親戚，多至數百人，椎牛行酒，仍分綵帛銀錢，然後以為成禮；女之嫁也，以粧奩厚薄，外人不得見，必有隨車錢，大率多者千緡，少者不下數百貫，倘不如此，則鄉鄰訕笑，而男女皆懷不滿；喪葬之家，必廣為齋設，以待賓客，繼用葷酒，而散物帛，倘不如此，則人指以為不孝。富者以豪侈相高，貧者恥其不逮，往往貿易舉貸以辦。……訪聞泉、福、興化，亦有此風，而此郡特甚。

可知漳、泉、福州及興化軍的農民，往往無力自制，強效富裕之家，厚辦婚喪。又林季仲《竹軒雜著》卷六〈朱府君墓誌銘〉：

永嘉絕在海隅，民生老死不識兵革，其俗習以燕安，以浮侈相高，靡衣粗食，崇飾室廬，嫁娶喪葬，大抵無度，坐是貧窶不悔。

可知厚辦婚喪的風氣，不限於福建，浙東溫州也有此弊。祭祀浪費的情形，如《漫塘文集》卷十八〈勸尊天敬神文〉：

俚俗相扇，淫祀繁興，其一曰祭瘟，……其次曰齋聖，又其次曰樂神。……牲十餘不供一夕之需，香數套僅充一爇之用，其他誘取脅取，不使聞知見知，因有婦欺其夫，子隱其父，厥費無藝，豈實有餘，或典質而一縷無遺，或假貸而倍蓰計息，以致資產破蕩，老稚流離。

劉應李《新編事文類聚翰墨全書》壬集卷五〈人品門．農類〉載葉知州〈延平勸農文〉：

> 鬼神可敬，貴在遠之，鮮衣異服，倡為迎奉，是非神所欲也，而又貸質以佐費，裒率以取贏，福未集而害先至矣。

可知農民用於祭祀鬼神之上的費用，也不在少數，甚至因此而典質借貸。而這種耗費，又非偶一為之而已，由於神棍的煽惑，迎神賽會幾乎無月無之，更有人遠赴他鄉還願燒香，而神棍往往強行斂錢。[28]有限的收入既然用於不急之需，自然影響正常的生活費用和農業資本。

28《北溪大全集》卷四三〈上趙寺丞論淫祀〉：「某竊以南人好尚淫祀，而此邦之俗為尤甚。自城邑至村墟，淫鬼之名號者至不一，而所以為廟宇者亦何啻數百所，逐廟各有迎神之體，隨月送為迎神之會，自入春首便措置排辦迎神財物事例。或裝土偶，名曰舍人，群呵隊從，撞入人家，迫脅題疏，多者索至十千，少者亦不下一千。或裝土偶，名曰急腳，立於通衢，攔街覓錢，擔夫販婦，拖拽攘奪，真如白晝行劫，無一空過者。或印百錢小榜，隨門抑取，嚴於官租，單丁寡婦，無能逃者。……凡此皆游手無賴好生事之徒假托此以括掠錢物，憑藉使用，內利其烹羔擊豕之樂，而外唱以禳灾祈福之名。始必浼鄉秩之尊者為簽都勸緣之銜以率之，既又挾群宗室為之羽翼，謂之勸首，而豪胥猾吏又相與為之爪牙，謂之會幹。愚民無知，迷惑陷溺，畏禍懼譴，皆黽勉傾囊舍施，或解質舉貸以從之。今月甲廟未償，後月乙廟又至，又後月丙廟、丁廟，復張頤接踵於其後。廢塞向墐戶之用，以為裝嚴祠宇之需；輟仰事俯育之恩，以為養哺土偶之給，至罄其室，枵其廬，凍餒其父母，藍縷其妻孥，有所不恤。錢既裒集，富衍遂恣，為無忌憚。既塑其正鬼之夫婦，被以衣裳

南宋農家既入不敷出，無力儲蓄足夠的生產資本，於是在每年農事開始時，就必須向地主或富家借貸，才能從事生產。所謂生產資本，包括生產工具以及投資於農業生產的支出；此外，農家的衣食費用和生產資本很難作明顯的劃分，因為衣食費用實際就是農家付給自己使用勞力的工資，而農家也必須維持一最低限度的溫飽，才有足夠的氣力從事辛苦的農作，因此本文討論生產資本的融通，實包括衣食費用在內。南宋時期，一牛價錢自十貫至百貫，[29]並非所有農民都能自備，必須依賴租賃；農家自有糧食多不能維持至每年農事開始，因此備置種子與供給農忙季節的衣食費用亦感困難。這些支出，都必須向地主或富家融通。部分佃戶的耕牛、農器及種子可由地主提供，至收成時租課增納一分；[30]其他佃戶及下戶則向地主或富家借貸，至收成後加息償還。《朱文公文集》卷二十〈乞給借稻種狀〉：

> 先據婺州申，本州鄉俗體例，並是田主之家給借。今措置欲依鄉俗體例，各請田主每一石地借與種穀三升，應付及時布種，候收成日帶還。

同上卷一百〈勸農文〉：

> 佃戶既賴田主給佃生借以養活家口，田主亦藉佃客耕田納租以供贍家計，二者相

冠帔；又塑鬼之父母，曰聖考、聖妣；又塑鬼之子孫，曰皇子、皇孫。一廟之迎，動以十數像，群輿於街中，且黃其傘，龍其輦，黼其座，又裝御直班以導於前，僭擬踰越，恬不為怪。四境聞風鼓動，復為優戲隊相勝以應之，人各全身新製，羅帛金翠，務以悅神。或陰策其馬而縱之，謂之神走馬；或陰驅其篙而奔之，詔之神走篙，以誑罔百姓。……一歲之中，若是者凡幾廟，民之被擾者凡幾番，不惟在城皆然，而諸鄉下邑，亦莫非同此一習。」《新編事文類聚翰墨全書》癸集卷十一〈神祠門．文類〉載劉圻父，〈篁嘌山人傷時風歌〉：「傷時風，傷時風。一是時風好奢侈，二是時風事鬼神。……自從正月年華改，團聚賭博言取采。懶散且過新年頭，賭輸尚有衣可解。村莊未肯便歸田，里社神祠結佛緣。人家未有一丁入，廟祝鄉豪來率錢。率錢本欲供祈禱，卻因祈禱生煩惱。哀凶斂惡引姦偷，起訟興爭害鄉保。仲春未肯趨農耕，遍坊傾郭事賽迎。排辦衣裳全舉債，習學吟叫妨營生。家迎神像設水陸，戶掠油錢燒萬燈。年荒也要依前例，費力忍窮爭勝氣。一旗一社各比賽，網盡百工諸伎藝。花棚花樹開紅燭，蠟淚成堆遍街市。……季春蠶月正條桑，奔赴婺源還願香。少豪結束赴時樣，貧下辛苦營行裝。黃旗赤幟交旁午，不怕關津與河渡。如遵密約赴黃巾，又似傳籌覓王母。倡優技術並商賈，總計鄉州十七路。聞傳番界有人來，官員秀才今也去。貴游宅眷千金身，兜轎也隨歧路塵。何曾回首念家計，但說傾身能事神。初年去者間一二，即今里巷無居民。紛紛少定已重午，擂鼓嘈船邀競渡。須更漸近六七月，投佛迎神要求雨。雕青年少跨錦軀，擔槍揭旗相鼓舞。淨洗牲牛與插花，纏以紙錢上祠宇。每日爛醉起忿爭，持刃相當寧懼死。好勇鬥狠成習氣，一遇凶荒皆哨聚。終年膠擾少曾停，東神西佛慶生辰。接連正殿五十會，流例靈祠要大烹。上坊下郭相輸率，隔鄉越縣迎請佛。古來佛緣未到處，頓然信向住不得。世人醉夢正顛倒，更被緇黃相誘惑。自從度牒不直錢，此輩隈多衣食窄。近年轉見化緣多，趁旁收冬作功德。逐鄉創立白蓮社，每寺教化人禮佛。祈蠶保冬善誘引，血盆懺殺深恐嚇。收禾未得納主家，勾疏攙先量斗石。織布全家不曾著，量還化主修生七。一冬僅僅了抄題，逐年累累添生借。」

29 《劍南詩稿》卷五九〈農舍〉：「萬錢近縣買黃犢。」周紫芝，《太倉稊米集》卷四九〈答田券示徐伯遠〉：「初，伯遠約以春耕，而僕無牛，市一牛須百千。」

30 參見第二章第三節。

須，方能成立。今仰人戶遞相告戒，佃戶不可侵犯田主，田主不可撓虐佃戶。如當耕牛車水之時，仰田主依常年例應副穀米，秋冬收成之後，仰佃戶各備所借本息填還。

《真文忠公文集》卷六〈奏乞蠲閣夏稅秋苗〉：

下等農民之家，賃耕牛，買穀種，一切出於舉債。

可知農民以借貸融通生產資本，才能進行生產。依據南宋若干地區的慣例，佃戶在開耕時所需的種子及農忙時所需的糧食，地主有責任給借。事實上，部分地主遠居外地，對佃戶生活並不關心，佃戶無從借貸，必須求助於其他富戶。[31]由於農民多仰賴借貸才能從事生產，因此除地主和農村一般富戶從事放債外，又產生了其他以農民為借貸對象的放債者，如以預貸方式收購米穀的米商、專業放債者以及兼營放債的寺院，[32]使富家的財富轉移作農家的生產資本，農業生產因而得以進行，農家也因而得以維持生計。

雖然富家對農民的借貸有利於農業生產的進行，但是農村借貸利率甚高，為農家帶來了另一個難題。依南宋政府所定的利率，出借財物，月息不得超過四釐，如所借為米穀，年息不得超過五分，而且只還本色，不許折價。[33]南宋時期被認為合理的年息為三分至五分，[34]因此這一官定利率已不算低，而事實上，由於多數農家都集中於農事開始時急需借貸，富民得以乘時射利，使農村通行的利率遠高於此。《會要》〈食貨六八．賑貸篇〉乾道三年（一一六七）八月二十五日條載臣僚言：

臨安府諸縣及浙西州軍，舊來冬春之間，民戶闕食，多詣富家借貸，每借一斗，限

31《象山先生全集》卷八〈與陳教授〉：「然在一邑中，乃獨無富民大家處，所謂農民，非佃官莊，則佃客莊，其為下戶自有田者亦無幾。所謂客莊，亦多僑寄官戶，平時不能贍恤其農者也，常春夏缺米時，皆四出告糴於他鄉之富民，極可憐也。」

32《攻媿集》卷一〇四〈知復州張公墓誌銘〉：「（復州）三四歲僅一熟，富商歲首以鹺茗貸民，秋取民米，大艑捆載而去。」《夷堅三志辛》卷二〈張八道人犬條〉：「樂平八間橋農民張八公，壯年亡賴，不事生理。一日，忽自悔悟，積善存心，自稱道人，唯賒放米穀，取其息以贍家。」《龍川集》卷十六〈普明寺長生穀記〉：「僧如禧復為如請謀，從富人乞穀三百石，貸之下戶，量取其息，以為其徒目前之供。」

33《慶元條法事類》卷八十〈雜門，出舉債負條〉：「諸以財物出舉者，每月取利不得過肆釐，積日雖多，不得過壹倍，即元借米穀者，止還本色，每歲取利不得過伍分（原註：謂每斗不得過伍升之類），仍不得准折價錢。」

34《京氏世範》卷三〈假貸取息貴得中條〉：「貸穀以一熟論，自三分至五分，取之亦不為虐，還者亦可無詞。」

至秋成交還，加數升或一倍。

《袁氏世範》卷三〈假貸取息貴得中條〉：

江西有借錢約一年償還，而作合子立約者，謂借一貫文，還兩貫文；衢之開化借一秤禾而取兩秤；浙西上戶借一石米而收一石八斗，皆不仁之甚。

《黃氏日抄》卷七八咸淳七年（一二七一）七月初一日勸上戶放債減息榜：

近據晏府新恩箚狀稱，本州上戶放債取息，有至合倍以上者。

可知富戶放債，常取息自八分至一倍，比官定利率為高。而苛刻者更取息數倍，《後樂集》卷十九〈潭州勸農文〉：

豪民放債，乘民之急，或取息數倍。

農民負擔利息之重，可想而知。借貸米穀而折價歸還的情形，雖為南宋政府所禁止，但在農村中實際是存在的。這種情形使農民的負檐更重。由於受米價季節性變動的影響，農民實際上是以高價貸借米穀，而以賤價糶米還債。《要錄》卷一六一紹興二十年（一一五〇）十二月丁未朝奉郎監尚書六部門鍾世明轉對：

> 富室乘農民之急，貸以米穀，使之償錢，而又重取其利。

《會要》〈食貨六八．賑貸篇〉乾道三年（一一六七）八月二十五日條載臣僚言：

> 自近年歲歉艱食，富有之家放米，人立約每米一斗計錢五百，細民但救目前，不惜倍稱之息，及至秋收，一斗不過百二三十，則率用米四斗方糶得錢五百，以償去年斗米之債。

可知在折價的情形下，農民所歸還的本息，竟高達本金的四倍。這種現象的發生，也由於多數農家集中於秋收之後糶米還債，富家乘時抑低價錢購買所致。[35]《方是閒居士小稿》上卷〈插秧歌〉：

> 秋成幸值歲稍豐，穀賤無錢私債重。

說盡農家償債的苦況。可知農家融通生產資本，也與農家勞力的運用相同，受到農作物生長季節的影響。如此高的利率，使農家在賦稅和租課之外，又增加了一重負擔。

農家在收成時，既要繳納繁重的租課或賦稅，又要附加高利償還債務，生產所得剩餘無幾，甚至仍感不足。部分農家也許能以農業以外的收入來平衡開支，部分農家則因債務過重而不能盡還，於是利息轉為本錢，成為新的債務，與舊債相結合，因而陷於長期負債之中。這種長期負債容易產生一種不良的影響，即富家認為農民已無償債的能力，拒絕再給予借貸，使得農家所需的生產資本失去融通的來源。農家生產所得幾盡於償付官租和私債，屢見於南宋詩人所吟咏。「石湖居士詩集》卷二七〈秋日田園雜興〉：

> 垂成穡事苦艱難，忌雨嫌風更怯寒。牒訴天公休掠剩，半償私債半輸官。

同上卷三十〈臘月村田樂府十首冬舂行〉：

鄰叟來觀還歎嗟，貧人一飽不可賒。官租私債紛如麻，有米冬舂還幾家。

華岳《翠微南征錄》卷八〈田家十絕〉其三：

老農鋤水子收禾，老婦攀機女擲梭。苗絹已成空對喜，納官還主外無多。

《南宋群賢小集》卷二三載趙汝鐩《野谷詩稿》卷一〈耕織歎〉其一：

往來邏視曉夕忙，香穗垂頭秋登場。一年辛苦今幸熟，壯兒健婦爭掃倉。官輸私負索交至，勺合不留但糠粃。我腹不飽飽他人，終日茅簷愁餓死。

都說明農家收成僅足以償還官租私債，剩餘不多，甚或一無所存，此後生活又必須仰賴外出工

35《後樂集》卷十四〈上沈運使作賓書〉：「要是八九月之交，農人有米，質債方急，富室邀以低價之時。」

作或借債來維持。以複利計算利息為南宋政府所禁止，[36]但在農村實際仍然存在，舊債未了，利息又轉為新債。《大學衍義》卷二七〈論田里休戚之實〉：

迨蘜浴於湯，禾登於場，而責逋者狎至，解絲量穀，亟以授之，回顧其家，索無所有矣。償或未足，則又轉息為本，因本生息，昔之千錢，俄而兼倍，昔之數百，俄而千。於是一歲所貸，至累載不能償，己之所貸，子孫不能償。

《真文忠公文集》卷十〈申尚書省乞撥和糴米及回糴馬穀狀〉：

若五等下戶，……當農事方興之際，稱貸富民，以為畊種之資，及至秋成，不能盡償，則又轉息為本，其為困苦，已不勝言。

於是農家因債務過重而陷於長期負債之中。除非由政府強制除放私債的利息，[37]否則部分農家為農業生產所欠下的債務，將永無償清的可能。農家在長期負債的情形下，很容易喪失償債能力的信用。富家以農家具還債能力，才肯借貸，農家信用既失，借貸就有困難。唐仲友《說齋文鈔》卷一〈台州入奏劄子三〉：

舊新債負併在蠶麥，細民必困理索，富民慮借者不得併還，未樂借貸。

說明富家不願向無力償債者提供借貸。在這種情形下，農家的生產資本顯然將失去融通的來源，而農家生活與農業生產亦必因此發生困難。

農家無力負擔賦稅和債務的結果，既可能使農家陷於長期負債而喪失償債信用，也可能迫使農家典賣生產工具以納稅償債或維持生活。農家受賦稅和債務雙重壓力，家計原已成為問題，在典賣原有的生產工具之後，籌措生產資本必然愈加困難，農業生產可能因此停頓，其影響與喪失償債信用相同。在無力繼續生產的情形下，自耕農民最後只有依靠典賣田產來解決問

36《慶元條法事類》卷八十〈雜門．出舉債負條〉：「諸以財物出舉而回利為本者，杖陸十。」

37 南宋政府曾多次下令放免私債利息。《會要》〈食貨六三•蠲放篇〉隆興元年（一一六三）三月十三日詔：「民間有利息債負，可截自紹興二十八年（一一五八）以後，如已出息過本，謂如元錢一貫，已還二貫已上者，並行除放其息；未及本者，許逐月登帶入還；若轉利為本錢，止分限交還本錢。」同上乾道元年（一一六五）十二月二日赦：「民間欠負，已除放至紹興二十八年終，其二十八年至三十一年（一一六一），民間欠負私債，如納息過本，可並予除放。」《容齋三筆》卷九〈赦放債負條〉：「淳熙十六年（一一八九）二月登極赦，凡民間所欠債負，不以久近多少，一切除放，遂有方出錢旬日，未得一息，而並本盡失之者，人不以為便，何澹為諫議大夫，嘗論其事，遂令只償本錢。」

題，使得農家所擁有的最基本生產要素逐漸完全喪失。南宋農家在重賦的壓力下，常有典賣生產工具的事實。《秋崖集》卷十二〈山莊書事〉：

田翁適遇余，襤褸黑而瘠，具言土力貧，年登苦艱阨。一飯不自期，未議了租責。昨者耆長來，名復挂欠籍。截絹入官輸，官怒邊幅窄。拋擲下堂階，退字印文赤。賣牛重買絲，篝燈不平息。明當叩東鄰，假牛下牟麥。久貧少人情，恐復不見惜。

《江湖長翁集》卷七〈布穀吟〉：

潑袴不容脫，鳥語徒慇懃。輸租質農器，有袴那解新。官中催科吏如虎，告時趣耕爾能許。即今春種未入土，安得縣胥知愧汝。

可知農家為繳足賦稅，竟必須出賣耕牛或典質農器。此外，農家也有以典押生產工具借貸來維持生活的。《渭南文集》卷三四〈尚書王公墓誌銘〉：

畿內小民或以農器、蠶具抵粟於大家，苟紓目前，明年皆有失業之憂。

農家無論為納稅、償債或維持生活而典賣生產工具，均可使農業生產停頓，農家收入的來源為之斷絕。自耕農民為解決生活問題，最後只有將田產逐漸典賣。《後樂集》卷十九〈潭州勸農文〉：

> 貧而失業，典賣所不免也。

《袁氏世範》卷三〈富家置產當存仁心條〉：

> 蓋人之賣產，或以闕食，或以負債，或以疾病死亡、婚嫁爭訟，已有百千之費，則鬻百千之產。

《歷代名臣奏議》卷二七一載李椿〈奏折錢之弊疏〉：

> 所謂農者，勞苦可知矣。加以兼併之家，責債役使，終年力田，而所得無幾，及至收穫之時，僅能償其欠負，卒歲之計茫然，往往典賣失業。

袁說友《東塘集》卷九〈論差稅當究其原疏〉：

> 民之貧者，迫於衣食之不給，其求售之數苟及也，必欣然鬻產而不辭，而富豪之家，既得其產，且將執契深藏，歲收其有，而不告於郡縣，故雖貧民之產已入富家之室，而產之征賦猶掛籍於貧民之下。

均說明農家在債務和生活壓力之下，依靠典賣田產來解決問題，而由於農家出售田產的急切，往往有為購產的勢家所迫，仍然承擔原產賦稅的情形。土地是最基本的生產要素，自耕農民為解決債務問題而將其逐漸典賣，使得生產規模日益縮小，及至土地完全喪失，就只有淪為佃農，甚或無法生存。

因此，農家生產資本的融通，實具有正負兩面的作用，一方面使缺乏生產資本的農家，可以將富家的財富轉移作自己的生產資本，農業生產因而得以順利進行；另一方面也可以使農家的債務日益加重，無力償還，陷於典賣生產工具和田產的困境。總之，富家不顧農民生活的艱苦，以高利放債，固屬可恨；而其財富經由放債而投入生產，發揮資本的作用，則亦有其貢獻。

第三節　南宋水利建設資金的來源

南宋用於農業生產的資本，除由農家自行籌措的生產資本外，尚有由政府和社會共同負擔的水利建設資金。灌溉、排水、防潮及防洪等水利建設，都有助於農業生產量的增加，而這些建設，需要大量的資金、人力才能興辦，非財薄力微的農家所能承擔，而是由地方政府來負責推動，其資金則分別來自地方政府經費、朝廷補助及民間資金。

水利建設屬於公共工程，受益者是公眾而非個別的農民，所需的資金自應由政府和社會來共同供給。水利建設受益者的眾多，可以從其受益的農地面積看出。宣州化城、惠民二圩共長八十里，太平州蕪湖縣萬春、陶新、政和三圩共長一百四十五里，當塗縣廣濟圩長九十三里，建康府永豐圩管田九百五十頃，[38]蒙受圩岸防洪利益的農田面積，都相當廣大。興化軍莆田縣木蘭陂溉田萬頃，太平陂溉田七百頃，福州福清縣石塘祥府陂溉田五十餘頃，建陽府崇安縣星王陂堰溉田四十餘頃，寧國府大農陂溉田五百餘頃，吉州龍泉縣大豐陂溉田二萬頃，處州通濟堰溉田二千餘頃，眉州通濟堰溉田三千四百餘頃，蟆頤堰則溉田七百餘頃[39]，各陂堰的灌溉面

38 參見拙作，《南宋的農地利用政策》，第三章〈南宋的圩田政策〉。

39 鄭樵，《夾漈遺稿》卷二〈重修木蘭陂記〉：「凡溉田萬頃。」《後村先生大全集》卷八八〈重修太平陂記〉：「溉七百頃。」《竹溪鬳齋十一藁續集》卷十〈福清縣重造石塘祥符陂記〉：「溉田五千餘畝。」韓元吉，《南

積，多者及數萬頃，少者亦達數十頃。而溫州永嘉縣陰均隄建築之後，四千餘頃的農田免於海潮的侵害；嘉興府華亭縣顧會浦在疏濬之後，免除水患威脅的民田有數千頃；江陰軍申港、利港經過疏濬，免除水患威脅的民田更達一萬六千七百餘頃。[40]可知任何一項水利建設，均使眾多的農家蒙受利益。而且，政府和地主也可以因農業生產量的增加而增加其賦稅或租課的收入。因此，水利建設是由政府和社會來共同投資。政府經費和民間資金，都是南宋水利建設資金的重要來源。

南宋政府使用於水利建設的經費，可以分為地方政府經費和朝廷補助兩項，茲先討論地方政府對水利建設的投資。南宋地方掌管水利建設的機構，是提舉常平司，而實際負責執行者，則是郡通判和縣丞。[41]常平錢穀和郡縣經費，都是地方水利建設經費的來源，而以常平錢穀為經常的費用。宋代常平倉的設置，目的原在平準米價和賑糶饑民，以常平錢穀作興修水利的經費，始於北宋熙寧二年（一〇六九）所頒的農田利害條約，[42]南宋的常平免役令則規定「諸興修農田水利，而募被饑流民充役者，其工直糧食以常平錢穀給。」（《朱文公文集》卷十七〈奏救荒事宜畫一狀〉）因此常平錢穀又有供給農業資本的功用，被用作政府投資於水利建設的基金。例如紹興元年（一一三一）太平州興修圩岸，乾道元年（一一六五）華亭縣浚治顧會浦，乾道八年（一一七二）會稽縣開濬後浦及朱熹知南康軍時興修陂塘，都動用常平錢穀作經費。《會要》〈食貨六一．水利雜錄〉紹興元年十二月十六日詔：

澗甲乙稿》卷九〈薦崇安、建陽兩知縣狀〉：「承事郎知崇安縣事王齊輿，募到上戶興修水利，開成星王陂堰，灌溉民田四千餘畝。」嘉慶《寧國府志》卷二一〈藝文志〉載謝鍔〈重修大農陂永豐陂記〉：「大農在上流，源流七十餘里，溉田五萬餘畝。」袁燮《絜齋集》卷十四〈祕閣修撰黃公（犖）行狀〉：「創大豐陂，溉田二萬頃。」《文忠集》卷六一〈范成大神道碑〉：「起知處州，……處多山田，梁天監（五〇二—五一九）中，詹、南二司馬作通濟堰於松陽、遂昌之間，激溪水四十里外，溉田二十萬畝。」《要錄》卷一五四紹興十五年（一一四五）年末條：「初眉州通濟堰自建安間創始，溉蜀州之新津、眉州之眉、澎三縣四田三十四萬餘畝。」《鶴山先生大全文票》卷四十〈眉州新修蟇頤堰記〉：「凡既眉山青神之田畝七萬二千四百有奇。」

40 楊簡，《慈湖遺書》卷二〈永嘉平陽陰均隄記〉：「四鄉農田，北距大海，西枕長江，凡四十萬餘畝，被鹹湖巨害，自有江以來至于今，繇水利不治，歲告饑。嘉定元年（一二〇八），汪令君惠撫吾邑，深慮熟計，建埭八十丈於陰均障海潮，豬清流，又造石門於山之麓，以時啟閉，以防漲溢。」紹熙《雲間志》下卷載楊炬，〈重開顧會浦記〉：「由是自斡山東西民田數千頃，昔為魚鱉之藏，皆出為膏腴，豈不美哉。」道光《江陰縣志》卷三〈山川志・河港篇〉載章洽〈乾道申利治水記〉：「江陰北臨大江，地勢洿下，潮汐往來，浮沙停淖，港瀆善淤，夏秋淫雨，浙西數郡百川並委，瀕港七鄉並湖三山低昂之田混為一區，尋丈而增，膚寸而落，十年之間，淹沒者一百六十七萬餘畝。……有旨以丁亥（一一六七）歲與申港之役，己丑（一一六九）歲濬利港。……出陂澤為平疇，變沮洳為膏壤。」

41 《會要》〈食貨六一・水利雜錄〉淳熙七年（一一八〇）十二月十一日詔：「諸路提舉常平司常切約束所部縣丞措置農田水利，務要廣行灌溉田畝，如奉行違戾，仰按劾以聞。」《勉齋集》卷二五〈代撫州陳守奏五・陂塘〉：「莫若申嚴舊法，在州委通判，在縣委縣丞，先於每鄉籍記陂塘之廣狹深淺，方水泉涸縮之時，農事空閒之際，責都保聚民浚深其下而培築其上。」

42 《會要》〈食貨三・農田雜錄〉熙寧二年（一〇六九）十一月十三日制置三司條例司言：「乞降農田利害條約付諸路，……有開廢田、興修水利、建立隄防、修貼圩埠之類，工段浩大，民力不能給者，許受利人戶於常平廣惠倉係官錢斛內，連狀借貸支用。」

太平州諸縣興修圩岸及借貸人戶種糧，今於宣州義倉、常平等米內取撥一萬石，仍令太平州認數，候將來圩田收成日，卻行撥還。

紹熙《雲間志》下卷載許克昌〈華亭縣浚河置閘碑〉：

即丙以常平之帑贍其役，靡錢緡九千三百五十四，粟石二千三百有九十。

《會要》〈食貨六一．水利雜錄〉乾道八年二月四日條：

觀文殿學士知紹興府蔣芾言：「本府會稽縣德政鄉有田萬二千畝，七年被水，細民殆無生意。古有後浦，在下流，凡十里餘，舊來深浚以泄裡水，爰自損壞堙塞，每遇溪流泛溢，江潮壅大，則洊浸旬月，水不通泄，一再插種，並無收成，乞於本府常平錢借支三千緡，義倉米借支三千斛，就行賑濟，因以開浦。」從之。

《朱文公文集》「別集」卷十〈申提舉司借米付人戶築陂塘〉：

> 照對管屬星子等三縣，去歲旱傷尤甚，緣田段多是高仰，見管陂塘多是穿漏，是致旱死不住，據管屬星子、都昌、建昌人戶經管陳乞借口糧修甃陂塘，本軍行下逐縣，委自知縣躬親前去管下，逐一驗視所管陂塘，如有穿漏及開掘，即仰一面計度合用工數，供報提舉司，乞支撥米斛。已蒙提舉衙回牒指揮，支撥保借常平米六百五十四石。

以上各項水利建設經費，均出自常平錢穀，其中太平州興修圩岸和會稽縣開濬後浦，經費除出自常平錢穀外，又出自義倉米，南宋法令雖規定「義倉米專充賑給，不得它用」（《朱文公文集》卷二一〈乞將衢州義倉米賑濟狀〉），但在常平糧穀不足時，也准許暫時挪用義倉米供常平之用。[43]南宋常平錢穀，一般來自常平司出賣官田的收入及常平田產的租課，[44]其來源有限；而

43《會要》〈食貨六二．義倉篇〉紹興二十八年（一一五八）九月十四日條載戶部言：「兼累承指揮，諸路災傷州軍內，有常平米斛闕少去處，合撥義倉米相兼賑糶，候秋成補糶。」

44《會要》〈食貨六二．義倉篇〉紹興二十八年（一一五八）九月十四日條：「左正言何溥乞命有司討論故實，度戶口以制多寡之數，鬻官田以充收糴之本。於是戶部言：『……及看詳常平司，有拘收到州縣應沒官戶絕等田，除紹興二十年（一一五〇）至二十六年（一一五六）租課已行起發，緣常平司多拘收到人戶場務抵當戶絕等田產，今欲下諸路常平司行下所部州縣，將紹興二十七年（一一五七）、二十八年（一一五八）所收樁

南宋由於財用窘迫，常平錢穀常被移用，尤以借支軍糧為多，實際所存無幾。[45]因此常平錢穀雖為水利建設的經常費用，實際上數量不足供其所需，除依賴朝廷補助經費之外，還必須郡縣自行籌措。而郡縣賦入，絕大部分取充上供，日常開支已感不足。例如朱熹知南康軍時，歲入租米四萬六千石，以三萬九千石上供，所餘七千石僅能供三個月的軍糧；[46]江西諸州郡的賦入，取充上供者也多達七分至九分。[47]縣用的困窘，則更甚於州郡。[48]因此，郡縣很難有餘裕的錢財用於水利建設，除非是另闢財源或撙節開支。《會要》〈食貨六一．水利雜錄〉淳熙十六年（一一八九）五月五日知嚴州錢聞詩言：

> 今浚湖官就畚湖土，填築堤岸，得地百餘丈，造蓋三十六家募賃，賃直三歲計得千緡，可以浚溪湖。已委建德縣尉日掠，每月解本州常平庫寄樁。乞行下本路常平司時與點檢，每三歲令守臣以其錢和雇人夫浚溪，如湖塞，亦浚。

可知嚴州是以出租官屋的賃直，作為疏濬溪湖的費用。又《絜齋集》卷十四〈祕閣黃公行狀〉載黃犖攝吉州龍泉縣事時興修水利：

> 創大豐陂，溉田二萬頃，慮其久且廢也，買田十畝，山九百畝，以備修築之費。

管錢米取見實數，盡行撥入常平窠名，仍將見今出賣沒官等田產所收價錢，取撥三分，相兼應副常平糴本，仍令州縣乘時收糴。……』從之。」《文獻通考》卷二一〈市糴考二〉載慶元四年（一一九八）臣僚言：「諸沒官產業並戶絕僧道田賣錢數，及亡僧衣鉢錢，法當拘入常平。」《東塘集》卷九〈增糴常平倉米疏〉：「常平之米，與義倉不同，義倉隨苗帶納，歲歲常有，常平則取之租課米與租課錢收糴耳，而租課錢米即人戶請佃沒官戶絕田產內所輸者。」

45 《嶺外代答》卷四〈法制門．常平條〉：「常平米斛，見存無幾，所在皆是也。唯靜江常平米，止支諸司人吏俸米，自餘諸郡，不以軍糧不足借支不還，則以久賑不發腐損耗失，軍糧不足而借支，所至皆然，非獨廣右也。」《朱文公文集》卷十七〈再奏衢州官吏擅借支常平義倉米狀〉：「臣近點檢衢州沈密一違法擅行借兌過常平義倉米八千石充四月、五月官兵俸料，……今來再據衢州沈密一申，又於常平米內借支三千五百石充六月分軍糧，三個月共擅借過一萬一千五百石，並本州申先借支過常平米一萬九千五百八十一石五斗六升四合，亦係充官兵俸料，未曾撥還。……目前見管止有三千一百六十五石三斗八升。」同上卷十八〈乞降旨令婺州撥還所借常平米狀〉：「臣伏準尚書省箚子備據知婺州錢佃奏乞於本州見管常平義倉米內支借二萬石，限至歲終撥還。……先來本州已曾借過一萬七千石，元降指揮候秋成先次撥還，尚未還到顆粒，今來再借二萬斛，止存七千餘石。」

46 《朱子語類》卷一〇八〈朱子五．論治道〉：「某守南康，舊有千人禁軍額，其到時纔有（按：缺二字）人而已，然歲已自闕供給，本軍每年有租米四萬六千石，以三萬九千來上供，所餘者止七千石，僅能贍得三月之糧。」

47 《止堂集》卷十九〈代臨江軍乞減上供留補支用書〉：「只如隆興、建昌、撫州、江州止是取及七分以上，吉州亦止八分，惟筠與臨江取及九分以上。」

48 《歷代名臣奏議》卷二五九載彭龜年〈乞蠲積欠以安縣令疏〉：「凡今日縣令之所以難者，蓋以財穀之出入可知龍泉縣是以田租和林產的收入來作修護大豐陂的經常費用。這都是另闢財源的例子。《水心先生文集》卷九〈績溪新開塘記〉載績溪知縣王枏開闢塘堨的政績：

其治縣節縮，稍得餘歲，遂請於監司，買民田使為之，古跡之廢併修之，塘之所須楗椿木石皆買與之，工食之不足者頗助之。畢二年，為新塘六十八，堨六。

可知王枏撙節縣用，才有餘財從事開塘。而眉山縣丞張麟之興建堤防，財源之一是「節縮財用，損常年三之二，凡得錢三百萬」（《鶴山先生大全集》卷四十〈眉州新修蟇頤堰記〉）；袁甫知徽州，建議開闢水塘以利灌溉，也自請「節縮浮費，以助興修之工」（袁甫《蒙齋集》卷二〈知徽州奏便民五事狀〉）。都是撙節郡縣的開支用於水利建設。總之，由於宋代的財政集權中央，地方政府的水利建設經費是有限的，僅依賴常平錢穀及郡縣經費，不能充分供應水利建設所需的費用。

南宋地方政府的水利建設經費既感不足，於是經常需由中央政府支降經費補助。宋代財政集權中央，地方賦入絕大部分上供京師，中央儲存的財物要比地方為充裕。而在中央儲存的財物中，內廷所能支配的又要比戶部所能支配的為充裕。南宋中央財庫可以分為隸屬於內廷和隸屬於戶部兩個系統，內藏庫隸內廷，而左藏庫隸戶部；另外原隸內廷的御前椿管激賞庫，其後更名左藏南庫而改隸戶部，但財物的移用權仍在內廷，內帑的性質並未消失，左藏南庫其後又併入左藏封樁庫，而左藏封樁庫的性質也和左藏南庫相同。[49]朱熹說：「凡天下之好名色錢，容易取者，多者，皆歸於內藏庫、封樁庫；惟留得名色極不好，極難取者，乃歸戶部。」（《朱子語類》卷一一一〈朱子八・論財〉）可見內廷所能支配的財物要比戶部為充裕，因此當地方政府水利建設經費不足而需中央補助時，常由內廷直接支撥經費，而不經由戶部。《會要》〈食貨六一・水利雜錄〉紹興二十八年（一一五八）十一月九日條載開濬常熟縣塘浦的經費來源：

詔……錢於御前激賞庫支降，米就平江府撥到綱米內支取。

同上〈食貨六八・賑貸篇〉乾道二年（一一六六）十月一日詔：

不相補爾，豈特不相補，直有銖兩之入而鈞石之出甚相絕者。」《勉齋集》卷五〈與李敬子司直書〉：「本邑（樂安）苗米額管六萬二千石，除二千石不可催，實管六萬石；每年起綱及馬穀共管六萬三千石，軍用五千石，縣用六千石，此已是七萬四千石米矣，又要貼水腳錢二萬貫，春衣一萬貫，半年版帳二萬，共五萬貫，皆是將苗米折價，須二萬五千苗，方折得許多錢，如此乃是十萬石苗矣。」《漫塘文集》卷二十〈武進縣門記〉：「武進為常輔邑，賦上于州，縣無贏財，而有經費，率鑿空取具。」

49 參考梅原郁著，鄭樑生譯，〈宋代的內藏與左藏——君主獨裁的財庫〉（載《食貨月刊》復刊卷六第一、二期）。

溫州近被大風駕潮，渰死戶口，排倒屋舍，失壞官物，其災異常，合行寬恤，可令度支郎中唐瑑同提舉常平宋藻、知州劉孝韙共議，參酌措置，條具聞奏。仍令內藏庫支降錢二萬貫，付溫州專充修築塘埭斗門使用，疾速如法修整，不得滅裂。

同上〈食貨六一．水利雜錄〉淳熙三年（一一七六）四月二十六日條：

皇子判明州魏王愷言：「本州鄞縣東錢湖周回八十餘里，自唐天寶（七四二—七五五）開置，灌溉定海、鄞縣民田甚多，而茭葑滋生，塘岸摧毀寖久，堙塞水源，今欲開濬，約用錢一十萬貫，米一萬碩。」詔於本州見管義倉米內就撥一萬石，提領南庫所支會子五萬貫。

同上嘉定十七年（一二二四）二月二日詔：

令封樁庫吏撥度牒一千道，付福州每道作八百貫文會子變賣價錢，貼充開浚西、南二湖使用。

以上各項水利建設的經費，均由中央補助，而常熟縣塘浦開濬的經費出自御前激賞庫，溫州修築塘埭斗門的經費出自內藏庫，明州東錢湖開濬的經費出自左藏南庫，福州西、南二湖開濬的經費出自左藏封樁庫，其支配權均在內廷而非戶部。而每次補助經費均在數萬貫以上，遠比前述常平或郡縣經費不過數千貫為多。若干水利建設，須由朝廷和地方政府共同支撥經費才能興辦。《鶴山先生大全集》卷四十〈眉州新修蟇頤堰記〉：

> 乃以控於刑獄常平使者潼川楊公子謨，議未決，會行郡，相與按視，始盡得其利害之要，捐錢七十萬俾經始，余亦以少府二百萬足成之。

按少府即指內廷財庫，可知蟇頤堰的興築經費有七十萬出自常平，二百萬出自內廷，出自內廷的經費幾達出自常平的三倍。又張淏寶慶《會稽續志》卷四〈隄塘條〉：

> 守趙彥倓請於朝，須降緡錢殆十萬，米萬六千餘石，益以留州錢千餘萬，倉司被旨督辦，復致助，自秋興役築塘。

按倉司即常平司，可知紹興府築塘經費分別來自朝廷、常平司和本郡，而本郡出錢千餘萬，約當萬餘緡，僅及朝廷支降經費十萬緡的十分之一。從地方政府水利建設經費的不足和內廷支配經費在水利建設資金中所占的重要地位，可以看出，宋代君主集權的特色，在水利建設資金的來源中也反映了出來。

上述各項水利建設的經費來源，無論是常平錢穀、郡縣經費或朝廷補助，均可見南宋政府在財用窘迫的情形下，仍然以相當數量的經費投資於水利建設，說明南宋政府對農業發展的重視。

民間資金是南宋水利建設資金的另一來源。由於南宋政府的財力究竟有限，並非所有水利建設的費用都能由政府負擔，若干水利建設，必須由政府和民間合作投資，或者完全由民間負擔建設的費用。例如乾道六年（一一七〇）李結建議於蘇、湖、常、秀州以常平義倉米疏濬塘浦及修築田岸，朝廷即以所費浩大，詔由民間有田之家出資；[50]崇安知縣王齊輿因興修水利有成績而得上司的保薦，其原因即為「募到上戶興修水利，……皆是眾戶樂然雇夫，不曾費用分文官錢」（《南澗甲乙稿》卷九〈薦崇安、建陽兩知縣狀〉），均可見南宋政府希望水利建設的經費能由民間來分擔。南宋民間對水利建設的投資，有與政府共同合作的，有完全由受益地主及農家共同出資的，也有由富家獨力興辦的，茲分述於下：

第一，民間和政府合作投資。《竹溪鬳齋十一藁續集》卷十〈重造林峬斗門記〉：

命僧計度之，眾曰：「非芝楮六萬不可。」公曰：「郡家[illegible]為之，勿憚費。」於是里人作而言曰：「公意美矣，吾儕奈何？」共裒萬五千以[illegible]始。寓公林某方為延平倅，亦助四千，公曰：「吾以四萬一千足之。」

《莆田水利志》卷八載傅淇〈陳壩斗門記〉：

縻金錢餘四百萬，請於常平司[illegible]之一，復撙節他費以足其用，均於民者特舊之半。

《攻媿集》卷[illegible]餘姚縣海隄記〉：

---

19 [illegible]會要》〈食貨六一。水利雜錄〉乾道六年（一一七〇）十二月十四日條：「監行在都進奏院李結言：『……乞詔司守令，相視蘇、湖、常、秀諸州水田塘浦緊切去處，發常平義倉米，隨地多寡，量行借貸與田主之家。令就此農隙，作堰車水，開浚塘浦，取土修築兩邊田岸。……』詔李結所陳，緣所費浩大，令胡堅常相度措置。胡堅常看詳：『……今相度欲鏤板曉示民間，有田之家各自依鄉原體例出備田米與租佃之人，更相勸諭，監督修築田岸，庶官無所損，民人告勞。』詔從之。」

提舉常平劉公誠之深主其說，首助穀三百斛，……縣出緡錢四千二百有奇，邑之士夫與其鄉人助三百萬。

這幾項水利建設，都是由常平司或郡縣負擔部分經費，而所餘經費均攤於民或由富家捐助。第二，由受益地主及農家共同出資。《會要》〈食貨七．水利篇〉紹興四年（一一三四）二月八日條：

兩浙西路宣諭胡蒙言：「乞行下兩浙諸州軍府，委官相度管下縣分鄉村，勸誘有田產上中戶量出工料，相度利害，預行補治堤防、圩岸等，以備水患，庶免將來有害民田。」詔飭與本路轉運司相度施行。

不著撰人《皇宋中興兩朝聖政》卷六一淳熙十一年（一一八四）六月條：

是夏，知婺州洪邁言：「本州負郭金華縣田土多沙，勢不受水，五日不雨，則旱及之，故境內陂湖最當繕治，而本縣丞江士龍獨能以身任責，深入阡陌，諭使修築，令耕者出力而田主出穀以食之，凡為官私塘堰及湖總之為八百三十七所，以畝計者合萬有九千。……」

《攻媿集》卷五九〈慈溪縣興修水利記〉：

主簿趙君，推跡本源，欲復其舊，告諭父老，訓率子弟，莫不勸趨，凡田於西者，畝出錢三百。

這幾項水利建設，或由受益的上中戶均出工料，或由受益地主提供役夫的糧食，或由受益的主戶計畝出錢，都是民間共同籌集資金，工程雖然由政府倡辦，但是沒有動用政府的經費。

第三，富家獨力興辦。嘉靖《撫州府志》卷十六〈藝文錄五〉載趙與輈〈重修千金陂記〉：

自唐已有千金陂，遏支而行正，然陂常潰決，紹興（一一三一——一一六二）間，郡有富民王其姓者，極力築隄以捍。

《東萊集》卷七〈朝散潘公（好古）墓誌銘〉：

> 公有塘曰葉亞，溉數百頃，獨聽民取之，不為禁，斥塘下田以廣瀦蓄，或獻疑以膏腴可惜，公曰：「鄉鄰安則吾安矣。」別墅占婺之西湖旁，兩塘廢不治，公發錢數十萬新之，人賴其利，時公未有寸田居其間。

程珌《洛水集》卷十一〈母舅故朝議大夫太府寺丞黃公行狀〉：

> 還新安故山，……里有堨曰清陂，溉田千餘畝，堨久廢，田不治，公一日過之，曰：「是亦可以利人也。」仍捐資帥眾築之。是春旱，種不入土，而堨下之田秧獨以時，秋倍入，人權戴之。

這幾項建設，不僅由富家獨力出資，而且由他們自動興辦，而非出於政府的倡導。

上述出自民間的水利建設資金，其出資人或為受益的有田之家，或為有意造福鄉里的富民，佃戶一般沒有這一項負擔。而在負擔這一項資金的地主及農家中，也是富家負擔較多，貧戶負擔較少，如紹興四年（一一三四）兩浙路補治隄岸，由上中戶出資，下戶不必負擔這一項費用；如慈溪縣興修水利，其出資方法為計畝出錢，自然田產多者出資亦多，田產少者出資亦少。至於獨力出資的富家，更是完全承擔了所有的費用，免除了其他受益農家的負擔。因此，南宋水利建設資金中的民間資金，主要是源自富家。一般而言，富家所承擔的水利經費，遠不如政府所承擔之多，如林峬斗門的修築，本郡出資四萬一千，而里人和寓公林某共出資僅一萬九千；如餘姚縣修建海隄，本縣出資四千二百餘緡，邑中士大夫、鄉人共出資三百萬，僅相當三千緡；潘好古獨力出資教十萬修治水塘，僅相當數百緡而已。

從南宋水利建設的資金來源，可以知道負擔農業資本的，不僅是農家，南宋政府和富家也對農業生產投下了相當數量的資金。南宋政府和富家投資於水利建設，固然是為了本身的利益，而一般農家亦可因此而蒙受澤惠，一方面因受雇工作而獲得工資，一方面因農業生產量提高而增加收入，減輕籌措生產資本的困難。因此，南宋政府和富家雖未直接供給農家生產資本，但由於他們負擔了水利建設的大部分經費，使得農家籌措資本的困難得以減輕，他們對農家的貢獻，實不只限於生產資本的融通，而是已間接的分擔了一部分生產資本。

第四章

南宋的
農產市場與價格

第一節　南宋市場對農產品的需求

南宋農村所生產的農產品，除供農家、地主自家消費及繳納賦稅之外，又供應城市、市鎮工商業人口與糧食不足的農村之需，因而形成了農產市場，使各地農村的經濟，經由農產品的運銷而與城市、市鎮及其他農村的經濟發生交流，而非處於孤立的狀態。由於稻米是南宋最主要的農產品，以及其他農產品受資料運用的限制，本文以南宋的食米市場為主要的討論對象。這一問題，前輩學者已有若干研究發表，[1]本文專就南宋食米市場的供需關係，再作進一步的分析。

農產品的運銷，基於市場對農產品的需求。茲就南宋城市、市鎮與農村的食米消費市場，分別加以論述。

城市是南宋的主要食米市場之一。南宋的郡城與縣城，聚居了相當數量的商業人口，又有眾多的商旅來往停留，因此需要大量糧食供應日常食用，而且城市戶口在南宋全國戶口中所占的比率，有逐漸上升的趨勢，[2]城市消費市場對食米的需求量亦必然有增無已。南宋城市對食米的大量需要，可以臨安府和建康府為例。

南宋的都城臨安府，是全國的政治中心，同時也是最繁華的商業都市。全府戶口在乾道（一一六五—一一七三）年間已達二十萬戶有餘，淳祐（一二四一—一二五二）年間增至三十八萬餘戶，咸淳（一二六五－一二七四）年間又增至三十九萬戶；[3]府城戶口比率不詳，但從市區伸展至城外東西南北數十里而仍然十分繁盛看來，[4]臨安府城戶口在全府戶口中所占的比率應該甚高。眾多市民所需的糧食，除地主食用租米，官員、吏人食用俸米外，一般市民都必須糴米而食，每日出糶食米的數量，據估計約達二千石至四千石。《夢粱錄》卷十六〈米鋪條〉：

杭州人煙稠密，城內外不下數十萬戶，百十萬口，每日街市食米，除府第、官舍、宅舍、富室及諸司有該俸人外，細民所食，每日城內外不下一二千餘石，皆需之鋪家。

1 全漢昇，〈南宋稻米的生產與運銷〉（收入《中國經濟史論叢》第一冊）；斯波義信，《宋代商業史研究》第三章〈宋代における全國的市場の形成〉。

2 參見第一章第一節。

3 參見第一章表五引咸淳《臨安志》卷五八〈風土志・民數條〉。

4 周淙，《乾道臨安志》卷二：「城南北兩廂（原注：紹興十一年〔一一四一〕五月七日郡守俞俟奏請：府城之外，南北相距三十里，人煙繁盛，各比一邑，乞於江漲橋、浙江置城南北左右廂，差親民資序京朝官主管本廂公事。……奉聖旨依。）」吳自牧，《夢粱錄》卷十九〈榻房條〉：「杭城之外，城南西東北各數十里，人煙生聚，民物阜蕃，市井坊陌，鋪席駢盛，數日經行不盡，各可比外路一州郡，足見杭城繁盛矣。」

周密《癸辛雜識》〈續集〉上：

杭城除有米之家，仰糴而食者凡十六七萬人，人以二升計之，非三四千石不可以支一日之用，而南北外二廂不與焉，客旅之往來又不與焉。

沈朝宣嘉靖《仁和縣志》卷七〈壇廟篇．廣福廟條．附胡長孺、蔣崇仁傳〉：

胡先生曰：「前此四十四年，長孺在虎林，聞故老誦說趙忠惠公為臨安尹，會城中見口日食文思院斛米三千石，常藉北關天宗水門入，四千石賤，二千石貴，與日食適相若，價固等，俟之無不中者。……」

以上三條史料，對臨安城內外每日銷售食米的數量，估計各不相同，若以三千石計算，則臨安府城食米市場一年的銷售量當在一百萬石以上，市場需求量不可謂不大。這大量的食米，都是由外地農村以米船運輸而來，先集中於米市，再批發至各鋪戶零售。按《夢粱錄》〈米鋪條〉所載，杭城米市集中於湖州市、米市橋、黑橋及新開門外草橋下南街等處，僅新開門外草橋下南街一處，就開有批發的米市三四十家。[5]《夢粱錄》〈米鋪條〉又說：「杭城常願米船紛紛而來，早夜不絕可也。」臨安府城居民對外地食米的輸入倚賴甚深由是可知。

建康府則是一個因大軍駐紮及位當交通要衝而繁榮的城市。[6]在承平時期，府城有戶籍的居民達十七萬餘口，而流寓、商旅及游手都沒有計算在內。[7]眾多市民所需的糧食，也仰糴於市場，每日出糴食米的數量可達二千石。《真文忠公文集》卷六〈奏乞蠲閣夏稅秋苗〉：

> 姑以建康一城言之，居民日食凡二千斛。

---

5 《夢粱錄》卷十六〈米鋪條〉：「然本州所賴蘇、湖、常、秀、淮、廣等處客米到來，湖州市、米市橋、黑橋俱是米行，接客出糶。……且言城內外諸鋪戶，每戶專憑行頭於米市做價，徑發米到各鋪出糶，鋪家約定日子，支打米錢。其米市小牙子，親到各鋪支打發客。又有新開門外草橋下南街，亦開米市三四十家，接客打發，分俵鋪家。……」

6 《真文忠公文集》卷六〈奏乞為江寧縣城南廂居民代輸和買狀〉：「馬軍行司移屯之始，連營列戍，軍民憧憧，聚彼貿易，市廛日以繁盛，財力足以倍輸。」景定《建康志》卷十六〈疆域志．橋梁篇〉引丘崇，〈重作鎮淮、飲虹橋記〉：「二橋橫跨秦淮，據府要衝，自江淮吳蜀，游民行商，分屯之旅，假道之賓客，雜沓旁午，肩摩轂擊，窮日夜不止。」

7 景定《建康志》卷四三〈風土志．義塚條．掩骼記〉：「建康承平時，民之籍于坊郭，以口計者十七萬有奇，流寓、商販、游手、往來不與。」

景定《建康志》卷二三〈城闕志．諸倉篇．平止倉條〉載平止倉須知：

> 本府戶口繁庶，日食米二千石，民無蓋藏，全仰客販。客舟稀少，價即踴貴，抑之則米不來，聽之則民艱食。

以每日二千石米的銷售量計算，建康府城食米市場一年的銷售量當在七十萬石以上，僅略少於臨安府城的銷售量，其市場對食米的需求量也相當可觀。而這大量食米的來源，也和臨安府城相同，仰賴客舟自外地農村輸入。

臨安府和建康府兩大城市消費市場對食米的需求，僅是最明顯的兩個例子，其他郡城、縣城的眾多居民，由於不事農業生產，也同樣需要市場銷售多量的食米來供給消費。較大的城市，如鎮江府城居民將近一萬六千戶，汀州郡縣坊市戶口達七萬餘戶；[8]成都府是四川的商業中心，[9]而「城中繁雄十萬戶」（《劍南詩稿》卷九〈晚登子城〉）；鄂州是長江上游的大商港，[10]而「江渚鱗差十萬家」（戴復古《石屏詩集》卷一〈鄂州南樓〉）；泉州、廣州為南宋最主要的對外貿易港，[11]而泉州「城內晝坊八十，生齒無慮五十萬」（《輿地紀勝》卷一三〇〈福建路泉州篇〉引陸宇〈修城記〉），廣州則在北宋晚期已是「（子）城外蕃漢數萬家」（《長編》卷二三七熙寧五年（一〇七二）八月戊子條）；此外如平江府，「當四達之衝，井邑廣袤，民物繁夥」（崔敦禮《宮教集》卷五〈代平江守臣乞截撥牙契錢修城箚子〉），都必然需要市場銷售大量的糧食。較小的郡城、縣城，食米消費量較少，但其仰賴市場供應則相同。即使位置偏僻的桂陽郡城，居民不過數千，也必須一日有三十擔米上市，才能解決市民的需要。[12]總之，南宋各城市消費市場的大量需要，誘使農產品自農村向城市運銷。

市鎮是南宋另一重要的食米市場。宋代由於商業日益發達，在鄉村中興起了一些稱為鎮、市的商業區，若干市鎮甚至具備了部分坊郭的形態。[13]這些市鎮，雖然仍未完全脫離農業生產，但也聚集了許多工匠、商人以及往來的商旅，他們都必須糴米而食。市鎮消費市場對糧食

8 參見第一章第一節。

9 萬曆《溫州府志》卷四四〈人物志〉載南宋人「上官必克傳」敘述成都府為「西蜀之會府，舟車所通，富商巨賈，四方鱗集，征入之夥，獨甲他郡。」

10《渭南文集》卷四六〈入蜀記第四〉敘述鄂州的繁盛：「賈船客舫，不可勝計，銜尾不絕者數里，自京口以西皆不及。……市邑雄富，列肆繁錯，城外南市亦數里，雖錢塘、建康不能過。」

11 參見桑原隲藏著，馮攸譯，《中國阿剌伯海上交通史》；全漢昇，〈宋代廣州的國內外貿易〉（收入全漢昇，《中國經濟史研究》中冊）。

12《永樂大典》卷七五一三〈通惠倉條〉載桂陽府創通惠倉省箚：「闔郡在城之民，何啻收千百口，上市之米，日有三十擔，則一日無欠闕，或米擔數少，嗷嗷待哺，殊不聊生。」

13 參見第一章第一節。

的需求量，首先可以從市鎮的數量推測。茲據宋元地方志，統計南宋若干地區的市鎮數，如表十四，藉以與縣治數相比較。

表十四　南宋郡縣縣治數與市鎮數

地區	縣治數	市數	鎮數	資料來源
臨安府餘杭縣	一	一	一	咸淳《臨安志》卷十九〈疆域志・市條〉、卷二十〈疆域志・諸鎮條〉
臨安府鹽官縣	一	一	一	同右
平江府常熟縣	一	六	四	重修《琴州志》卷一〈敘縣・鎮條〉、〈市條〉
嘉興府	四	一〇	六	徐碩至元《嘉禾志》卷三〈鎮市條〉
湖州	六	一	六	嘉泰《吳興志》卷十〈管鎮篇〉
鎮江府	三	一	四	嘉定《鎮江志》卷四〈田賦志・職田篇〉、卷八〈僧寺志・寺篇〉、卷十二〈宮室志・務篇〉
常州	四	八	七	史能之咸淳《毗陵志》卷三〈地理志・坊市條〉、卷十〈秩官志・縣官條〉

地區	縣治數	市數	鎮數	資料來源
江陰軍	一	○	二	重修《毗陵志》卷六〈官寺志・場務篇・宋條〉
慶元府	六	二一	五	寶慶《四明志》卷十三〈鄞縣志〉、卷十五〈奉化縣志〉、卷十七〈慈溪縣志〉、卷十九〈定海縣志〉、卷二十〈昌國縣志〉
紹興府	八	七	六	嘉泰《會稽志》卷四〈市條〉、卷十二〈八縣條〉
台州	五	一六	三	嘉定《赤城志》卷二〈地理志・坊市條〉
建康府	五	二五	一四	景定《建康志》卷十六〈疆城志・鎮市條〉
徽州歙縣	一	二	一	淳熙《新安志》卷三〈鎮寨條〉
福州	一二	○	一二	淳熙《三山志》卷九〈公廨類・商稅篇・諸縣鎮務條〉
汀州長汀縣	一	一	○	《永樂大典》卷七八九○〈汀州府條〉引《臨汀志》
真州揚子縣	一	三	二	隆慶《儀真縣志》卷三〈建置考・宋條〉
揚州江都縣	一	○	三	嘉靖《惟揚志》卷七〈公署志附宅里〉

按：一、郡市、縣市、城內之市，已納入坊郭市區之市鎮及已廢之市鎮均不計入。
二、部分方志的鎮、市記載可能不完備。

上表中各郡縣，分布市鎮自數處至三十餘處，多者如平江府常熟縣，一縣中即有六市四鎮，如建康府，一府中有二十五市十四鎮；少者如福州，一州中有十二鎮，如湖州，一州中有六鎮，如汀州長汀縣，一縣中只有一個市。而各郡縣的市鎮數，除福州、湖州二郡及汀州長汀縣的市鎮數與縣治數相等外，其他均較其縣治數多出甚多，亦即各郡縣中的市鎮要較城市數目為多。實際上，福州郡治閩、侯官二縣，湖州郡治烏程、歸安二縣，均為二縣治共一郡城，所以福州、湖州二郡的市鎮同樣多於城郭的數目；至於汀州長汀縣，據《永樂大典》卷七八九〇〈汀州府條〉引《臨汀志》，原有二市，數量超過城郭，但其中的松嶺市因郡城的發展而被吸收成為坊郭市區的一部分，長汀縣市鎮數目的減少，應視為城市發展的結果。南宋市鎮的分布，並不限於上表所列各州郡，兩浙路、江東路、福建路的其他州郡，以及其他各路，也都有眾多的市鎮分布。[14]市鎮戶口雖然也有多至數千家的，如後述的橋口鎮，一般卻較城市為少，僅自百餘家至千餘家，[15]其中又有部分農業人口，但由於市鎮數量眾多，所能銷售的食米量也必然不在少數。

其次可以從若干商業特殊繁榮的市鎮，推測市鎮消費市場對糧食的需求量。這些市鎮，商業繁榮的情形，甚至超過中小型的郡城、縣城，其所需要的糧食數量亦必不下於中小型的郡城、縣城。茲舉例如下：

（一）南潯鎮（屬湖州烏程縣）。汪曰楨《南潯鎮志》卷二六〈碑刻志・嘉應廟勅牒碑〉：

寶祐甲寅（一二五四），狄浦鹽寇嘯聚，村落多被其害，且垂涎南潯，以為市井繁阜，商賈輻湊之所，意在剽掠。

江守黃侍郎書〉：

（二）烏墩鎮（屬湖州烏程縣）、新市鎮（屬湖州德清縣）。《浪語集》卷十八〈湖州與鎮

郡有烏墩、新市，雖曰鎮務，然其井邑之盛，賦入之多，縣道所不及也。

（三）青墩鎮（屬嘉興府崇德縣）。董世寧《烏青鎮志》卷二〈形勢篇〉：

青鎮與湖郡所轄之烏鎮夾溪相對，民物蕃阜，第宅園池盛於他鎮，宋南渡後士大夫多卜居其地。

14 參見周藤吉之，〈宋代の鄉村における店、市、步の發展〉（收入周藤吉之，《唐宋社會經濟史研究》）。

15 《夷堅丁志》卷五〈吳輝妻妾條〉：「紹興甲子（一一四四）五月，江、浙、閩所在大水，崇安縣黃亭鎮百餘家盡走。」《朱子語類》卷一三八〈雜類〉：「或傳連江鎮寇作，燒千餘家，時張子直通判云此處人煙極盛。」

按烏墩鎮與青墩鎮雖分屬二郡，但實為同一聚落，合稱烏青鎮。16

（四）永樂市（屬嘉興府嘉興縣）。嚴辰光緒《桐鄉縣志》卷一〈疆域志・市鎮篇・濮院鎮條〉：

宋建炎（一一二七—一一三〇）以前，特禦兒一草市。……淳熙（一一七四—一一八九）後，機杼之利，日生萬金，四方商賈雲集，至元（一二七九—一二九四）、大德（一二九七—一三〇七）間，有永樂市之名。

按至元嘉禾志卷三鎮市條已列有永樂市，其書刊於至元二十五年（一二八八），上距宋亡不過十二年，實際上南宋時期此處商業已甚繁榮。

（五）青龍鎮（屬嘉興府華亭縣）。紹熙《雲間志》卷上〈鎮戍條〉：

青龍鎮，去縣五十四里，居松江之陰，海商輻輳之所。

（六）澉浦鎮（屬嘉興府海鹽縣）。《海鹽澉水志》卷七〈碑記門・德政碑〉：

澉浦為鎮，人物繁阜，不啻漢一大縣。

（七）鮚埼鎮（屬慶元府定海縣）。吳潛《許國公奏議》卷三「奏禁私置團場以培植本根消弭盜賊」：

照得本府管下鮚埼鎮，倚山瀕海，居民環鎮者數千家，無田可耕，居廛者則懋遷有無，株守店肆，習海者則衝冒波濤，蠅營網罟，生齒厥多，煙火相望，而並海數百里之人，凡有負販者皆趨焉，圖志謂之小江下。

所謂「小江下」，當是比擬於江陰軍城外商賈雲集的江下市。[17]

（八）黃池鎮（屬太平州當塗縣）。《文忠集》卷一七一乾道壬辰（一一七二）南歸錄：

16 張園真，《烏青文獻》卷九載張偘，〈重修土地廟記〉：「湖、秀之間有鎮焉，畫河為界，西曰烏鎮，東曰青鎮，名雖分二，實同一聚落也。」同卷載萬珪〈青墩鎮土地索度明王碑記〉：「秀之青墩與湖之烏墩，二市相抵為一會鎮。」

17 重修《毗陵志》卷二〈地理志．坊市篇．江陰條〉：「江下市，在澄江門外，以通黃田港，宋紹熙五年（一一九四）以來，商船倭舶，歲常輻湊，駔儈翁集，故為市，亞於城閫。」

夜泊黃池鎮，……商賈輻湊，市井繁盛，俗諺有云：「太平州不如蕪湖，蕪湖不如黃池也。」

（九）沙市鎮（屬江陵府江陵縣）。同書卷六五〈淮西帥高君神道碑〉：

距府十里有沙市鎮，大商輻湊，居民櫛比。

（十）橋口鎮（屬潭州衡山縣、湘陰縣）。《會要》〈職官四八．監當篇〉慶元四年（一一九八）三月十八日條：

詔潭州衡山縣贍軍酒庫官改作監橋口鎮。乃湖南封城下流之地，當長沙、益陽、湘陰三縣界首，商賈往來，多於此貿易，盜賊出沒，亦於此窺伺，市戶二千餘家，地狹不足以居，則於夾江地名暴家歧者，又為一聚落，亦數百家，緣暴家歧卻屬湘陰縣管。……

（十一）儲洲市（屬潭州醴陵縣）。《驂鸞錄》：

宿儲洲市，又當捨輿泝江，此地既為舟車更易之衝，客旅之所盤泊，故交易甚夥，敵壯縣。

（十二）景德鎮（屬饒州浮梁縣）。劉坤一等撰《江西通志》卷九三〈經政略．陶政篇〉引元蔣祁《陶記》：

景德鎮陶昔三百餘座。

按《夷堅志》載宋代徐州蕭縣白土鎮有白器窰三十餘座，用陶匠數百，[18]景德鎮於南宋時有窯三百餘座，則所用陶匠可達數千，此外又有陶商、牙儈、肩夫仰賴陶業生活，[19]無疑是一人口眾多的大鎮；而所產陶器遠銷至全國各地，「若夫浙之東西，器尚黃黑，出於湖田之窯者也；

18《夷堅三志已》卷四〈蕭縣陶匠條〉：「鄒氏，世為兖人，至於師孟，徙居徐州蕭縣北之白土鎮，為白器窰戶總首，凡三十餘窰，陶匠數百。」

19《江西通志》卷九三〈經政略．陶政篇〉引〔元〕蔣祁，《陶記》：「一日二夜，窰火既歇，商爭取售，而上者擇馬，謂之揀窰，交易之際，牙儈主之，同異差互，官則有考，謂之店簿；運器入河，肩夫執券，次第件具，以憑商算，謂之非子。」

湖、川、廣，器尚青白，出於鎮之窯者也。盌之類魚水高足，碟之發暈海眼雪花，此川、廣、荊、湘之所利，盤之馬蹄檳榔，盂之蓮花要角，盌碟之繡花銀繡蒲脣弄弦之類，此江、浙、福建之所利，必地有擇焉者。……兩淮所宜，大率江、廣、閩、浙澄澤之餘，土人貨之者謂之黃掉，黃掉云者，以其色澤不美，而在可棄之域也。」（《江西通志》卷九三〈經政略·陶政篇〉引元蔣祁《陶記》），可知景德鎮所產陶器種類甚多，行銷及於江、浙、閩、廣、川、湘、荊、淮，遍及南宋全國，商業自必繁榮。

上列市鎮的商業，都特別繁榮。例如烏墩鎮和新市鎮的繁榮超過湖州轄下的縣城，黃池鎮的繁榮超過蕪湖縣城和太平州城，儲洲市的繁榮匹敵壯縣，其盛況都可與中型的城市相比。商業愈繁榮，則聚居及往來的人口愈多，對糧食的需求量亦必愈大。南宋嘉興府魏塘農村所產的稻米，「每一百石，舟運至杭、至秀、至南潯、至姑蘇，糶錢復買物歸售。」（《古今考續考》卷十八〈附論班固計井田百畝歲出歲入條〉）可知南潯鎮鄰近的農業生產已不足供鎮中商業人口所需，而與臨安、嘉興、平江等城市相同，必須仰賴外地食米的輸入。像沙市鎮這一類大鎮，米價可以和鄂州州城相等，而高出荊門、襄陽、郢州等郡城一倍。《會要》〈食貨四〇·市糴糧草篇〉乾道二年（一一六六）七月二十五日條載監行在省倉下界兼戶部和糴場鄭人傑言：

年來豐熟，米價低平，荊門、襄陽、郢州之米，每碩不過一千，所出亦多；荊門（按：門當為南之誤）沙市、鄂州管下舟車輻輳，米價亦不過二千。

米價的高昂，說明沙市鎮對於食米的需求量甚大，市場食米的供給卻必須仰賴外地輸入，米商可以乘機抬高價格，鄂州是南宋時期有數的大商業城市，米價高出一般城市之上是必然的，而沙市鎮的米價竟然與鄂州相等，顯示出沙市鎮社會的特色。許多市鎮都是在南宋時期才興起或繁榮的，如上述的永樂市，在淳熙（一一七四—一一八九）以後才成為商賈雲集的地點；南潯鎮原名潯溪，又名南林，初僅為一村落，至淳祐（一二四一—一二五二）末年才設鎮，[20]澉浦鎮在南宋初年鎮境周圍只有二里半，至南宋末年已擴展至東西十二里、南北五里；[21]暴家歧是

20《南潯鎮志》卷二五〈碑刻志〉載李心傳，〈安吉州烏程縣南林報國寺記〉：「南林，一聚落耳，而耕桑之富，甲於浙右，土潤而物豐，民信而俗阜，行商坐賈之所萃，而官未嘗譏征焉。」按此記作於端平元年（一二三四），則當時南林雖已為商旅聚集之所，但仍未設鎮徵收商稅。同上卷二六〈碑刻志．嘉應廟勅牒碑〉：「未創鎮以前，特鄉村爾，無階可陳，今創鎮幾二十載。」按此碑作於咸淳六年（一二七〇），則南潯設鎮當在淳祐（一二四一—一二五二）末年，在此之前，僅為村落。又同上卷一〈疆域志〉：「南潯鎮，本名潯溪，又名南林，宋理宗淳祐末立為南潯鎮，迄今不改。」

21《海鹽澉水志》卷一〈地理門．鎮境條〉：「東西一十二里，南北五里（原注：《武原誌》云：『周圍二里平。』紹興（一一三一—一一六二）間人民稀少，令煙火阜繁，生齒日眾，故不止此。）」

慶元（一一九五—一二〇〇）年間才從橋口鎮衍生出來的市區，至寶祐（一二五三—一二五八）年間則已是「商賈輻湊，舳艫相銜者無虛日」（《永樂大典》卷五七六九〈長沙府條〉引《古羅志》載邵庶〈暴家歧稅務新砌江岸記〉）。因此，南宋市鎮消費市場對糧食的需求，也與城市相同，必然是有增無已。

糧食不足的農村，也是南宋重要的食米市場。農村糧食不足的情形有二：一是平時生產即感不足，一是春夏及饑荒時糧食不足，茲先討論前者。糧食平時生產不足的地區，主要由於山多田少或土地瘠薄，地理環境不利於水稻栽培，而又人口眾多。這些地區，多從事林業或栽培經濟作物，而以其收入向外地購買糧食。淳熙《新安志》卷一〈州郡志・風俗條〉載祁門縣的情形：

> 水入於鄱，民以茗、漆、紙、木行於江西，仰其米以自給。

《嚴州圖經》卷一〈風俗條〉：

> 州境山谷居多，地瘠且狹，民嗇而貧，穀食不足，惟蠶桑是務，更蒸茶割漆，以要商賈貿遷之利。

均說明這種林產或經濟作物與糧食交換的狀況。此外，如遂寧府小溪縣繖山農民多以植蔗為業，興化軍的土地多用於栽植甘蔗、秫糯，徽州休寧縣農民種田者少而種杉者多，建寧府農民多以良田來種瓜植蔗，潭州湘潭縣昌山居民都以竹為業而不事耕稼，[22]這些地區生產糧食既少，自然必須向外地購買。這種糧產不足的現象，最嚴重的是福建，不僅興化軍和建寧府的糧食多仰賴輸入，福建全路由於山多田少，都是如此。《歷代名臣奏議》卷二四六載知福州張守「乞放兩浙米船箚子」：

> 臣體問得福建路山田瘠薄，自來全仰兩浙、廣東客米接濟食用，雖大豐稔，而兩路客米不至，亦是闕食。

同上卷二四七載集英殿修撰帥福建趙汝愚上奏：

22 王灼，《糖霜譜》第三：「繖山在小溪縣涪江東二十里，山前後為蔗田者十之四，糖霜戶十之三。」《鐵庵集》卷二一〈與項鄉守書〉：「今興化縣田耗於秫糯，歲肩入城者不知其幾千萬；仙遊縣田耗於蔗糖，歲運入浙淮者不知其幾萬億。」《驂鸞錄》：「休寧山中宜杉，土人稀作田，多以種杉為業。」《南澗甲乙稿》卷十八〈建寧府勸農文〉：「又多費良田以種瓜植蔗。」《夷堅三志辛》卷八〈湘潭雷祖條〉：「湘潭境內有昌山，周回四十里，中多篠簜，環而居者千室，尋常於竹取給焉，或擣為紙，或售其骨，或竹簞，或造鞋，其品不一，而不留意耕稼。」

本路地狹人稠，雖上熟之年，猶仰客舟興販二廣及浙西米前來出糶。

《文忠集》卷八二〈大兄奏箚〉：

福建地狹人稠，雖無水旱，歲收僅足了數月之食，專仰客舟往來浙、廣，般運米斛，以補不足。

可知福建糧食生產不足，平時已仰賴兩浙及兩廣的供應，才能維持全年的需要。福建農民多利用山地栽培果樹、茶樹等經濟作物或從事林業，[23]所以他們能夠有收入來平衡購買糧食的開支。以福建一路人口的眾多，而一年中有數月的糧食必須仰賴輸入，則其食米市場的需求量也必然相當可觀。

春夏及饑荒時的農村，由於農家沒有糧食積存，也成為需求食米的市場。在南宋時期，饑荒是一項經常發生的現象，據《宋史》卷六七〈五行志〉的記載，自建炎元年（一一二七）至德祐元年（一二七五）約一百五十年間，有六十七年有饑荒的紀錄，而每次饑荒波及的地區，小則一郡，大則數路。由於嘉定十七年（一二二四）以後的記載過於簡略，這一饑荒年數的統計可能仍不完備，但已足以說明南宋饑荒發生的頻繁。饑荒發生時，農業生產暫時停頓，即使是平時糧產充足地區的農家，糧食也必須仰賴外地輸入來供給，所以每當饑荒發生時，地方官都盡力設法招徠外地米商，或派員往外地搜購食米。《朱文公文集》「別集」卷九〈措置客米到岸民戶收糴不盡曉諭〉：

> 照對管內田禾多有旱傷，切恐民間闕食，切措置令稅務多方招誘客人米船住岸出糶，接濟民間收糴食用，與免收納雜物稅錢，今來漸有客旅興販米斛到來，如有民戶收糴不盡之數，許令牙人並有力之家收糴停頓，準備接濟。

這是朱熹在南康軍救荒，以免稅的優惠待遇吸引米船運米前來銷售。《朱文公文集》卷二十〈乞禁止遏糴狀〉：

> 緣本路兩年荐遭水旱，無處收糴，熹今體訪得浙西州軍極有豐稔去處，與本路水路相通，最為近便，已行差官雇船，前去收糴，及印榜遣人散於浙西、福建、廣東沿海去處招徠客販。

23 參見斯波義信，《宋代商業史研究》，頁四二六。

這是朱熹在浙東救荒，派員前往浙西搜購食米，又於浙西、福建、廣東等地招徠米商。同上卷八八〈劉珙神道碑〉：

淳熙二年（一一七五），除知建康府，安撫江南東路，留守行宮。會水且旱，公奏，……禁上流稅米遏糴，即他路有敢違者，請亦得以名聞，抵其罪。詔皆從之。以是得商人米三百萬斛散之民間。又貸諸司錢合三萬萬，遣官糴米上江，得十四萬九千斛，籍農民當賑貸，客戶當賑濟者，戶以口數給米有差。

這是劉珙在江東救荒，也是一面招徠米商，一面派員前往外地糴米，而僅商人運來銷售的食米就達三百萬石，可見農村發生饑荒時，食米銷售量之大。這一饑荒時期農村的食米市場，與城市、市鎮及平時糧產不足農村的食米市場有所不同，即其時間、地點與所需食米數量都不是固定的，視饑荒發生的時間、地點及程度而轉移改變。又農家每年收成的糧食，由於多用於繳納租課、賦稅及償還債務，至次年春夏時，食用往往不繼，因而須向市場購買，[24]從農家在南宋戶口中所占比率之高看來，這一市場需求量也是相當可觀的。

總之，南宋的農產市場可以說是很廣大，城市、市鎮甚至農村，都需要由市場來供應農產品。由於人口日益增加，商業日益發達，區域之間的經濟相互依賴性日深，南宋農產市場的總需求量無疑是一個很大的數目，而且數量日益上升。

第二節　南宋農產品向市場的供給

南宋農產市場的形成，一方面由於城市、市鎮和糧食不足的農村對農產品有大量的需求，另一方面也由於農村有大量的農產品可以供給市場。地主和農家，是南宋市場的兩個農產品供給來源。

南宋市場的主要農產品供給來源之一，是地主所累積的大量租課。南宋時期，土地所有權集中在少數的官戶、富家手中，他們擁有多量的土地，放佃給眾多的佃戶經營，而向佃戶收取租課，通常占生產量的四成至五成，高者可達六成以上。[25]地主向眾多佃戶收取高額的租課，累積起來就是一個很大的數目，因此南宋有收租六十萬石甚至一百萬石的大地主，其次也達一、二十萬石或數萬石。[26]這鉅量的租米，除供地主自家消費以及繳納賦稅之外，必定尚有大

24 參見第三章第一節。
25 參見第二章第三節。
26 參見第二章第二節。

量的剩餘。這種情形，可以從富家在饑荒時放賑米穀的數量得知。《朱文公文集》卷十六〈奏為本軍勸諭都昌、建昌縣稅戶張世亨、劉師輿、進士張邦獻、待補太學生黃澄賑濟饑民斗斛〉：

稅戶張世亨賑濟過米五千石。
稅戶劉師輿賑濟過米四千石。
進士張邦獻賑濟過米五千石。
待補太學生黃澄賑濟過米五千石。

同上卷十七〈乞推賞獻助人狀〉：

婺州金華縣進士陳夔獻米二千五百石。
婺州金華縣進士鄭良裔獻米二千石。
婺州東陽縣進士賈大圭獻米二千五百石。
處州縉雲縣進士詹玠獻米二千五百石。

《黃氏日抄》卷七五〈乞推賞賑糶上戶中省狀〉：

宜黃縣譚都倉戶待補國學生譚槐，縣糶、鄉糶、城糶並近城上下糶過米共三萬四千六百一十七石。又譚巡轄戶待補國學生譚鏗，縣糶、鄉糶並近城上下糶過米共三萬一千二百一十七石。

樂安縣學生黃與孫以平甫為戶，本戶並諸莊共糶過米一萬三千石。

金谿縣危運幹本戶自糶米八千四百餘石，並勸諭諸鄉上戶糶過米一萬七千餘石。

臨川縣甲晏登仕時可糶過穀八千九百餘石、米三千八十石。

以上各富家放賑米穀的數量，婺州金華、東陽二縣及處州縉雲縣四戶較少，但已達二千至二千五百石；南康軍都昌、建昌二縣四戶較多，達四、五千石；撫州宜黃、樂安、金谿、臨川四縣各戶最多，均在八千石以上，其中兩戶更高達三萬餘石。富家所放賑的米穀，必定是家中的剩餘，而且只是其剩餘中的一部分，可知南康軍、婺州、處州及撫州等地的富家，所收租米除用之於自家消費及繳納賦稅之外，尚有大量的儲積。南康軍的土地貧瘠，撫州的農業生產亦非甚盛，[27]而富家積米已能在數千石、數萬石以上，則土地肥沃而農業更為發達的地區，富家積米自然更多。前述放賑米穀的各戶，可能都是當地較為富裕之家，其他擁有土地較少的地主，積存的米穀自然也較少，但是如果將各家的儲積合計起來，也不是一個很小的數目。例如朱熹在南康軍勸賑，勸得郡城及星子、都昌、建昌三縣上戶二百零六名，共認賑糶米達七萬三千餘石。[28]因此，農家生產的稻米，除供農家、地主自家消費及納稅外，尚有大量的租課剩餘儲積在大小地主的家中，成為南宋市場的農產品供給來源。

地主自家消費不盡的糧食，在利潤的吸引下，就運輸到市場供給銷售。南宋有許多地主，田產置於鄉村，而本身居於城市或市鎮，[29]對於市場的需求狀況自然十分了解，他們甚至直接供應鋪戶零售的食米，並控制其價格，[30]可知部分地主實與農產市場有直接的連繫：屬於中產之家的地主，所能供給市場的糧食數量較少，與市場沒有直接的連繫，亦可經由商人的轉運，將剩餘的糧食銷售於市場。地主之家銷售食米的情形，如《雙溪類稿》卷二一〈上趙丞相〉：

> 若夫兩浙之地，蘇、湖、秀三州，號為產米去處，豐年大抵舟車四出，其豪右之家，占田廣，收租多，而倉庾富實者，縣邑之吏，鄰里之民，固能指數其人也。

這是豪右之家備有舟車，直接將餘糧運往市場。又《水心集》卷一〈上寧宗皇帝劄子〉：

27《朱文公文集》卷十一〈庚子應詔封事〉：「臣謹按南康為郡，土地瘠薄，生物不暢，水源乾淺，易得枯涸。」《黄氏日抄》卷七八〈咸淳八年（一二七二）春勸農文〉：「今太守是浙間貧士人，生長田里，曾親種田，備知艱苦，見撫州農民與浙間多有不同，為之驚怪，真誠痛苦，實非文具，願爾農今年亦莫作文具看也。浙間無寸土不耕，田隴之上又種桑種菜，今撫州多有荒野不耕，桑麻菜蔬之屬皆少，不知何故？浙間纔無雨，便車水，全家大小日夜不歇，去年太守到郊外看水，見百姓有水處亦不車，各人在門前閒坐，甚至到九井祈雨，行大溪邊，見溪水拍岸，岸上田既焦枯坼裂，更無人車水，不知何故？浙間三遍耘田，次第轉摺，不曾停歇，撫州勤力者耘得一兩遍，懶者全不耘，太守曾親行田間，見苗間野草反多於苗，不知何故？浙間終年備辦糞土，春夏間常常澆壅，撫州勤力者斫得些少柴草在田，懶者全然不管，不知何故？浙間秋收後便耕田，春二月又再耕，名曰耖田，撫州收稻了，田便荒版，去年見五月間方有人耕廢田，盡被荒草抽了地力，不知何故？」

28《朱文公文集》「別集」卷九〈諭上戶承受賑糶米數目〉：「在城上戶二十五名，共認賑糶米一萬一千六百三十五碩，每升價錢一十四文足。星子縣勸諭到上戶三十一名，共認賑糶米一萬一千九百三十五碩，每升價錢一十七文足。都昌縣勸諭到上戶五十九名，共認賑糶米二萬八千九百八碩五升，每升價錢一十四文足。建昌縣勸諭到上戶九十一名，共認賑糶米二萬八百碩，每升價錢一十二文足。」

29《夷堅丁志》卷十八〈劉狗麼條〉：「南城人劉生，別業在城南三十里，地名鯉湖，時往其所檢視錢穀。」《夷堅志補》卷二十〈梁僕毛公條〉：「福唐梁緄居城中，曾往其鄉永福縣視田。」《夷堅支戊》卷六〈天台士子〉：「士子某居城中，而田在黃巖。」《夷堅支丁》卷三〈寶華鍾條〉：「王德華少卿（珏）紹興十四年（一一四四）待行在糧料院闕，寓居平江橫金市，市之西南曰魯都灣，有田數百畝。」

30歐陽守道，《巽齋文集》卷四〈與王吉州論郡政書〉：「鋪戶所以販糴者，本為利也。彼本浮民，初非家自有米，米所從來蓋富家，實主其價，而鋪戶聽命焉。」

臣採湖南士民之論，以為二十年來，歲雖熟而小歉輒不耐，地之所產米最盛，而中家無儲糧。臣嘗細察其故矣。江湖連接，無地不通，一舟出門，萬里惟意，無有礙隔。民計每歲種食之外，餘米盡以貿易，大商則聚小家之所有，小舟亦附大艦而同營，展轉販糴，以規厚利。

這則是商人先將中產地主的餘糧聚集，再輾轉販糴。部分地主或其幹僕，完全視利潤而處理其租米，由於城市的米價一般都較高，因此在許多地區，都有本地大部分農家糧食困難，而租米仍然大量運至外地的情形。《永樂大典》卷七五一四「平羅倉條」引《濡須（和州）志》載王莧〈新建平羅倉記〉：

收租江北，貨粲江南，而故鄉之捐瘠不問也。

《黃氏日抄》卷七八〈四月十九日勸樂安縣稅戶發糶榜〉：

又訪聞雲蓋一鄉，田產當本邑三分之一，而半歸於永豐湖西羅宅之寄莊。羅，大族也，視利甚輕，本亦未嘗不肯平糶，而其遠在樂安之莊幹，瞞其主人，乘時射利。本邑雖不通舟楫，而有牛田一小溪直透吉之永豐，一棹扁舟，即泄界外，實為尾閭。

都說明這種狀況。因此，不僅市場所需求的食米，多由地主所累積的租米來供應，而且食米的市價，亦成為決定地主如何銷售其租米的指標。南宋的地主家計，實已主動的與市場經濟發生密切的關連。

其次，南宋農家在繳納租課、賦稅及償還債務時，有一部分是要用貨幣來支付的，農家因此必須出售農產品以換取貨幣，這也是上市農產品的一個重要供給來源。南宋貨幣地租的流行以及農家貸借米穀而折價償還等事實，均已見前述，[31]此外，貨幣租稅在南宋賦稅中的地位，也有逐漸發展的趨勢。自唐代中葉起，政府歲入中的貨幣部分已逐漸增加，至北宋時期而大幅上升，但其源自農家所繳納的賦稅者尚少，主要出於政府專賣收入和商稅；[32]至南宋時期，政府歲入的貨幣數量繼續大幅上升，[33]而農家所繳納的賦稅中，以貨幣支付的部分也開始大幅增加，甚至使政府兩稅收入中實物與貨幣的比例發生明顯的變化。南宋貨幣租稅增加的情形，如

31 參見第二章第三節，第三章第二節。

32 參見全漢昇，〈唐宋政府歲入與貨幣經濟的關係〉（收入全漢昇，《中國經濟史研究》上冊）。

33 《歷代名臣奏議》卷二七一載李椿上疏：「國家歲入之錢，十倍於唐之最盛時，數倍於祖宗時。」《容齋三筆》卷二〈國家府庫條〉：「今之事力與昔者不可同日而語，所謂緡錢之入，殆過十倍。」

《誠齋集》卷六九〈輪對劄子〉所論：

取於農民者，其目亦不少矣。民之輸粟於官者謂之苗，舊以一斛輸一斛也，今則以二斛輸一斛矣；民之輸帛於官者謂之稅，舊以正絹為稅絹也，今則正絹之外，又有和買矣；民之鬻帛於官者謂之和買，舊之所謂和買者，官給其直，或以錢，或以鹽，今則無錢與鹽矣，無錢尚可也，無鹽尚可也，今又以絹估值，倍其直而折售其錢矣；民之不役於官而輸其傭直，謂之免役，舊以稅為錢也，稅畝一錢者輸免役一錢，今則歲增其額而不知其所止矣；民之以軍興而暫佐其師旅征行之費者，因其除軍帥謂之經制使也，於是有經制之錢，既而經制使之軍已罷，經制錢之名遂為常賦矣；因其除軍帥謂之總制使也，於是有總制之錢，既而總制之軍已罷，而總制錢又為常賦矣。彼其初也，吾民之賦，止於粟之若干斛，帛之若干匹而已，今既一倍其粟，數倍其帛，粟帛之外，又數倍其錢之名矣。而又有月樁之錢，又有板帳之錢。

可知南宋農民所繳納的賦稅中，增加了不少必須以貨幣支付的稅目，即使是沿襲北宋而來的免役錢，其數額亦較北宋大為增加。實際上，南宋農民所繳納的貨幣租稅並不止於此，南宋各地普遍都有身丁錢，廣西、寧國府、泉州、福州、臨安府均有折苗錢，[34]四川有綿估錢、布估

錢，[35]廣西有折布錢，[36]漳州有鬻鹽錢，[37]可以說是不一而足，除了這些固定名目的貨幣租稅

34《誠齋集》卷十六〈李侍郎傳〉：「初，廣西鹽法官自鬻之，後改鈔法，漕計大窘，乃盡以一路田租之米二十二萬斛，令民折而輸錢，至五倍其估。」《真文忠公文集》卷十二〈奏乞將知寧國府張忠恕亟賜罷黜〉：「人戶輸納去年折苗錢，以一石為率，如納秈米，通用米二石二斗了納，如納粳米，通用米二石了納。」同上卷十五〈申尚書省乞撥降度牒添助宗子請給〉：「本州（泉州）苗額不及江、浙一大縣，又自前人輕改稅法，下戶專納價錢，米數緣此日減。」淳熙《三山志》卷十七〈財賦類，歲收條〉：「秋稅苗米，十二縣總催一十一萬一千二石二升五合。……又例以一萬八百四十三石八斗估納月中價，令下戶納錢。」《會要》〈食貨七十．賦稅雜錄〉紹熙二年（一一九一）十月六日知臨安府謝深甫言：「於潛、新城、昌化三縣，秋苗並折納時價。」

35《朝野雜記》甲集卷十四〈兩川綿估錢條〉：「兩川綿估錢者，舊例上等戶皆理正色，而下戶每兩估錢半千，所以優之也。楊嗣勳總計，始令當輸正色者，每兩估錢引二分，而舊輸錢者如故，是上戶反輕，下戶反重矣，至今猶然。」《鶴山先生大全集》卷三二〈上吳宣撫獵論布估〉：「請以布估一事明之。自天聖四年（一〇二六），密學薛田守蜀，就成都、重慶府、邛、彭、漢州、永康軍產麻去處，先支下戶本錢，每疋三百文，約麻熟後輸官，應副陝西、河東、京東三路綱布，是時布價甚賤，因以利民，故願請者眾，不請者不強也。至熙寧（一〇六八—一〇七七）間，布直漸長，民無請者，漕司始增價至四百，數入充折等第科買，然亦止是折納正色，民尚樂輸。建炎（一一二七—一一三〇）以來，大兵久駐蜀口，都漕趙開始改理估錢，以濟用度，每疋增至二貫，自後累經臣僚奏減，則又就除本錢三百，每疋為錢一貫七百，去元買之意愈遠。」

36《朝野雜記》甲集卷十四〈廣西折布錢條〉：「廣西折布錢舊有之，獨桂、昭二州歲產布九萬二百匹有奇，每匹折錢五百，紹興五年（一一三五），張魏公為都督，每匹增至千五百文；二十年（一一五〇），駱彬為廣西提刑代還，奏減三之一。」

37《北溪大全集》卷四四〈上莊大卿論鬻鹽〉：「漳土瘠薄，民之生理本艱，與上郡不同。主戶上等歲粟斛

之外，又常有不合法的折納。[38]南宋貨幣租稅的收入，數目十分可觀，如東南折帛錢歲入高達一千七百餘萬緡，經制錢、總制錢、月樁錢三項合計亦高達一千八百餘萬緡，[39]成為南宋政府賦入的重要來源。南北宋間兩稅收入中實物與貨幣比例的變化，清楚的說明了貨幣租稅在南宋賦入中地位的上升。全漢昇〈唐宋政府歲入與貨幣經濟的關係〉一文中列有北宋歲入兩稅錢物數量表，茲轉引如表十五。

表十五　北宋歲入兩稅錢物數量

年代 種類	嘉祐（一〇五六—一〇六三）	熙寧十年（一〇七七）	資料來源
銀（兩）		六〇、一三七	《文獻通考》卷四〈田賦考四〉
錢（貫）	四、九三二、〇九一	五、五八五、八一九	
穀物（石）	一八、〇七三、〇九四	一七、八八七、二五二	
布帛（匹）	二、七六三、五九二	二、六七二、三二三	
絲綿（兩）		五、八五〇、三五六	
草（束）		一六、七五四、八四四	
雜色		三、二〇〇、二九二	

據上表，可知北宋兩稅收入中，貨幣數量遠不及實物數量多。南宋時期缺乏全國性的兩稅收入資料，只能使用地區性的資料來作比較，茲列舉臨安府、建康府及福州三郡歲入兩稅錢物數量（含均入兩稅催納的其他稅目），如表十六。

千者萬戶中未一二，其次斛三五百者千戶中未一二，此外大率皆僅收斗斛，不足自給，與無產業同，年間二正稅所輸升斗，尚不能前，正稅之外，所謂二產鹽，不過數斤，復不能了，況四季又重疊以鬻鹽錢，所謂八百二十及一貫二十足者，夫豈易供哉。其餘客戶，則全無立錐，惟藉傭雇，朝夕奔波，不能營三餐之飽，有鎮日只一飯，或達暮不粒食者，歲輸身丁一百五十，猶不能辦，則四季所謂鹽錢六百一十二足者，將於何出之。」

38 《會要》〈食貨七十・賦稅雜錄〉紹熙五年（一一九四）九月十四日敕：「民間合納夏稅秋苗，見行條法指揮並已詳備，訪聞州縣不遵三尺，往往大折價錢。」

39 《朝野雜記》甲集卷十四〈東南折帛錢條〉：「（紹興）十七年（一一四七），……其淮衣、福衣及天中、大禮與綾、羅、綢總五十二萬匹有奇，皆起正色，其他絹、綢二百五十六萬餘匹，約折錢一千七百餘萬緡，而綿不與焉。」同上「國初至紹熙（一一九〇—一一九四）天下歲收數條」：「其六百六十餘萬緡號經制，蓋呂元直在戶部時復之；七百八十餘萬緡號總制，蓋孟富文秉政時創之；四百餘萬緡號月樁錢，蓋未藏一當國時取之。」

表十六　南宋臨安府、建康府、福州歲入兩稅錢物數量

地區 種類	（一）臨安府	（二）建康府	（三）福州	資料來源
錢（貫）	七八一、九五九	三六五、一一六	二四〇、三八五	（一）咸淳《臨安志》卷五九〈貢賦志・田稅篇・二稅元額條〉。 （二）景定《健康志》卷四十〈田賦志・夏料管催條〉、〈秋料管催條〉。 （三）淳熙《三山志》卷十七〈財賦類・歲收條〉。
穀物（石）	一三二、七一三	二一〇、七七三	一〇〇、一五九	
布帛（匹）	一四六、七二七	八八、五二八		
絲綿（兩）	五四、一〇〇	三四三、九六九		
草（束）		一六五、〇〇〇		
麻皮（斤）		二、五〇〇		
蘆蓙（領）		四九、五四三		

據上表，可知咸淳（一二六五—一二七五）年間臨安府和淳熙（一一七四—一一八九）年間福州的兩稅收入中，貨幣數量都比實物數量多；景定（一二六〇—一二六四）年間建康府的兩稅收入中，貨幣數量雖較實物總數為少，但亦不如北宋全國收入中二者相差的懸殊，而且貨幣收入數量仍比其他任何一項實物收入數量多。可知南北宋間兩稅收入中實物與貨幣的比例，發生了明顯的變化。這種變化，南宋臣僚已觀察出來。《歷代名臣奏議》卷二七一載李椿上疏：

今穀帛之稅，多變而征錢。

《會要》〈食貨六八．受納篇〉嘉定七年（一二一四）三月二十九日臣僚言：

竊惟錢出於官，而責之民輸，粟帛出於民，而官或無取。

農家在貨幣租稅大幅增加的情形下，為了繳納賦稅，就必須將農產品出售於市場以換取貨幣，因而成為上市農產品的一個重要供給來源。

由於貨幣租稅盛行的影響，每臨賦稅繳納的期限時，就有大量農產品供給於市場。以免役錢而言，北宋熙寧二年（一〇六九）頒行免役法之後，即已造成秋收後農民爭售農產品以納免役錢，因而穀帛充斥於市場，並且成為當時物價下跌的原因之一；[40]南宋免役錢的數額較北宋又有增加，農家為納免役錢而爭售農產品的情形，亦必與北宋相同。以四川布估錢而言，《鶴山先生大全集》卷三二〈上吳宣撫獵論布估〉：

---

40 參見全漢昇，〈北宋物價的變動〉。

科敷益久，民力益困，年豐穀賤，則所收不足以償所輸。

可知四川農家以糶資米穀所得的貨幣來繳納布估錢。至於折帛錢和折苗錢，自然也使農家於繳納賦稅時爭售穀帛。鄭興裔《鄭忠肅奏議遺集》上卷〈請罷取折平糴糴疏〉：

臣聞古者賦租出於民之所有，不強其所無，如稅捐出於蠶，苗米出於耕是也。今一倍折而為錢，再倍折而為銀，銀愈貴，錢愈難得，穀愈不可售，使民賤糶而貴折，則大熟之歲，反為民害。

《會要》〈食貨六八．受納篇〉嘉定十二年（一二一九）八月二十八日臣僚言：

今所至受納，贏餘既多，會計支供，稍可及數，則亟立高價，悉使折錢。富者其力有餘，得以輸送本色，貧者艱於措畫，不無稽緩，所納多折以錢，至有窮居遐僻，登陟險峻，負擔而趨，米至城邑，而折納之令已行，則不免於低價而售，其費滋多，故貧民下戶，受弊尤甚。

均說明農家為輸納折帛錢或折苗錢，而賤價出售農產品。農家為輸納貨幣租稅而以賤價出售農產品，實由於多數農家於同一時間爭售農產品，市場供給量驟增所致。南宋政府於徵收折帛錢或折苗錢時，所估絹帛或米穀的價格常較市價高出甚多，[41]因此農家為繳納貨幣租稅而必須出售的農產品數量，必然多於所折實物的數量。

此外，農家為了購買日常生活用品，以及應付婚喪等不時之需，需要貨幣使用，也會出售少量農產品於市場。南宋農家的日常生活必需品，無法完全由自己生產，有許多用品都必須從市場購買。宋代南方的鄉村散布有許多定期的虛市，其主顧純為鄰近的鄉民，交易額甚小，而其商品則為米、麥、雞、鵝、魚、豆、果、蔬、茶、鹽、酒等食料，及布、紙、箕箒、農器等手工業品[42]，即說明了農家不能完全自給自足這一事實。農家無論於虛市購買日用品，或進入

41《會要》〈食貨七十．賦稅雜錄〉乾道元年（一一六五）七月二十四日條臣僚言：「諸路州縣輸納夏稅，令人戶納折帛錢六貫五百，卻遣人於出產處收買輕絹，起作上供，支散軍兵，實為公私之害。」同上淳熙四年（一一七七）十一月十七日臣僚言：「臨安府錢塘、仁和兩縣歲數和買折帛，下戶常受其弊，本色所直不過四五千，折價所輸，其費七貫五百。」《歷代名臣奏議》卷二七一載廣西提刑林光朝〈奏廣南兩路鹽事利害狀〉：「有所謂折苗錢，米一石不過四五百錢，納折苗錢至十倍其數。」徐經孫，《徐文惠公存稿》卷一〈又言苗稅斛面事〉：「至於開場未幾，便有折納價錢，則又倍於米價。」

42參見全漢昇，〈宋代南方的虛市〉（收入《中國經濟史論叢》第一冊）；斯波義信，《宋代商業史研究》第四

市鎮、城市購買，由於南宋時期貨幣使用的盛行，多必須先將農產品出售以換取貨幣。[43]又葉茵「田父吟」：「糴穀可酬婚嫁願，今年好事屬柴門。」（《南宋群賢小集卷十八載葉茵《順適堂吟稿》丁集）可知農家也為了應付婚嫁費用而出售米穀。

農家為各種需要而出售米穀，其數量自然要較地主所出售者少，多僅以步擔搬運至市場糴賣，與地主、米商的舟車四出有所不同。《雙溪類稿》卷二十〈上章岳州書〉：

> 況其地（按：臨湘縣）僻陋，井邑蕭條，商賈米船，泝江而上則聚於鄂渚，沿江而下則先經由華容、巴陵，本縣所來者，不過通城步擔而已。

《永樂大典》卷七五一三〈通惠倉條〉引〈桂陽府創通惠倉省劄〉：

> 桂陽為郡，山多田少，重岡複嶺，舟楫不通，地瘠民貧，全仰步擔客米以充日糴，往往頳肩負重，運至極艱。

《會要》〈食貨六八・賑貸篇〉慶元元年（一一九五）二月十一日臣僚言：

或有客販及鄉村步擔米，則官出錢在場循環收糴。

都是農民以步擔搬運米穀至市場的例證。農家擔運農產品入市，經由牙儈或牙人的收購，[44]再銷售於市場。步擔所能搬運的米穀數量雖少，但由於農民眾多，累積起來即成為市場的一個重要供給來源，而如臨湘、桂陽等偏僻地區，米船不能抵達，市民的糧食就只有完全仰賴農家步擔來供給。此外，農家還有僅持數升或一斗米到商店交易的，其數量更少，但這微量的農產品，亦可累積成一相當的數量，成為城市、市鎮的市場供給來源之一。[45]

章第二節〈宋代江南の村市と廟市〉。

43《鐵庵集》卷十四〈與李丞相書〉：「自浙入閩，行役所見，暨還里門，日與閭閻接，……市之貿易，例以自鄉村持所產，到市博緡。」按《四庫全書》珍本二集本《鐵庵集》卷十四殘缺，無此篇，轉引自斯波義信《宋代商業史研究》，頁三七〇，其所據當為其他版本。

44《朱文公文集》「別集」卷九〈約束米牙不得兜攬搬米入市等事〉：「契勘諸縣鄉村人戶搬米入市出糶，多被米牙人兜攬，拘截在店，入水拌和，增抬價值，用小升斗出糶，贏落厚利。」《雙溪類稿》卷二一〈上趙帥〉：「蓋臨江軍為牙儈者，例皆貧民，雖有百斛求售，亦無錢本可以收蓄，每日止是鄉落細民，步擔入市，坐于牙儈之門，而市之細民大概攜錢分糴升斗而去。」

45《古今考續考》卷十八〈附論班固計井田百畝歲出歲入條〉載秀州魏塘農村的情形：「予凡見佃尸攜米或一斗，或五七三四升，至其肆，易香燭、紙馬、油、鹽、醬、醯、漿粉、麩麵、椒、薑、藥餌之屬不一，皆以

綜上所述，可知南宋市場所需求的農產品，其供給來源包括地主所累積的租課，以農家為應付各種需要而出售的農產品。地主和農家的出售農產品於市場，其情形顯然有很多不同。第一，地主所出售的農產品，為其自家消費的剩餘；而農家每戶平均經營的耕地既小，[46]其所出售的農產品，自非消費的剩餘，反因賦稅、借貸折價過高而市場糶價過低受損失，必須節約消費。第二，市價是決定地主如何出售其租米的指標，常將租米運至價最高處出售；而農民為了清償地租、賦稅及債務，無論何種價格，都必須忍痛出售其農產品，其動機與市場利潤無關。無論如何，由於有大量的農產品供給市場，南宋時期日增的城市和市鎮人口，以及糧食不足地區的農民，才能解決糧食的問題。

第三節　南宋農產價格的變動

農產價格的變動，是農產市場對南宋地主和農家產生不同影響的主要因素。地主因財力有餘，能夠利用時機，於米價低廉時囤積米穀，運至價高處出售，或至米價上漲時才售出；而農家則家計困窘，於米價低廉時迫於各種需要而出售米穀，至米價高漲時又因糧食不繼而向市場購買。於是在米價漲落之間，地主常可賺取利益，而農家則易蒙受損失。

對南宋農產價格的變動，可以分別從兩方面來觀察，一是南宋一百五十年間的長期變動趨勢，一是季節和豐歉變動，本文所要討論的主要是後者。但農產價格受季節和豐歉影響而生的差異，必須就不同的物價時期來比較，因此對前者也略作說明。茲先列舉南宋時期的食米價格，以見上述兩種變動的狀況。由於江、浙地區的米價資料較為豐富，足以同時反映米價長期變動趨勢以及季節和豐歉變動的情形，所以僅列舉江、浙地區的米價如表十七。

表十七　南宋江、浙米價

平時價格					饑荒價格				
地區	時間	價格（文／升）	資料來源	備考	地區	時間	價格（文／升）	資料來源	備考
平江府	建炎四年（一一三〇）	五〇	王明清《揮麈後錄》卷十	市價					

米準之，整日得數十石，每一百石，舟運至杭、至秀、至南潯、至姑蘇，糴錢復買物歸售。」

46 參見第二章第二節。

平時價格					饑荒價格				
地區	時間	價格（文／升）	資料來源	備考	地區	時間	價格（文／升）	資料來源	備考
					浙西	紹興元年（一一三一）	一二〇	《會要》〈食貨四十・市糴糧草篇〉	市價，以下饑荒價格均同
浙西	紹興元年七月	六〇	《會要》〈食貨四十・市糴糧草篇〉	市價					
					兩浙	紹興二年（一一三二）春	一〇〇	《宋史》卷六七〈五行志〉	
建康府	紹興二年十月	三〇	《要錄》卷五九	市價					
					兩浙	紹興五年（一一三五）四月	七〇	《要錄》卷八八	

平時價格					饑荒價格				
地區	時間	價格（文／升）	資料來源	備考	地區	時間	價格（文／升）	資料來源	備考
					臨安府	紹興五年	一〇〇	董煟《救荒活民書》卷二	
					饒州	紹興五年	一〇〇	《盤洲文集》卷七六〈徐府君墓誌銘〉	
江西	紹興五年	四四	張嵲《紫微集》卷二四〈論和糴〉	一、和糴價，二、年代據任官時間推定					
					婺州	紹興六年（一一三六）	一〇〇	《東萊集》卷七〈朝散潘公墓誌銘〉	

平時價格					饑荒價格				
地區	時間	價格（文／升）	資料來源	備考	地區	時間	價格（文／升）	資料來源	備考
					吉州	紹興六年	一〇〇	王庭珪《盧溪文集》卷四六〈故保義郎劉君墓誌銘〉	
					江西	紹興六年	一三四	李綱《梁谿先生文集》卷八八〈論賑濟箚子〉	年代據任官時間推定
江西	紹興六年	四〇—五〇	《梁谿先生文集》卷八八〈論賑濟箚子〉	一、市價，二、年代據任官時間推定					

平時價格・地區	平時價格・時間	平時價格・價格（文／升）	平時價格・資料來源	平時價格・備考	饑荒價格・地區	饑荒價格・時間	饑荒價格・價格（文／升）	饑荒價格・資料來源	饑荒價格・備考
					蕪湖	紹興七年（一一三七）	一〇〇	陳長方《唯室集》卷一〈上殿箚子〉	
浙西	紹興八年（一一三八）九月	三〇	《會要》〈食貨四十・市糴糧草篇〉	市價					
					江東西、浙東	紹興九年（一一三九）	一〇〇	《宋史》卷六七〈五行志〉	
江浙	紹興十四年（一一四四）	四〇	《文忠集》卷五〈吳康肅公芾湖山集並奏議序〉	市價					

平時價格 地區	平時價格 時間	平時價格 價格（文／升）	平時價格 資料來源	平時價格 備考	饑荒價格 地區	饑荒價格 時間	饑荒價格 價格（文／升）	饑荒價格 資料來源	饑荒價格 備考
臨安府	紹興二十六（一一五六）	二〇	《要錄卷一七二》	市價					
鎮江府	隆興二年（一一六四）九月	二五	《會要》〈食貨六八·賑貸篇〉						
					臨安府、浙西	乾道三年（一一六七）	五〇	《會要》〈食貨六八·賑貸篇〉	
臨安府、浙西	乾道三年	一二—一三	《會要》〈食貨六八·賑貸篇〉	市價					

平時價格					饑荒價格				
地區	時間	價格（文／升）	資料來源	備考	地區	時間	價格（文／升）	資料來源	備考
					溫州	乾道六年（一一七〇）	六〇—七〇	《止齋先生文集》卷四九〈徐武叔墓誌銘〉	
江、浙、隆興府	乾道七年（一一七一）	一五—二三	《會要》〈食貨六八·賑貸篇〉	賑糶價及市價					
江西	乾道八年（一一七二）	一四	《會要》〈食貨四十·市糴糧草篇〉	市價					
南康軍	淳熙六年（一一七九）	一二—一七	《朱文公文集》別集卷九〈論上戶承受賑糶米數目〉	一、賑糶價，二、年代據任官時間推定					

平時價格					饑荒價格				
地區	時間	價格（文／升）	資料來源	備考	地區	時間	價格（文／升）	資料來源	備考
					衢州	淳熙九年（一一八二）	七〇	《朱文公文集》卷十七奏〈衢州官吏擅支常平義倉米〉	年代據任官時間推定
					衢州	淳熙九年	四〇	《朱文公文集》卷二一〈申知江山縣王執中不職狀〉	年代據任官時間推定
兩浙	淳熙（一一七四—一一八九）	一五—一六	《定齋集》卷四〈乞平糴箚子〉	一、市價，二、年代據任官時間推定					

平時價格 地區	平時價格 時間	平時價格 價格（文／升）	平時價格 資料來源	平時價格 備考	饑荒價格 地區	饑荒價格 時間	饑荒價格 價格（文／升）	饑荒價格 資料來源	饑荒價格 備考
					常州、鎮江府	紹熙五年（一一九四）	四〇	《止堂集》卷五〈論淮浙旱潦乞通米商仍免總領司糴買狀〉	
蘇、秀、常、潤州	紹熙（一一九〇—一一九四）	二五—二六	《定齋集》卷五〈論時事劄子〉	一、市價，二、年代據奏疏內容推定					
臨安府	紹熙	二〇—二三	《定齋集》卷六〈乞賑濟劄子〉	一、市價及賑糶價，二、年代據奏疏內容推定					

平時價格					饑荒價格				
地區	時間	價格（文／升）	資料來源	備考	地區	時間	價格（文／升）	資料來源	備考
					臨安府	慶元元年（一一九五）	一〇〇	《誠齋集》卷一二四〈余端禮墓誌銘〉	
					臨安府	嘉定元年（一二〇八）	一〇〇	《會要》〈食貨六八・賑貸篇〉	
					江東	嘉定八年（一二一五）	一〇〇	《真文忠公文集》卷六〈奏乞分州措置荒政等事〉	
					廣德軍	嘉定九年（一二一六）	四〇〇	《真文忠公文集》卷七〈申尚書省乞再撥廣德軍賑濟米第四狀〉	

平時價格					饑荒價格				
地區	時間	價格（文／升）	資料來源	備考	地區	時間	價格（文／升）	資料來源	備考
廣德軍	嘉定九年	一八—二四	《真文忠公文集》卷七〈申尚書省乞再撥廣德軍賑濟米第四狀〉	賑糴價					
					臨安府	嘉定（一二〇八—一二二四）	一〇〇	《絜齋集》卷一〈輪對人君宜達民隱劄子〉	年代據任官時間推定
寧國府	紹定（一二二八—一二三三）	九〇	吳泳《鶴林集》卷三九〈寧國府勸農文〉	一、市價，二、年代據任官時間推定					

平時價格 地區	時間	價格（文／升）	資料來源	備考	饑荒價格 地區	時間	價格（文／升）	資料來源	備考
溫州	端平（一二三四—一二三六）	四〇	《鶴林集》卷二〈與馬光祖互奏狀〉	一、市價，二、年代據任官時間推定					
湖州	嘉熙三年（一二三九）	二〇〇	謝采伯《密齋筆記》卷五	市價					
					臨安府	嘉熙四年（一二四〇）	一〇〇〇	《清獻集》卷十〈八月已見箚子〉	
					江東	嘉熙四年	六〇〇—一〇〇〇	徐鹿卿《徐清正公存稿》卷一〈奏乞科撥羅本賑濟饑民狀〉	

平時價格					饑荒價格				
地區	時間	價格（文／升）	資料來源	備考	地區	時間	價格（文／升）	資料來源	備考
湖州	淳祐七年（一二四七）	二九五	《數學九章》卷六上〈錢穀・課糴條〉	一、和糴價，二、年代據著述時間推定					
平江府	淳祐七年	三五〇	《數學九章》卷六上〈錢穀・課糴條〉	一、和糴價，二、年代據著述時間推定					
吉州	淳祐七年	二五八	《數學九章》卷六上〈錢穀・課糴條〉	一、和糴價，二、年代據著述時間推定					
隆興府	淳祐七年	二八一	《數學九章》卷六上〈錢穀・課糴條〉	一、和糴價，二、年代據著述時間推定					

平時價格 地區	時間	價格（文／升）	資料來源	備考	饑荒價格 地區	時間	價格（文／升）	資料來源	備考
建康府	淳祐十一年（一二五一）	三六〇	景定《建康志》卷二八〈儒學志立義莊條〉	貨幣地租折價					
					臨安府	淳祐（一二四一—一二五二）	李曾伯《可齋雜稿》卷十七〈除淮閫內引奏劄〉	年代據任官時間推定	
慶元府	開慶元年（一二五九）	四八〇—五〇〇	開慶《四明續志》卷四〈廣惠院田租總數條〉	一、貨幣地租折價，二、年代據著述時間推定					

按：各地使用的斛斗大小可能會有不同。[47]

47《數學九章》卷六上〈錢穀・課糴條〉：「問：差人五路和糴，據浙西平江府石價三十五貫文，一百三十五合……；安吉州石價二十九貫五百文，一百一十合……；江西隆興府石價二十八貫一百文，一百一十五合……；吉州石價二十五貫八百五十文，一百二十合……；湖南潭州石價二十七貫三百文，一百一十八合……。」可知各地使用的斛斗大小有所不同。

南宋江浙米價變動趨勢圖
米價：文／升

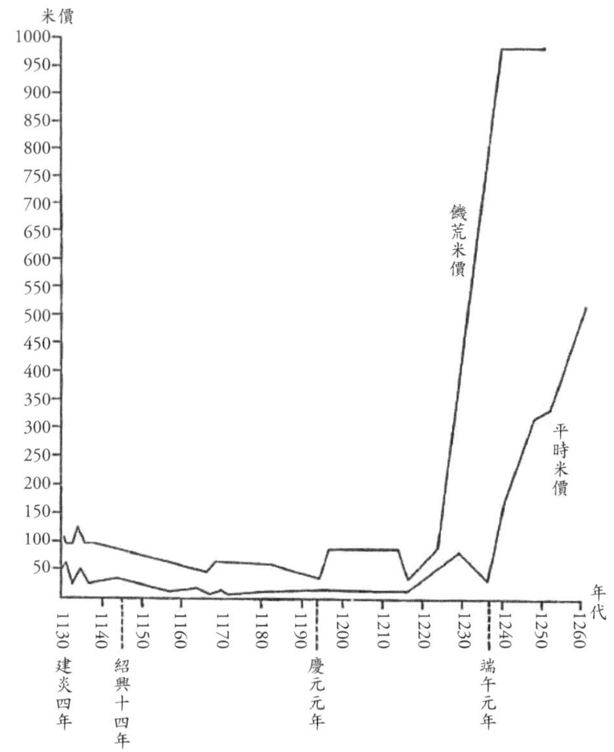

上表資料雖仍未十分完備，但已足以顯示南宋江、浙地區米價的大概情形。比較左右各欄，即可明瞭米價長期變動的趨勢；比較上下兩欄，即可明瞭米價的季節和豐歉變動情形。南宋其他各地的米價，除四川和兩廣外，當與江、浙地區相差不遠，以平時價格而言，紹興二十六年（一一五六）淮南每升十二、三文，紹興二十七年（一一五七）福建每升二十餘文，乾道七年（一一七一）湖南每升十四文，淳熙（一一七四—一一八九）間湖北江陵府每升自十六文至二十三文，[48]均與江、浙同一時期內米價相似。兩廣米價似較江、浙地區低，孝宗時期（一一六三—一一八九）廣西米價上熟時每升三文，中下熟時亦不過每升五、六文。[49]又紹興六年（一一三六）四川饑荒米價每升自二百文至四百文，乾道五年（一一六九）成都府平時米價每升為三十五文，[50]但四川行使鐵錢，不便於與行使銅錢的其他地區比較。無論各地米價同異如何，南宋全國米價的長期變動趨勢應大略一致，豐歉、季節變動的範圍則因時因地而不同。

首先說明南宋米價長期變動的趨勢。據表十七及南宋江浙米價變動趨勢圖，可以將南宋米價的長期變動分為四個時期，第一個時期自建炎（一一二七—一一三〇）初至紹興（一一三一—一一六二）中葉，正值南宋抗金戰爭，國勢尚未十分穩定，米價比起北宋末年可說是高漲，[51]江浙地區的平時米價每升自三十文至六十文，饑荒米價則自七十文至一百三十餘文。第二個時期自紹興末至慶元（一一九五—一二〇〇）以前，南宋國勢穩定，米價較第一期顯著下跌，江浙地區平時米價每升自十二文至二十餘文，饑荒米價則在四十文至七十文之間。第三個時期自慶元至端平（一二三四—一二三六），由於南宋內部發生政爭，再加以宋金之間斷續的戰爭，南宋國勢又開始呈現不穩，米價再度上漲。在此時期之初，江浙的平時米價還能保持在第二期的水準，但饑荒米價已漲至每升一百文，達到第一期的程度，在後半期則平時米價也上漲到四十文至八十文，略微超過第一期的平時米價。第四個時期自嘉熙（一二三八—一二四

48《會要》〈食貨六二．義倉篇〉紹興二十六年（一一五六）八月十四日條：「宰執進呈淮南漕司開具本路諸州縣米價，其間是賤處每斗不下一百二、三十文。」同上〈食貨七十．賦稅雜錄〉紹興二十八年（一一五八）正月二十九日條：「上曰：『閩中米價每斗幾錢？』陳誠之奏曰：『去年豐熟，糙米只是三百以下錢。』」同上〈食貨四十．市糴糧草篇〉乾道七年（一一七一）十二月十三日中書門下省言：「……訪聞江西、湖南及黃州、漢陽軍等處，今歲豐稔，米價每石不過一貫四百文。」同上〈食貨四一．市糴糧草篇〉淳熙十二年（一一八五）正月二十八日條載知江陵府趙雄言：「……淳熙五年（一一七八）米每升一十九文，淳熙九年（一一八一）米每升二十三文，……今秋早曉稻收成，……每石價錢不等，自一貫六百文至二貫五十文。」

49《歷代名臣奏議》卷二七一載廣西提點刑獄林光朝〈泰廣南兩路鹽事利害狀〉：「如梧、藤、柳、象去處，粒米狼戾，歲上熟，米斗三十錢，中熟、下熟以是為差，大率不過五六十錢。」

50《會要》〈食貨六三．蠲放篇〉紹興六年（一一三六）三月二十五日成都潼川府夔州利州路安撫制置大使兼知成都府席益言：「去秋西川水潦，東川旱暵，即今粒食昂貴，斗米錢兩貫，利路近邊去處又增一倍。」同上〈食貨六八．賑貸篇〉乾道五年（一一六九）十二月二十四日成都府潼川夔州利州路安撫使兼知成都軍府晁公武言：「仍以廣惠倉為名，每斗減價作三百五十文省，專充賑糶。」

51 北宋米價見全漢昇，〈北宋物價的變動〉。

〇）至宋亡，面對蒙古人的入侵，南宋逐漸崩潰，這時期米價可說是飛漲，江浙地區的平時米價每升自二百文至五百文，饑荒米價則自六百文至一千文。

影響南宋米價長期變動的因素，除前述人口的增加率超過耕地的增加率之外，[52] 還有南宋的對外戰爭或和平。戰爭時期，糧食的需要增大，而供給則因生產受破壞而減少，所以米價上漲；和平時期供需關係正好相反，所以米價下跌。至於嘉定（一二〇八－一二二四）以後米價的上漲，則又和南宋政府為籌措戰費而濫發紙幣，以致造成通貨膨脹有關。嘉熙（一二三八－一二四〇）以後通貨膨脹的情形日益嚴重，南宋政府對幣值已完全無力控制，米價因此有飛漲的情形。[53]

其次說明南宋米價季節和豐歉變動的情形。無論米價的長期變動趨勢如何，每一物價時期內秋成和春夏時的米價，或豐收和歉收時的米價，都會有一明顯的差距。據表十七，以南宋米價各時期中平時價格的最低價和饑荒價格的最高價相比較，第一期最低價為三十文，最高價為一百三十四文，差距為一百零四文；第二期最低價為十二文，最高價為七十文，差距為五十八文，第三期最低價為十八文，最高價為一百文，差距為八十二文，第四期最低價為二百文，最高價為一千文，差距為八百文，饑荒價格均比平時價格高出甚多。這種情形的發生，實由於秋成或豐收時米穀的供給量驟增而市場的需求量減少，以及春夏或歉收時米穀的供給量減少而市場的需求量驟增所致。由於南宋地主和農家的家計，都與市場經濟有密切的關係，所以米價的季節和豐歉變動，對農村經濟實有深刻的影響，茲說明於下。

秋成及豐收時米價的低落，使得農家的收入減少，而地主、商人則乘低價之時大量收購食米儲存。南宋農家每年收穫的糧食，並非全部儲存以供一年的食用，有相當多的部分必須出售於市場換取貨幣，用來繳納地租、賦稅，償還欠債，以及購買生活必需品。《象山先生全集》卷八〈與陳教授〉：

今農民皆貧，當收穫時，多不復能藏，亟須糶易以給他用，以解逋責。

即說明這種狀況。由於眾多的農民在同一時間出售糧食，市場的供給量因而驟增，市場的需求量則因農家、地主均有新穀食用而減少，米價不得不賤。《定齋集》卷四〈乞平糴劄子〉：

粵自去歲江、浙大稔，斗米之直百五六十錢，今浙西雨暘時若，高下之田皆有豐登

52 參見第二章第二節。
53 參見全漢昇，〈南宋初年物價的大變動〉（收入《中國經濟史論叢》第一冊）；〈宋末的通貨膨脹及其對於物價的影響〉。

之望，新穀既升，其直愈賤，老農咸謂數十年來所未嘗有。……田家作苦，十得一稔，欲以輸租償債，今也負擔適市，人莫之顧，不得已而委之，僅得千錢而去，一歲之入，不足以紓目前之急，何暇為後日計，所以粒米狼戾，而不免于凍餓也。

《江湖長翁集》卷二十〈常平劄子〉：

且淮地米麥之外，他無所產，向來豐歲，米麥價賤，農傷已甚。

《方是閒居士小稿》上卷〈夏雨歎〉：

今年六月歲幸豐，十日一雨五日風。市積粟米價不長，有穀無錢人更窮。

都說明豐收時，大量糧食湧向市場銷售，糧價因而下跌，農家出售米穀所得無幾，難以改善生活。而在此糧價低平時，地主、商人即運用其雄厚的財力，大量收糴，囤積以待糧價高漲，再出售於市場獲取厚利。《會要》〈食貨六二．義倉篇〉紹興二十八年（一一五八）九月十一日權兩浙路計度轉運使湯沂言：

諸路州縣，每歲秋稔，穀不勝賤，暨交春夏，米必騰貴，蓋緣秋成之時，所在不曾措置糴買，兼併之家乘賤收積，以幸春夏邀求厚利。

李之彥《東谷隨筆》〈謀利條〉：

最是不仁之甚者，糴糶一節，聚錢運本，乘粒米狼戾之時，賤價以糴；翹首企足，俟青黃不接之時，貴價以糶。其糴也，多方折挫以取盈，其糶也，雜糠粃而虧斛斗。

均說明富家於秋成米賤時以低價收購米穀，希圖至春夏米貴時再以高價售出，從米價季節變動的差距中，賺取厚利。農家由於缺乏現錢而又急需現錢，無力對抗市場價格的變動，只有忍受富家對市場的操縱。

春夏及歉收時米價的上漲，其影響同樣的不利於農家而利於地主。囤積糧食的富家，等待至米價高漲時，才肯出售，以圖厚利；而缺乏糧食的農家，卻因必須以高價羅米而支出大增，甚或由於米價過高而無錢可糴。農家每年收穫的糧食，無法維持一年的食用，至次年春夏多無糧可食，必須向市場購買，市場的需求量因而大增。若遇水旱災荒，生產為之銳減，農家仰糴於市場的情形自更嚴重。此時囤積大量糧食的富家，為求賺取更多的利益，或將糧食運往外地銷售，或乘農民急須糴米而閉廩索價，市場的供給量因而減少，米價於是不得不貴。范浚《范香溪文集》卷十五〈議錢〉：

> 且穀所儲積，皆豪民大家，乘時徼利，閉廩索價，價脫不高，廩終不發，則穀不得不甚貴。

《雙溪類稿》卷二一〈上趙丞相〉：

> 大家溫戶藏粟既多，必待凶歉而後糴，其所求者，亦利也。

《會要》〈食貨六八．賑貸篇〉隆興元年（一一六三）十月二十一日知紹興府吳芾言：

> 本府今年災傷異常，豪右之家，閉廩索價。

同上紹熙五年（一一九四）十月十二日中書門下省言：

兩浙州縣，米價湧貴，小民艱糴，其巨家富室，積米至多，方且乘時射利，閉糴邀價。

《夷堅志補》卷三〈閻丘十五條〉：

黃州村民閻丘十五者，富於田畝，多積米穀，每幸凶年，即閉廩索價，細民苦之。

《勉齋集》卷二七〈申江西提刑辭差兼節幹〉：

去歲旱歉，僅得半收。承積年饑饉之餘，無終歲倉箱之積。富商巨室，樂于興販，利于高價，多方禁遏，人免艱食。忽聞其將有遠行，鄉落米價為之頓增。

均說明富家儲積糧食，目的在賺取厚利，必俟凶荒饑歉，抬高價格，才肯出糶。而當外地米價高於本鄉時，更不顧本鄉農民乏糧的困苦，將穀米運至外地銷售。地方官對抗富家閉糴的方法之一，是招徠外地米商，以增加市場的食米供給量，使米價下跌。但外地運來的食米，有時會被富家盡數收購藏匿，反而收到相反的效果。[54]富家平時流通市場所需的食米，雖然有所貢獻，但其重視利益過於一切的態度，實為促成春夏季節及災歉時期米價不斷高漲的重要原因。

南宋地主於農家缺乏糧食時閉廩索價的情形，可再用咸淳七年（一二七一）撫州饑荒的事實加以說明。咸淳六年（一二七〇）撫州發生旱災，饑荒延續至次年春夏。黃震自紹興府奉調往知撫州，從事救災的工作。自三月二十八日尚在履任途中起，至六月底止，連續發布公文勸諭撫州富家發廩賑糶。從這些公文中，可以窺知富家的態度。黃震在三月二十八日所發出的第一件公劄中，表示「決不敢從事一切抑價、勸分、置場、拘數」等強制手段（《黃氏日抄》卷七八〈咸淳七年三月二十八日中途先發上戶勸糶公劄〉），希望富家自動賑糶。而當時的實況，據同上〈四月初一日中途預發勸糶榜〉：

> 糴價浸湧，貴官大室固多出糶，乃聞有利在增價，密售客販，反不恤鄰人之告急者；又有尚欲待價，未肯出糶，忍不思取數之已多者。

可知當時米價正在上漲，部分富家已乘價高時出糶取利，部分富家則尚嫌不足，或將米穀售予外地商人，或閉廩不發，冀圖能獲得更高的價格。黃震在途中，仍然一路聽聞「閉糴自若，米價日增。」（同上〈四月初十日入撫州界再發曉諭貧富升降榜〉）可知他所發的勸糴公箚沒有收到效果。黃震到達撫州，即約見上戶面諭，表示「米價低昂，今權在富室也」。（同上〈四月十三日到州請上戶後再諭上戶榜〉）一語道破了米價高漲的原因。隨後才繼續以不抑價勸諭富家，並約定「十日之內不糶者，輕則差官發廩，重則估籍黜配。」（同上〈四月十四日再曉諭發誓榜〉）由於樂安縣位置偏僻，聯絡不易，又特別禮請當地名士分鄉提督勸糴，而不以官司督促[55]。施行這許多措施之後，富家仍有閉廩不發或略作敷衍的情形，至四月二十五日，黃震不得已派遣臨川知縣周滂出郊發廩。《黃氏日抄》卷七八〈四月二十五日委臨川周知縣滂出郊發廩榜〉：

南塘饒宅，位眾米多，向來不早糶，論訴者不一。當職到任之初，欲先以禮勸，未敢輕易遽見施行。今當職到已過十日，開諭再三，明言十日內不糶，輕者發廩，重者

54《朱文公文集》「別集」卷九〈禁豪戶不許畫行收糴〉：「照對本軍管下今歲旱傷，訪聞目今外郡客人與販米穀到星子、都昌、建昌縣管下諸處口岸出糶，多是豪強上戶拘占，盡數收糴，以待來年穀價騰踴之時，倚收厚利，更不容細民收糴，事屬未便。」

55《黃氏日抄》卷七十八〈四月十九日勸樂安縣稅戶發糶榜〉：「今來不以公移勸分，而禮請名士宋節幹等十員分鄉提督勸糴；不以官司督促，而以本心之所同然者往來於文書之間。」

估籍矣。饒宅乃方抄劄所居七十七都人戶，而延壽之七十六都、七十八都，長壽鄉之七十三都，皆是饒宅寄產去處，到處人煙皆是饒宅佃戶，又忍於置之不恤。

同上〈委周知縣發廩第二榜〉：

南塘饒宅，米多糶少，又不卹寄產之鄰都，坐視租佃之飢餓，已請委知縣躬親發廩矣。昨本縣申到陳孟八官、楊茂五官、陳茂三官三家不糶，本縣除已差巡檢躬親前去封倉外，今併請知縣就路，與開倉平糶。兼訪聞長壽鄉六十三都，地名源頭、焦陂，陳孟八官人米穀在門首之左右；廣西鄉六十九都，地名竹山口，張曾十翁米穀在舊屋，其男張紹一郎米穀在閔源新屋；廣東鄉七十一都，地名上嵩，余靖一官人男及同鄉余七三官人各有米在本宅；廣西鄉五十六都，地名楓塘，楊茂五官人亦各有米在本宅，皆未肯糶。數內張曾十翁至為人鏤榜咒罵「落地獄擔鐵枷」，可想民怨矣。

可知饒、陳、楊、張、余諸富家，雖在不抑米價的保證下，仍然不肯開倉糶米，他們顯然是希望米價繼續升高。在強行發廩之後，富家才陸續賑糶。而樂安縣由於以地方名士提督勸糶，而非以官司督促，至五月下旬，仍有周、康兩富家不肯糶米，黃震派遣樂安縣丞前往發糶未成，[56]至六月二十日，再派遣樂安知縣施亨祖前往發廩。《黃氏日抄》卷七八〈六月二十日委樂安施知縣發糶周宅康宅米〉：

本州飢民已荷上寓富室次第發糶，小民賴以全活，今新稻亦將熟矣，獨樂安縣康十六官人、周九十官人兩宅米最多而獨不糶，其鄰甲火佃者多餓死，就兩宅中，又獨周宅為尤不可勸。……今青黃不接，民命死活只在此數日間，帖請樂安施知縣痛省騶從，單車躬親前去周九十官人藏米處坪上莊、凹背莊、竹圍裡莊、上巴莊、東坑莊、陳城渡黃細乙家莊、饒辰家莊、南埭莊、焦坑莊、丁陂莊、康材莊等處，根括斛米，疾速應糶。

56《黃氏日抄》卷七八〈五月二十五日委樂安縣梁縣丞發糶周宅、康宅米〉：「樂安荒政，賴局官、提督官盡心，已見端緒，數內愧仁周九十官人、龍義康十六官人尚未從勸。」同上〈六月二十日委樂安施知縣亨祖登糶周宅、康宅米〉：「就兩宅中，又獨周宅為尤不可勸，勸糶提督黃省元代之哀痛，至誓天素食兩月，而周宅不恤也，至反申縣誣其搔擾，本州遂差本縣清官梁縣丞前去監糶，今又訪聞縣丞極廉，而兩耳目之聰明一旦無以勝吏卒之奸，縣丞初欲先到周宅，其見已定，廳司乃硬押轎番，先至康家，遂致周官人先期搬藏米穀，欲以空倉虛歷欺瞞縣丞，稱為已糶。」

可知周、康兩富家，藏米最多，而對鄰近農民餓死竟無動於衷，不肯發糶。這種情形，自然使得高昂的米價難以下跌。撫州米價一直漲至六月底，才「早禾已熟，米價頓平」。（同上〈六月三十日在城粥飯局結局榜〉）而富家已因這段期間米貴而大選其利。

農家在米價日漲的情形下，家計深受影響。由於仰糴而食，支出為之大增，甚或無錢可糴，陷入負債的深淵，及至無力承擔這項壓力，強者起而劫糧，弱者流離餓死，造成農村的不安。《魯齋集》卷七〈社倉利害書〉：

> 農人以終歲服勤之勞，於逋負擬償之時，則穀賤而倍費；及其不憚經營之艱苦，糴於青黃未接之時，則穀貴而倍費。是穀貴穀賤，俱為民病也。

說明農家因春夏季節米貴而支出倍增。《朱文公文集》卷七七〈建寧府崇安縣五夫社倉記〉：

> 山谷細民，無蓋藏之積，新陳未接，雖樂歲不免出倍稱之息，貸食豪右。

說明農家於春夏季節無錢糴米，向富家借貸以維持生活。由於借貸利率過高，很容易使農家陷於長期負債的困境而不能自拔。[57]若遇災荒，富家閉糴，米價愈貴，農家無力糴米，而富戶又因米貴而不肯借貸，[58]農民為了生存，於是常有劫糧的事件發生。《勉齋集》卷十八〈社倉利病書〉：

大家寡恩而嗇施，米以五六升為斗，每斗不過五六十錢，其或旱及踰月，增至百金。大家必閉倉以俟高價，小民亦群起殺人以取其禾，閭里為之震駭。

《水心先生文集》卷二六〈趙不息行狀〉：

雙流米氏吝糶，邑民聚而發其廩。

《後村先生大全集》卷一四五〈龍學余尚書神道碑〉：

57 參見第三章第二節。

58 劉應李，《新編事文類聚翰墨大全》卷十八〈職官門．文類．書篇〉載呂祖謙，〈與林宰書〉：「細民艱食，而富者閉糴愈甚，常歲貧民惟藉富家貸米，一石歲以五分息償之，今以米直之高，人遂不貸。」

安仁、浦陽富室閉糴，有嘯聚強糴者。

可知農民劫糧，實由於富家閉廩邀價所致。安分守己的農民，不敢從事劫糧，只有典賣田地或販鬻妻兒以維持生存，甚或掘食草根，流離餓死。《夷堅丁志》卷十一〈豐城孝婦條〉：

乾道三年（一一六七），江西大水，瀕江之民多就食他處，豐城有農父挈母、妻并二子，欲往臨川，道間過小溪，夫密告妻曰：「方穀貴艱食，吾家五口，難以偕生。」

《勉齋集》卷三十〈申京湖制置司辨糴米狀〉載漢陽軍饑荒的情形：

本軍兩縣鄉村共二萬戶，且以一家五口計之，共十萬口，自今並無一粒之米可以準備糴濟，數日以來，已聞有掘草根而食，挈妻子以博米麥矣。

《黃氏日抄》卷七八咸淳七年（一二七一）〈中秋勸種麥文〉載撫州饑荒的情形：

餓死者無數，其幸而不死者，亦曾忍飢吞餓，或典賣田地，或生錢做債，或乞歷告糴，皆是寒寒冷冷，拖兒帶子，奔走道路，立在稅家門口，含淚哀告，喫盡萬千苦惱，方纔救得殘命。

均說盡農家在饑荒時無錢糴米的慘狀。造成農村這些不安現象的因素自然很複雜，但富家有米而不肯減價出糶，無疑要負重要的責任。

因此，無論米賤或米貴，富家都蒙受其利，而農家則都蒙受其弊。南宋農家從事稻米生產，基本上並非為供給市場而生產，而是以維持自家生計為目的，但由於各種因素的作用，使得農村經濟不能不與市場發生密切的關係，農產價格變動在農村所生的影響，即是這種關係的最佳說明。

第五章

南宋農村的經濟協調

第一節　南宋農村的均賦與均役

從戶口的社會結構、土地分配、勞力運用、資本融通以及農產價格變動各方面觀察，都可以看出南宋農村的財富集中在少數富戶的手中，而大多數農家則生活困苦。這種貧富不均的現象，無疑會導致貧富的衝突和農村的不安。為了使農村穩定，南宋政府和民間作了許多努力，以阻止貧富差距的擴大。均賦和均役，即是這些努力之一，目的在革除農村賦役負擔不均的現象，使貧富各按其經濟能力來盡其對國家的義務。均平賦役的措施，包括經界、推排和義役，[1]茲分述於下。

一、經界與推排

經界與推排，均為對地籍的清理，經界必須清丈造圖，推排則僅按圖覈實，較為簡易。經界法的施行，目的在均平賦稅的負擔。土地面積是宋代的主要稅率標準，[2]因此徵收賦稅必須有正確的地籍為依據，缺少地籍或地籍不正，均易造成賦稅的不均。為求均平賦稅而丈量土地，自北宋以來已經多次施行，王安石執政時曾頒行於全國，稱為方田均稅法。南宋的經界法，名稱雖有所不同，但其精神則沿襲北宋方田均稅法而來，以均稅為目的。《會要》〈食貨六．經界篇〉紹興十二年（一一四二）十一月五日兩浙轉運副使李椿年言：

臣聞孟子曰：「仁政必自經界始。」井田之法壞而兼併之弊生，其來遠矣。況兵火之後，文籍散亡，戶口租稅雖版曹尚無所稽考，況於州縣乎？豪民猾吏因緣為姦，機巧多端，情偽萬狀，以有為無，以強吞弱，有田者未必有稅，有稅者未必有田，富者日以兼併，貧者日以困弱，皆由經界之不正耳。

這是經界法的倡議者李椿年的議論，說明由於富家兼併、兵火焚毀及胥吏舞弊等因素，使得地籍不正，賦稅負擔亦由此而不均，貧富差距因而日益增大，李椿年倡行經界法，目的自然就在解決這些問題。又莊仲方編《南宋文範》「外篇」卷二汪應元〈論經界〉：

夫版籍不正，經界不均，貧民無常產而有常稅，公家失常賦而有重征，公私之害，

1 關於經界和義役，已有曾我部靜雄，〈南宋的土地經界法〉（收入曾我部靜雄，《宋代政經史の研究》）；周藤吉之，〈南宋における義役の設立とその運營〉（收入周藤吉之，《宋代史研究》）；王德毅，〈李椿年與南宋土地經界〉（載《食貨月刊》復刊卷二第五期），〈南宋義役考〉（收入王德毅，《宋史研究論集》）。但仍有可進一步發揮之處。

2 參見劉道元，《兩宋田賦制度》，頁五五—五六；趙雅書，《宋代的田賦制度與田賦收入狀況》，頁一二〇—一二一。

甚可哀痛，國家所以經界者，固欲其賦役之平，貧富之均也。

這是南宋晚期臣僚的議論，更直接說明南宋政府所以施行經界法，目的就在使貧富各按其經濟能力來負擔賦稅。經界法的目的，實與富家在農村中的利益相衝突，但從另一個角度看，李椿年和此後倣行經界的官員，均屬於農村中最富有的官戶階層。而據朱熹說：「李椿年行經界，先從他家田上量起。」（《朱子語類》卷一三二〈本朝中興至今日人物〉）完全是站在全民的立場，不為本身的利益計較。因此，經界法的施行，又代表了部分自覺的農村富家，在政府中推動均賦政策來促進貧富協調。

南宋經界法的施行，可以分為兩個時期。第一個時期自高宗紹興十二年（一一四二）至十九年（一一四九），由於李椿年的建議而頒行全國；第二個時期是寧宗、理宗時期，各地的地方官作區域性的推行。紹興十二年，李椿年首先建議施行經界法，為宋高宗所採納，至紹興十九年為止，除兩淮、京西、湖北路、福建漳、汀、泉州、廣南瓊州、萬安、昌化、吉陽軍、四川瀘、敘、渠、果州、長寧、廣安軍外，南宋全國名地均普遍施行。[3]施行經過與內容，《朝野雜記》甲集卷五〈經界法條〉有簡要的敘述：

經界法，李椿年仲永所建也。紹興十二年，仲永為兩浙轉運副使，上言經界不正十害：「一、侵耕失稅，二、推割不行，三、衙前及坊場戶虛換抵當，四、鄉司走弄稅名，五、詭名寄產，六、兵火後稅籍不信，爭訟不息，七、倚閣不實，八、州縣隱賦多，公私俱困，九、豪猾戶自陳稅籍不實，十、逃田賦偏重，故稅不行。」十一月癸巳，疏奏，上納其言。仲永又言：「平江歲入昔七十萬斛有奇，今實入才二十萬耳，詢之土人，其餘皆欺隱也，請考按覈實，自平江始，然後推之天下。」因上經界畫一，其法令民以所有田，各置砧基簿，圖田之形狀及其畝目、四至、土地所宜，永為照應。即田不入簿者，雖有契據可執，並拘入官。諸縣各為砧基簿三，一留縣，一送漕，一送州。凡漕臣若守令交承，悉以相付。詔專委仲永措置，遂置局於平江。……十三年（一一四三）六月，詔頒其法於天下，仲永亦遷戶部侍郎。十五年（一一四五），仲永以憂去，命王承可（王鈇字承可）以戶部侍郎代之，承可請員外郎開封李朝正同措置，又請令民十家為甲自陳，不復圖畫打量，即有隱田，以給告者（原注：正月辛未）。承可罷，朝正權戶部侍郎（原注：十六年〔一一四六〕二月丙寅）。十

3 《文獻通考》卷五〈田賦考〉：「初，朝廷以淮東西、京西、湖北四路被邊，姑仍其舊；又漳、汀、泉三州未畢行；明年，詔瓊州、萬安、昌化、吉陽軍海外土產瘠薄，已免經界，其稅額悉如舊；又瀘南帥臣馮檝抗疏論不便，於是瀘、敘州、長寧軍並免，渠、果州、廣安軍既行亦復罷，自餘諸路州縣皆次第有成。」

七年（一一四七），仲永免喪，復故官，專一措置經界（原注：正月丁卯）。仲永復以結甲自陳為不便，令州縣造圖而遣官覈實，先成有賞，慢令有罰。十九年冬，經界畢。

可知李椿年所主持的經界法，主要內容為丈量土地、繪圖置簿，分別儲存於轉運司及州、縣。李椿年一度因丁憂而去官，王鈇改其法為結甲自陳，其後李椿年免喪復官，仍然恢復清丈繪圖的方法。經界法的施行侵犯了富家的利益，難免受到富家的阻力，各地有施行中輟的情形，[4] 但在實施完畢的地區，確實收到均稅的效果。如《朱文公文集》卷四九〈答王子合書〉：

至如經界一事，……訖事之後，田稅均齊，里閭安靖，公私皆享其利。

同上卷一百〈曉示經界差甲頭榜〉：

今來經界乃是紹興年中已行之法。……結局之後，田土狹闊，產錢重輕，條理粲然，各有歸著，在民無業去產存之弊，在官無逃亡倚閣之欠，豪家大姓不容僥倖隱瞞，貧民下戶不至偏受苦楚，至今四五十年，人無智愚，皆知經界之為利，而不以為害。

《朝野雜記》甲集卷五〈經界法條〉：

諸路田稅由此始均。

均對經界法大加讚揚。可知在地籍正確之後，賦稅不均的情況有很大的改善。但由於勢家兼併、胥吏舞弊的情形不會因經界法的施行而消失，因此經界法也不可能將賦稅不均的情況完全革除。李椿年推行經界法既確實收到均賦的效果，遂為此後南宋地方官所倣行。福建漳、汀、泉三州在紹興年間未行經界，福建轉運判官王回於淳熙十四年（一一八七），知漳州朱熹於紹

4 《要錄》卷一七四紹興二十六年（一一五六）九月潼川府路轉運判官王之望應詔言：「蜀中經界，大抵稅增者願罷，稅減者願行，皆出一已之私，而形勢戶之不願者為多，蓋詭名挾戶，非下戶所為。蜀人之至東南者，皆士大夫，不然則公吏與富民爾，其貧乏之徒，固不能遠適，雖至峽外，亦無緣與士大夫接，故不願者之說獨聞，其願行者東南不得而知也。」又《宋史》卷一七三〈食貨志．農田篇〉載宋高宗言：「經界事李椿年主之，若推行就緒，不為不善，今諸路往往中輟。」

熙元年（一一九〇），先後請行，但都為勢家阻擾而罷。[5]至寧宗、理宗時期，由於紹興經界歷時已久，地籍發生混亂，賦役不均的情形愈見嚴重，於是又有區域性的經界法施行，如台州、婺州曾於嘉定（一二〇八—一二二四）年間推行，金谿縣曾於寶慶（一二二五—一二二七）年間施行，麗水縣、松陽縣、蘭谿縣曾於紹定（一二二八—一二三三）年間施行，常熟縣、華亭縣曾於端平（一二三四—一二三六）年間施行，信州、常州、饒州、嘉興府曾於淳祐（一二四一—一二五二）年間施行，寧國府曾於景定（一二六〇—一二六四）年間施行，永豐縣亦曾施行，但年代不詳，[6]對各地賦稅不均的情況均應有所改善。

5 不著撰人，《兩朝綱目備要》卷一紹熙元年（一一九〇）冬條：「初，紹興之經界也，漳、泉、汀三郡以何白旗作過之後，朝廷恐其重擾，止不行。然漳、泉富饒，未見其病，惟汀在深山窮谷中，兵火之餘，舊籍無存者，豪民漏稅，常賦十失五六，郡邑無以支吾，因有計口科鹽之事，一斤之鹽至出數斤之直，論者患之。淳熙十四年（一一八七）四月，福建轉運判官王回代還，入見，言其病不專在鹽，請先行經界，壽皇是其言，以回為戶部左曹郎官，往汀州措置，未至官，有武臣提刑言其不便，遂止之。是歲，朱熹守漳州，復以三州經界為請。熹初為同安簿，已知經界不行之害，及到任，會臣僚有奏請行于閩中者，詔監司條具剎害以聞，適與熹初意合，即加訪問講求，纖悉備至，以至方量算造之法，盡得其說，乃奏經界不行之利害一，經界詳略之利害一，又得其必可行之術三，將不得行之慮一。……是冬，得旨，本州先行經界，南方春旱，事已無及，熹益講究，冀嗣歲可行。而寓公豪右占田隱稅，侵魚貧弱者，皆不便，為異論以搖之，後遂有進狀言經界不便者，詔寢其事，而三州經界不行，卒如所料云。」

6 嘉定《赤城志》卷十三〈版籍門〉：「按紹興十八年（一一四八），李椿年侍郎建行經界，……今七十有五載，猾胥豪民，相倚仗為蠹，賦役龐亂，遂有舉行前說者焉。往歲寧海、黃巖嘗行之矣，臨海、仙居則方行而未備也。」《宋史》卷一七三〈食貨志．農田篇〉：「知婺州趙㦿夫行經界於其州，整有倫緒，而㦿夫報罷，士夫相率請於朝，乃命趙師嵒繼之。後二年，魏豹文代師嵒為守，行之益力，於是向之上戶析為貧下戶，實田隱為逃絕之田者，粲然可考。凡結甲冊、戶產簿、丁口簿、魚鱗圖、類姓簿二十三萬九千有奇，創庫櫃以藏之，歷三年而後上其事于朝。」雍正《撫州府志》卷三九〈藝文志補〉載潛敷〈寶慶修復經界紀〉：「撫之金谿，令長數易，邑事多攝，版籍蕩然，庫帑赤立，有年于此矣，來者束手，欲去無從。章君勱自詭而冒臨之，既下車，駭事體之大謬，咎倣謀之不審，麇麇救過。未幾，推排令下，乃進耆老而諏焉，咸曰：『非經量不可。』亟請命於廟堂。於是稽紹興之故規，參婺、台之近例，僚友叶心，鄉官効力，周行畎澮，親展尺度，揆量既定，薄正一新，凡前日之欺隱虧欠，並置不問，一毫不以取焉。鞠躬盡瘁，亦既勞止。經始於丙戌（一二二六）之仲冬，竣事於戊子（一二二八）之孟秋。始有疑，中有撓，既而疑釋撓解。……於是有丁口田簿五百三十有三，魚鱗圖四百九十有七、簿一千有六，攢結簿五百有三，擺算簿五百八十，類姓簿四十有九，編併簿五十，科折簿百，稅苗簿百，役錢簿（按：以下殘缺）。」郭忠成化《處州府志》卷三〈名宦篇．麗水縣條〉：「林棐，紹定（一二二八—一二三三）問知縣，……舉行經界法，搜括隱漏，第其田之高下肥瘠，立五等則例以起輸。」同書卷十〈紀載篇〉載不著撰人，〈松陽縣經界記〉：「君（按：知縣王圭）喟然曰：『今懸政所急宜，非經界乎。吾苟辭難，如民何？』於是謹官寺，立程度，聯什伍，表界分，會旁郡邑已行而擇其善，諏鄉耆老舊聞而酌其宜，經始於紹定二年（一二二九）十月，訖於四年（一二三一）之夏五月，版籍備，凡田原陂塘廛市廬舍為二千六百二十有七頃，畝四十有五，以丈計者一千二百有奇。」萬曆《金華府志》卷六〈田土志〉：「蘭谿縣：紹定初修復經界。」《清獻集》卷十六〈常熟縣版籍記〉：「端平初元（一二三四），秋八月，王君實領是邑，問民疾苦，皆愀然蹙額，以賦役不均告，會府檄修復經界，……於是考舊額，選眾邑，按紹興成法，參以朱文公漳州所著條目，隨土俗損益之。……縣五十部，都十保，其履畝

宋末寶祐至咸淳年間，為清理地籍，又施行推排法。按宋代推排一詞，原指州縣每隔三年依民戶家產的增減而升降其戶等，[7]但宋末的推排，則為簡易的經界法，依據原有的圖籍，核對土地的面積、所有者和賦稅，加以釐正，原圖籍散失者，才重新丈量，所以推排法又稱經界推排法。景定五年（一二六四），賈似道請行推排法於諸路，[8]其施行的情形，見《宋史》卷一七三〈食貨志・農田篇〉載咸淳元年（一二六五）監察御史趙順孫言：

> 今之所謂推排，非昔之所謂自實也。推排者委之鄉都，則徑捷而易行；自實者責之於人戶，則散漫而難集。嘉定以來之經界，時至近也，官有正籍，鄉都有副籍，彪列昈分，莫不具在，為鄉都者，亦不過按成牘而更業主之姓名。若夫紹興之經界，其時則遠矣，其籍之存者寡矣，因其鱗差櫛比而求焉，由一而至百，由百而至千，由千而至萬，稽其畝步，訂其主佃，亦莫如鄉都之便也。

按寶祐二年（一二五四）曾行自實田，隨即因臣僚反對而罷。[9]趙順孫所說的自實，當即指此而言，而「自實即經界遺意」（不著撰人《宋史全文續資治通鑑》卷三五寶祐三年（一二五五）正月癸丑謝方叔言），亦為一種變相的經界法。又《宋史》卷一七三〈食貨志・農田篇〉載咸淳三年（一二六七）司禮卿兼戶部侍郎季鏞言：

而書也，保次其號為夥田簿，號模其形為魚鱗圖，而又猝官民產業于保為類姓簿，類保都鄉于縣為物力簿，經始於端平二年（一二三五）之夏，訖事于其年之冬。」顧清正德《松江府志》卷六〈田賦志〉載楊瑾〈經界始末序〉：「端平改元，聖天子更新大化，勤恤民隱，郡國守宰部使者莫不精白承休，以惠利為急。瑾雖不肖，亦獲承流下邑，修經界，清版籍，行之二年，戶無雜征之賦，里無破產之役。」《宋史》卷一七三〈食貨志．農田篇〉：「（淳祐）十一年（一一五一），……是歲，信、常、饒州、嘉興府舉行經界。」王圻，《續文獻通考》卷一〈田賦考．歷代田賦篇〉：「（景定）四年（一二六三），詔寧國府守臣趙汝楪推行經界，職事修舉，陞直文華閣。」按：原書在「四年」之上漏書「景定」年號，令人誤解是接續前幾條寶祐年間事而來，實際此事在景定四年，又原書作「趙汝謀」，「謀」應作「楪」。徐元杰《楳埜集》卷十〈仁政樓記〉載何克忠於永豐縣推行經界：「仁政樓者，經界圖籍登藏之所也，……前乎魏令開端而不及竟，踵其後者欲舉行而訖不果，……令與士民出入阡陌，殫再歲之勞以訖事。……以六鄉五十一都之畝，五百二保之眾，正副砧基之有簿不翅以千計。」

7 《會要》〈食貨六九．版籍篇〉紹興二十二年（一一五二）二月七日左宣義郎大理評事王彥洪言：「切見令甲所載，三年一造簿書，於農隙之時，令人戶自相推排，欲別貧富，升降戶等。」同上紹興二十六年（一一五六）二月二十二日新差權發遣金州楊揆劄子言：「在法人戶家產物業每三歲一推排，陞降等第。」

8 《續文獻通考》卷一〈田賦考．歷代田賦篇〉：「（景定）五年（一二六四），行經界推排法，時賈似道請行推排法于諸路，由是江南之地尺寸皆有稅而民力竭矣。」按：原書在前一條之前，即漏書「景定」年號，但此事應在景定五年，寶祐五年時，賈似道尚領軍在外，未入朝擔任宰相。

9 《續文獻通考》卷一〈田賦考．歷代田賦篇〉：「寶祐二年（一二五四）十二月，殿中侍御史吳燧言：『州縣財賦版籍不明，近行經界，既已中輟，欲令州郡下屬縣排定保甲，行手實法。』詔先令兩浙、江東、湖南州軍行之。」《宋史》卷四〇九〈高斯得傳〉：「朝廷行自實田，斯得言：『按史記秦始皇三十一年令民自實田，主上臨御適三十一年，而異日書之史冊，自實之名，正與秦同。』丞相謝方叔大媿，即為之罷。」

蓋經界之法，必多差官吏，必悉集都保，必徧走阡陌，必盡量畝步，必審定等色，必紐折計等，奸弊轉生，久不訖事。乃若推排之法，不過以縣統都，以都統保，選任才富公平者，訂田畝稅色，載之圖冊，使民有定產，產有定稅，稅有定籍而已。臣守吳門，已嘗見施行，今聞紹興亦漸就緒，湖南漕臣亦以一路告成。竊謂東南諸郡，皆奉行惟謹，其或田畝未實，則令鄉局釐正之，圖冊未備，則令縣局程督之，又必郡守察縣之稽違，監司察郡之怠弛。嚴其號令，信其賞罰，期之秋冬，以竟其事，責之年歲，以課其成，如周官日成、月要、歲會以綜核之。

綜趙順孫及季鏞所言，可知宋末所行的推排法，是以紹興及嘉定以來經界所建立的圖籍為依據，重新核訂田畝、賦稅，以防止漏稅的情形發生，最初行於平江府、紹興府及湖南三處，其後由於季鏞的上疏，才「詔諸路漕臣施行焉」。（同上）推排法的用意，與經界法相同，但由於宋祚將終，地方行政日益敗壞，奉行官吏非操之過急即怠弛不行，似未收到與經界法相同的效果。[10]

二、義役

義役是南宋民間為減輕差役負擔而結合的互助組織，最初純粹由民眾自動結合而成，其後得到政府的贊助，為之推廣，並常在財政上給予支援，於是逐漸普遍起來。參加義役者按經濟能力的高低共同負擔執役的費用，排列役次及接受補助，富家負擔起較大的責任，中下戶則可免於破產之患，發揮了均役的作用。

義役起源於紹興十九年（一一四九）婺州東陽縣長仙鄉的民眾組織，乾道四年（一一六八）范成大知處州之後，將義役推廣至處州，又上疏朝廷請頒其法於全國，於是義役逐漸在各地實施，並演變出各種不同的形態。東陽的義役，是因當地的富家有感於役職的繁重，常易引起爭訟，為共同分擔役費而組成的互助組織，發起人和參加者都是當地的大姓，[11]因此尚未有協調

10 劉黻，《蒙川遺稿》〈補遺〉載其上於咸淳四年（一二六八）二月的〈經界自實疏〉：「臣聞經界，仁政之先務；推排，經界之畫一。……奈之何猛者務必深切於行，而寬者付之悠悠而不行，均之為失朝廷之本意，遂使貧民下戶，日困於抑輸，而豪民猾吏，亦得以相蒙為奸，於是州縣之賦額十不存六七，唯從事於巧立名色，重催預借，以應解綱，而怨悉歸於公上。」

11 《東萊集》卷七〈金華汪君將仕墓誌銘〉：「是鄉也，蓋有人馬，其姓名字曰汪灌慶衍，基創而紀綱之者也。始君以役之病民，聚大姓謀曰：『吾鄉之人，非父兄，即子弟，顧鬩於役，隳恩弛義，為耆老羞，職是嚚競者追胥科徭之憚耳。率為里正，一歲長短相覆，亡慮費三十萬，吾儕盍自實其貲為三等，定著役之差次於籍，眾裒金以畀當役者，役之先後視其籍，金之多寡視其等，他日戶有升降，則告於聚而進退之，名雖役而實仰給於眾，尚何憚？』眾雜然稱善，即日立約束，無違者，既又以裒金之煩也，則眾割田百畝庾之。約成，登其書於縣，而各藏其副於家，歲三月，鄉眾咸會，擊豕釃酒，舊里正以田授新里正，成禮而退。自紹

貧富的作用。范成大於處州推行，才將義役改變為貧富戶均包括在內的組織。《文忠集》卷六一〈范成大神道碑〉：

（乾道）三年（一一六七）十二月，起知處州，……四年八月至郡，松陽民爭役，公曉之曰：「吾聞東陽縣有率錢助役者，前婺守吳侯義之，為易鄉名，揭碑褒勸，爾與之鄰，獨無愧乎。」民既感謝，則推廣其制，諭鄉人視貧富輸金買田，擇信義之家掌其事，儲歲入，助當役者，命曰義役，仍許自第名次，有司勿預，數月間，人皆樂從，一縣二十五都悉以辦告，甲乙相推，遠至二十年，諸邑競倣之。

可知處州松陽縣民爭役，范成大勸諭民眾倣效東陽縣的組織，依貧富出資買田，以租入助當役者，並由民眾自排役次，而松陽縣組織成功之後，處州其他各縣也爭相倣行。此後范成大於乾道五年（一一六九）、七年（一一七一）兩次上疏朝廷，建議推廣義役於諸路，朝廷從其所請，[12]於是義役和差役並行。義役推廣之後，除原有由民眾共同備置田產，以田租補助執役戶的方式外，又發展出另外幾種形態。程洵《尊德性齋小集》卷二〈代作上殿箚子三〉：

蓋今義役之約，雖所至不一，而其大要有二，有分歲月而人自為之者；有裒其費而眾募人為之者，於裒費之中，又有二焉，或使之出田，或使之出粟。

所謂「分歲月而人自為之者」，如《朝野雜記》甲集卷七〈處州義役條．附德興義役〉：

> 先是，我先君子（李舜臣）為饒州德興宰，奉詔舉行義役事，乃令民以田之多寡為役之久近，如多者役二年，少者不過役三月。

所謂「裒其費而眾募人為之者」，如《洺水集》卷七〈開化張氏義役田記〉：

興己巳（一一四九）迄今幾三十年，西山役訟不至於公門，往歲郡守吳公芾嘉君之為，號其鄉曰循理，里曰信義，以風共餘。」《朱文公文集》卷八八〈吳芾神道碑〉：「知婺州，……常患差役不均，欲勸民為義役，有言金華長仙鄉民十有一家，自以甲乙第其產，以次就役者幾二十年矣。公聞之喜，帥郡佐及縣吏與致所謂十一人者，與合宴于平政堂，而更其鄉曰循理，里曰信義，以褒異之。」

12 《會要》〈食貨六六．役法篇〉淳熙十年（一一八三）十月四日臣僚言：「義役之說，起於乾道五年（一一六九）五月范成大奏陳處州松陽縣有一兩都自相要約，各出田穀以助役戶，永為義產，總計為田三千二百餘畝，乞行下諸路州軍令縣官依此勸誘，至七年（一一七一）正月，成大為中書舍人，再述前請，朝廷從之。」

今張君震龍與葉君謙而下，相與為役者，因其貲產之高下，裒金市田，儲粟西坡，以募出力當公者。

又《後村先生大全集》卷九六〈德興義田記〉：

德興明卓君始按民產高下，各使出穀，名曰義莊，募人充戶長。

南宋史料中，程洵所說的第一種方式較為少見，而以第二種方式為多，無論哪一種方式，役戶負擔都視其貧富來決定。義役之所以能用來救差役之弊，是因為原由一戶獨自負擔的役費，分由眾戶來共同負擔。而民眾所出的田穀，無論用來補助執役戶，或用來募人充役，實際上都只是王安石募役法的變相。義役施行也難免有許多弊端，甚至有與原意相違的情形出現，但由於確有協調貧富的作用，因此直至南宋晚年，施行之處甚多。[13]

富家和政府，在南宋義役組織中都扮演了積極的角色，他們主動的負擔起經濟上的責任，減輕了中下戶的差役負擔。前述各種形態的義役，其役期的長短或出資的多寡都按貲產的高下來決定，自然富者負擔較重，而中下戶負擔較輕。富家又經常主動的捐助錢穀或田產，以促進農村中的貧富協調。《山房集》卷五〈陶宣義墓誌銘〉：

君有業於華亭之海隅，海隅差役重，有田者輒破，相與為隱寄而已，君創義役，弭爭端，窒賕謝，吏失望悵然，則怵豪右，撼之于有勢。君不私一家，患一鄉，反傾補罅，瘠己贏人，凡十年義役得不破。

《尊德性齋小集》卷三〈迪功郎致仕董君行狀〉：

君諱琦，字順之，饒州德興人。……朝廷念里胥之役不均，許以義役從事。君家無溢格之稅，而里多中下戶，慮不能集，即出田粟倡之，事遂定，鄉里賴以少紓。

《黃氏日抄》卷九七〈餘姚孫一元墓誌銘〉：

---

13 胡太初，《晝簾緒論》〈差役篇第十〉：「朝廷主張義役，自處、婺舉行，馴至諸郡邑，莫不響應，行之既久，官民咸以為便。昔有持庾節者，乃獨深惡義役，其說專謂利上戶而不利下戶，便富民而不便貧民，蓋視產出財固為均適，而平日產力鮮少，未嘗充役者，乃因義役，例被斂金，及有管掌不得其人，或致侵漁盜用，又不免再行科率，故深以為民病。不知義役本美事，但止令合充役人裒金聚廩，而不及未嘗充役者，兼令出財戶輪年掌管，萬一虧折，亦有責償之地，便為盡善，何必深惡之耶。今在在州縣，多是義役，若猶未也，宜勸勉為之。」

> 歸而撫其族，……益修學諭公所結義役，銖積其餘將，別置班並代下戶。

都是富家為減輕中下戶的差役負擔，而主動出資倡導義役的例證。此外，如黟縣程叔達「剖私田倡義役」（《誠齋集》卷一二五〈程叔達墓誌銘〉）；施宿知餘姚，勸民義役，茅宗愈「亟捐膏腴數十畝倡之」（孫應時《燭湖集》卷十二〈茅宗愈墓誌銘〉）；而黃巖趙處溫、趙亥兄弟一家，雖因趙亥登進士第而免役，仍然積蓄原來參加義役田產的田租，先後購田三百畝為義役莊，以供鄉之役費。[14]可見逃避差役的富家固多，但也有不少富家自覺其對社會的責任，熱心出財協助鄉人減輕差役的負擔。地方政府對義役的組成，也有很大的貢獻。自朝廷接納范成大的建議之後，義役多由地方官來推行，地方官為使義役能夠順利組成，常對財力不足的民眾給予財政上的補助。《攻媿集》卷九六〈孫逢吉神道碑〉：

> 授袁州萍鄉縣，……邑之西北，土瘠民窶，受役甚苦，公與錢市田，教之義役。

萬曆《金華府志》卷九〈役法篇·寶慶（一二二五—一二二七）義役法條〉：

> 知婺州魏豹文、王夢龍相繼奏行義役，隨役戶田畝之數而通計之，約雇役費用之需

而均率之，都各有田而不拘於煙爨，田各有助而無間於鄉都，以義勸民，量其多寡，出助田產，以為役費，其不應差役小民，則不在勸率之數。又慮其事力單寡，承應不繼，則撥官田及給官錢買田以助之，各都分鼇為三等，上等事力有餘，無待於助，次則酌中助之，下等助之加厚。

正德《松江府志》卷六〈徭役篇〉載楊瑾〈義役始末序〉：

繼承臺府之命，俾糾義役，瑾遂得畢力經紀，幸而就緒，大概糾產置錢，永蠲苗

14 陳鍾英，光緒《黃巖縣志》卷六〈版籍志．徭役篇〉載趙處溫，〈義莊田後序〉：「義莊之設，為義役計也。吾都曩病於役，規弊百為，互相糾結，甘蕩於訟而不顧，良可哀也已。陳君（名汶）告院來宰吾邑，下令勸諭隨戶產割田以為義役，自相推排，自立要約。……仲氏登丙戌第，謀於予曰：『役可免也，田可歸也，其如義何？盍圖之以為永久計，可乎？』予善其言，歲課其入，積二十餘年，置田二百畝，乃捐廢址，建義莊。……會令尹王公華甫至，憫時孔艱，用清於役，役必鳩田，田必入莊，規新蠹剗，立兩主事，以司出入，俾予督之，予素有志者也，故受命不辭，畢力經理，會計儲費之贏，別買田百畝，總前所捐田，得三百畝，田與費當，則以所鳩田歸其主，鄉之公科私遣悉取諸莊，為利豈淺淺哉。」同上載趙亥，〈義莊田跋〉：「重役之苦，人均患之，吾家以亥添貴顯，幸而獲免，伯氏用是以舊日入彼之租，歲積月累，買田置莊，與眾共之，至二十餘年而義莊成。」

稅，名曰官田，民歲收租，俾充役費，名曰義莊。既又免差稅長，併令雇募。間有鄉保不堪糾役者，官自置田，以其稅代之。

可知地方官對較為貧乏地區的民眾，常為之購置役田，以供役費，使義役能夠順利組成。地方政府的這種積極態度，與富家的主動提供役產相同，使中下戶免於受重役的壓迫。而部分地方官為恐義役田產將來為不法的役戶占據典賣，喪失役費的來源，更進一步由政府來管理義役田，將其劃入常平官產。[15]義役田產在政府有制度的管理下，自然較能持久，而義役也因此不再是純粹的民間組織，政府在其中所擔任的角色愈形重要。總之，在富家的自覺和政府的贊助及監督下，貧富階層用互助合作的方式，解決差役不均的問題，富家、政府以其財力協助中下戶減輕差役的負擔，貧富之間因差役而產生的衝突自可緩和。

第二節　南宋農村的貧窮救濟

貧窮救濟是南宋政府和民間協調農村貧富的另一項努力。無論平時或災荒，都有若干富家，或出於自動，或在政府勸諭下，對農民施以各種救濟，使缺乏糧食的農家能夠維持生存，不至於受高利貸和糧價變動的壓迫。同時，南宋農村中又新創有社倉，由地方政府或富家提供貸本，以低利貸給農民作農業資本或生活費用，使救濟貧窮的措施由臨時性進而變為制度性。

南宋富家厚取利息及操縱物價的情形固然常見，但也有許多富家，存心仁厚，於米貴時減價出糶，借貸常蠲除本利，遇災荒則發廩賑濟或煮粥以食餓者，使農家能在艱困時得到接濟。若干富家，平時即經常以平價糶米，借貸不取利息，甚至蠲除本金。《夷堅甲志》卷七〈查市道人條〉：

> 常德府查市富戶余翁，家歲收穀十萬石，而處心仁廉，常減價出糶，每糴一石，又

---

15 重修《琴川志》卷六〈敘賦．義役省劄〉：「據申本縣九鄉五十都，今管義役田地共五萬五百二十二畝一角五十八步五尺五寸，收租米麥二萬四千九百九十八石六斗四升一合，……其田竝係常平物業，不許公私典賣，亦不許移易轉換，違者按法坐罪，業還義役莊，錢沒官。其助田之家，將來富者不加增，貧者不許取，入仕而免役者不給還，有家道倍進樂然添助者聽，有驟富而素不助田者量助。」正德《松江府志》卷六〈田賦篇劄〉載楊瑾，〈便民省劄〉：「內北九鄉勸到田地蕩總計二萬八千四百七十餘畝，南四鄉勸到田地蕩總計一萬三千一百二畝，其錢或係官司給錢贖到，及人戶立契，永賣離業，本縣已將契書（按：原缺二字）及將產簿（按：原缺一字）鑿（按：原缺一字）充常平義役官產，他日不許役戶盜賣執復，亦不許官戶指射妄佃其業，亦不許復於名下抱租。」

以半升增給之，它所操持大抵類此。

黃瑞《台州金石錄》卷十一〈宋王復墓誌銘〉：

每歲冬春之交，出穀減價以濟，名曰潤糴。

王十朋《梅溪王先生文集》卷二十〈張端弼行狀〉：

君通材，經畫有條，未幾，生事大振，富甲鄉邑，然雅重義概，恥為俗子富。……每歲之春，發廩以賑窮民，質貸踰年，不取其息，有負債者，多折券不復問。

《巽齋文集》卷十二〈送張伯深序〉載張舜申事蹟：

舜申家裕而知恤鄉人之歉，歲秋以三百萬易粟藏之，次歲春夏出之，而收原直，一錢不增也。

均為富家平時救濟貧窮的例證。而文天祥在吉州的鄉里中，諸富家每年例行接續賑糶，《文山先生全集》卷五〈與吉州江提舉萬頃〉：

> 某所居里，凡千餘家，常年家中散米一日，不收錢；諸大家以次接續賑糶，可及三十日，隔一日糶，可當兩月。

這說明不僅是個別的富家平時從事救濟貧窮的工作，而且同一地區的富家彼此合作，共同來改善農民的生活。若逢災荒，地方政府必會勸諭富民賑糶，而部分富家也會主動的救濟災民。宋代政府勸諭富家賑糶，懸有賞賜官爵的賞格，[16]固然在賞格的吸引下，可使富家開廩賑糶，但

16《會要》〈食貨五九．賑恤篇〉乾道七年（一一七一）八月一日條：「中書門下省言：『湖南、江西間有旱傷州軍，切慮米價踴貴，細民艱食，富室上戶如有賑濟饑民之人，許從州縣審究詣實，保明申朝廷依今來立定格目，給降付身，補受名目。無官人一千五百碩，補進義校尉，願補不理選限將仕郎者聽；二千碩，補進武校尉，如係進士，與免文解一次，不係進士，候到部與免短使一次；四千碩，補承信郎，如係進士，與補上州文學；五千碩，補承節郎，如係進士，補迪功郎。文臣一千碩，減二年磨勘，如係選人，循一資；二千碩，減三年磨勘，如係選人，循兩資，仍各與占射差遣一次；三千碩，轉一官，如係選人，循兩資，仍各與占射差遣一次；五千碩以上，取旨優與推恩。武臣一千碩，減二年磨勘，陞一年名次；二千碩，減三年磨

不為所動，閉廩不發者亦復不少，[17]賑糶的進行，仍有賴於富家自覺其對災民的責任，在鄉里中主動倡導。《朱文公文集》「別集」卷六〈與黃商伯〉述及他在南康軍勸諭富家救災的情形：

勸諭發廩，得盛族倡率，三縣共得穀十萬斛矣。

《後樂集》卷十七〈故安康郡夫人章氏行狀〉：

平居自奉簡素，周人之急常恐不及。……歲饑，里閭艱食，則發廩，損市值，以倡巨室，全活甚眾。

《誠齋集》卷七三〈劉氏旌表門閭記〉載貢士劉承弼的善行：

嘗屬年饑，道殣相望，公私赤立，承弼曰：「勸分實難，請從我始。」率子弟倒廩振之，不受一錢。富者子於是翕然化之，無復遏糴者。

《平齋文集》卷三一〈吳孝先墓誌銘〉：

歲大饑，道殣相枕，發私廩為粥以食餓者，巨家相率致助，全活不可計。又明年，穀騰躍猶故，盡出伏臘之儲，捐直以糶，為鄉里先。

都是先有一富家主動倡導，其他富家才受其影響，隨之賑濟。樂善好施的富家在農村中可能為數不多，但他們的義舉卻能產生很大的感化作用，有利於農村中貧富的協調。富家在災荒時救濟饑民的事蹟，見於南宋文集中者尚多，不及一一列舉，而其中值得一提的，是吉州永新縣的富家，每遇災荒，合作進行賑恤，各家分任不同的職責。《文忠集》卷七二〈譚宣義墓誌銘〉：

勸，占射差遣一次；三千碩，轉一官，占射差遣一次；五千碩以上，取旨優與推恩。……』詔依，其賑糶之家，依此減半推賞。……尋詔江南東路、荊湖北路依此制。」同上乾道八年（一一七二）八月條：「權發遣隆興府龔茂良言：『本司勸諭上戶出米賑濟、賑糶，緣所立賞格比尋常鬻爵計之，其直不啻過倍，又有運載之費，欲更少加優異。紹興三十二年（一一六二）閏二月十九日指揮，進納迪功、承信郎並理為官戶，內迪功郎與免試，先依注授差遣，依奏蔭人例；承信郎、進武、進義校尉，並免試弓馬及短使，先次注授差遣。今來勸諭賑濟告敕元降指揮，係敦尚義風，即與進納不同，見得事理尤甚，雖各係理選限及先與添差本路合入差遣，緣許理官戶一節，及將來到部免試，先次注授依奏蔭人例等事，未嘗立法。吏、戶部看詳，欲將承信郎比附承節郎，上州文學比附迪功郎，依條遇注授簿尉差遣，餘並依紹興三十二年閏二月十九日已得指揮，仍比擬獻納指揮，理為官戶。』從之。」

17 參見第四章第三節。

盧陵郡統八縣，永新為大，西界湖湘，壤沃地偏，民生自足，間過水旱疾疫，凡邑之大家，分任賑恤之事，某家發廩，某家給薪芻，某家藥病者，某家瘞死者，以是流殍稀鮮。

這種情形，和前述文天祥鄉里諸富家每年例行接續賑濟相似，富家共同擔負起濟貧的責任，所發揮的作用自然較個別進行更大。由於農村中有許多富家負起救濟貧窮的責任，另外一些唯利是圖的富家對農民所產生的惡劣影響自必受到抑制。若干地區，竟能在春夏或災荒時，不受米價變動的影響，民生與平日無異，[18]不可說不是受這些自覺其責任的富家之賜。

南宋農家生活的改善，除依賴富戶臨時性的救濟外，又有制度性的社倉，對農家作積極的協助。宋代以救荒為目的的倉儲，原已有義倉和常平倉，[19]分別用於賑濟和賑糴，但二者都設於城邑，對農家的幫助有限，南宋又新創用於賑貸的社倉，設於鄉村，易於發揮濟助農民的功用。[20]社倉之制，一般雖認為創始於朱熹，而實淵源於北宋王安石的青苗法，二者同為一種以抑制農村高利貸為目的的農貸措施，[21]雖然賞識社倉者以王安石的青苗法為聚斂，斤斤於辨別社倉與青苗之異，[22]但是朱熹本人不僅不否認二者之間的關係，而且極力為青苗法辯

18 《江湖長翁集》卷二八〈常平劄子〉：「去年之旱，饑民所在擾擾，郡士人鄒如閔者，頗富，前此捐金儲米，自去歲七月置籍而糴，止收元價。鄰里鄉黨賴以贍給，所居崗門一二千家，嬉嬉如平時，獨無貴糴饑窘之憂。」《鐵庵集》卷二一〈與項鄉守〉：「水南有新惠安余令薦顎者，收甲其鄉，而宗族鄰里之價不敢甚高，今春諸處微警，而此境帖然者，余力也。」《真文忠公文集》卷一〈浦城勸糴〉：「陽和二月春，草木皆生意。那知田野間，斯人極憔悴。殷勤問原來，父老各長喟。富家不憐貧，千倉盡封閉。只圖價日長，弗念民已弊。……行行至平洲，景象頓殊異。白粲玉不如，一升纔十四。問誰長者家，作此利益事。父老合掌言，子文姓陳氏。起家本儒生，疇昔樂賑施。」

19 參見曾我部靜雄，〈宋代の三倉及びその他〉（收入曾我部靜雄，《宋代政經史の研究》）；馮柳堂，《中國歷代民食政策史》，頁七九—八九；王德毅，《宋代災荒的救濟政策》，頁二八—四七。

20 《朱文公文集》卷七七〈建寧府崇安縣五夫社倉紀〉：「予惟成周之制，鄉都皆有委積，以待凶荒，而隋唐所謂社倉者，亦近古之良法也，今皆廢矣。獨常平義倉有古法之遺意，然皆藏於州縣，所恩不過市井惰游輩，至於深山遠谷力穡遠輸之民，則雖饑饉瀕死而不能及也。」《絜齋集》卷十〈洪都府社倉記〉：「常平裒聚于州縣，而社倉分布于阡陌，官無遠運之勞，民有近糴之便，足以推廣常平賑窮之意。」

21 參見韋瑞蘭，〈青苗法的變動〉（收入《大陸雜誌史學叢書》第三輯第三冊）。

22 張栻，《南軒集》卷二十〈答朱元晦祕書〉：「夫介甫竊周官泉府之說，強貸而規取其利，逆天下之公理，而必欲其說之行，用奉行之小人，而必欲其事之濟，前輩辨之亦甚悉，在高明固所考悉，不待某一二條陳，而其與晦翁今日社倉之意，義利相異者，固亦曉然。」《雪坡舍人集》卷三六〈武寧田氏希賢莊記〉：「晦翁之規社倉也，或疑其似荊舒青苗法，然用心實不類，荊舒之青苗，主於富國，私也；晦翁之社倉，主於仁民，公也。」《魯齋集》卷七〈社倉利害書〉：「若夫二分之法，與青苗異者，蓋荊舒託濟人之名，罔其利以供上之用，朱先生因濟人之實，備其利以復為民水旱之防，心之所發，惠之所及，何啻霄壤，以青苗議社倉，其不審亦甚矣。」

護；[23]而在朱熹創設社倉稍前，其同門好友魏掞之已先於紹興二十年（一一五〇）有類似的作法，在建寧府建陽縣長灘鋪設倉，以穀貸民。朱熹所立的社倉，大略倣效魏氏的規模，僅在貸放收息的方式上小異，二人且曾討論彼此的優劣。[24]乾道四年（一一六八），朱熹居於建寧府崇安縣開耀鄉，因遇災荒，由府中撥給常平米六百石，賑貸鄉民，至冬天鄉民繳還所借米穀，自次年起，朱熹便以這六百石米為貸本，創立社倉，因行之有效，至淳熙八年（一一八一）上疏請推廣於全國。《朱文公文集》卷十三〈辛丑延和奏箚四〉：

臣所居建寧府崇安縣開耀鄉有社倉一所，係昨乾道四年，鄉民艱食，本府給到常平米六百石，委臣與本鄉土居朝奉郎劉如愚同共賑貸，至冬收到元米，次年夏間，本府復令依舊貸與人戶，冬間納還。臣等申府措置，每石量收息米二斗，自後逐年依此斂散，或遇小歉，即蠲其息之半，大饑即盡蠲之。至今十有四年，其支息米，造成倉廒三間收貯，已將元米六百石納還本府，其見管三千一百石，並是累年人戶納到息米，已申本府照會，將來依前斂散，更不收息，每石只收耗米三升，係臣與本鄉土居官及士人數人同共掌管，遇斂散時，即申府差縣官一員監視出納。以此之故，一鄉四、五十里之間，雖遇凶年，人不闕食。竊謂其法可以推廣，行之他處，而法令無文，人情難強，妄意欲乞聖慈，特依義役體例，行下諸路州軍，曉諭人戶，有願依此置立社倉

23《南軒集》卷二十載張栻，〈答朱元晦祕書〉：「聞兄在鄉里，因歲之歉，請於官，得米而儲之，春散秋償，所取之息不過以備耗失而已，一鄉之人賴焉，此固未害也，然或者妄有散青苗之譏。兄聞之，作而曰：『王介甫所行，獨有散青苗一事是耳。』奮然欲作社倉記，以述此意。」《朱文公文集》卷七九〈婺州金華縣社倉記〉：「凡世俗之所以病乎此者，不過以王氏之青苗為說耳。以予觀於前賢之論，而以今日之事驗之，則青苗者，其立法之本意，因未為不善也。但其給之也以金而不以穀，其處之也以縣而不以鄉，其職之也以官吏而不以鄉人士君子，其行之也以聚斂亟疾之意而不以慘怛忠利之心，是以王氏能以行之於一邑而不能以行於天下。子程子嘗極論之，而卒不免悔其已甚而有激也。」

24《魯齋集》卷七〈社倉利害書〉：「社倉之法，人皆謂始於朱文公，而不知始於魏國錄元履（魏掞之字元履）。元履魏公初行于建陽之招賢，文公傚而行之於崇安之五夫。然文公之法，與魏公少異，招賢之倉，遇歲不登則告發，及秋斂之，無貸息也；五夫之倉，春貸秋斂，收息二分，小歉則蠲其半，大饑則盡蠲之，此為小異。」《朱文公文集》卷七九〈建寧府建陽縣長灘社倉記〉：「紹興某年，歲適大侵，姦民處處群聚，飲博嘯呼，若以踵前事者，里中大恟，里之名士魏君元履，為言於常平使者袁侯復一，得米若干斛以貸，於是物情大安，姦計自折，及秋將斂，元履又為請，得築倉長灘廒置之旁，以便輸者，且為後日凶荒之備，毋數煩有司，自是歲小不登即以告而發之，三里之人始得飽食安居，以免於震擾夷滅之禍，而公私遠近無不陰受其賜。……予與元履早同師門，遊好甚篤，……又念昔元履既為是役，而予亦為之於崇安，其規模大略放元履，獨歲貸收息為小異。元履常病予不當祖荊舒聚斂之餘謀，而予亦每憂元履之粟久儲速腐，惠既狹而將不久也。講論餘日，盃酒從容，時以相訾謷而訖不能以相詘。」《要錄》卷一六一紹興二十年（一一五〇）九月丙申條：「自建炎初，劇盜范汝為竊發於建之甌寧縣，朝廷命大軍討平之，然其民悍而習為暴，小遇饑歲，即群起剽掠，去歲因旱，凶民杜八子者乘時嘯聚，遂破建陽，是夏民張大一、李大二復於回源洞中作亂，安撫使仍歲調兵擊之。布衣魏掞之謂民之易動，蓋因艱食，及秋，乃請於本路提舉常平公事袁侯復一，得米千六百斛以貸民，至冬而取，遂置倉於長灘鋪。」

者，州縣支常平米斛，貴與本鄉出等人戶主執斂散，每石收息二斗，仍差本鄉土居或寄居官員、士人有行義者，與本縣官同共出納，收到息米十倍本米之數，即送元米還官，卻將息米斂散，每石只收耗米三升。其有富家情願出米作本者，亦從其便，息米及數，亦當撥還。如有鄉土風俗不同者，更許隨宜立約，申官遵守，實為久遠之利。其不願置立去處，官司不得抑勒，則亦不至搔擾。

可知朱熹所推行的社倉，目的在以低利貸米給農民，其貸放方法，是每石米收取息米二斗，當息米累積到相當數量之後，不再收取息米，僅收耗米三升。社倉的貸本雖然最初由政府或富家資助，但是當息米累積到相當數量之後，就以息米作貸本，原來的貸本歸還政府及富家，而這些息米原為借貸的農民所納，可以視為農民自己的儲蓄，因此，社倉法可以說是透過社倉來協助農民儲蓄，以解決農民本身的困難。

社倉的推行，最初並不順利，朱熹於慶元二年（一一九六）作〈建昌軍南城縣吳氏社倉記〉時，仍不免感歎「至今幾二十年，而江浙近郡田野之民猶有不與知者，其能慕而從者僅可以一二數也」（《朱文公文集》卷八十）。但是日久社倉的功效終於為人所知，加以朱熹門人和理學同道在各地致力推行，在客觀的事實證明和主觀的積極推動配合下，社倉的設置日漸普遍。茲列舉南宋有關社倉的資料如表十八。

表十八　南宋社倉分布及貸本來源

地區	年代	倡辦人	所數	貸本額	來源	資料來源
衢州龍游縣	淳熙九年（一一八二）	袁起予	一	不詳	家	《朱文公文集》卷九九〈勸立社倉榜〉
常州宜興縣	紹熙五年（一一九四）	知縣高商老	十一	二千五百石	官	《朱文公文集》卷八十〈常州宜興縣社倉記〉
鎮江府金壇縣	紹定（一二二八—一二三三）	劉宰	一	二千三百石	眾	《漫塘文集》卷十〈回知遂寧李侍郎〉
浙西	不詳	提舉常平陳公	不詳	不詳	官	《竹溪鬳齋十一藁續集》卷十三〈跋浙西提舉司社倉規〉
紹興府會稽縣	淳熙九年	諸葛千能	一	不詳	家	《朱文公文集》卷九九〈勸立社倉榜〉
同右	同右	張宗文等	二	不詳	家	同右
同右	慶元二年（一一九六）	提舉常平李大性	十二	三千二百七十五石	官	嘉泰《會稽志》卷十三〈社倉條〉
婺州金華縣	淳熙十二年（一一八五）	潘景憲	一	五百石	家	《朱文公文集》卷七九〈婺州金華縣社倉記〉
婺州東陽縣	不詳	李大有	不詳	不詳	官	《鶴山先生大全文集》卷七五〈李大有墓誌銘〉

地區	年代	倡辦人	所數	貸本額	來源	資料來源
溫州平陽縣	嘉定元年（一二〇八）	汪知縣	一	不詳	官	《慈湖遺書》卷二〈永嘉平陽陰均隄記〉
台州黃巖縣	淳祐九年（一二四九）	知縣王華甫	一	七千石	官、眾	光緒《黃巖縣志》卷六〈版籍志・倉儲篇〉引車若水〈黃巖縣社倉記〉
同右	開慶元年（一二五九）	趙處溫兄弟	一	不詳	家	光緒《黃巖縣志》卷六〈版籍志・倉儲篇〉引趙亥〈義莊田跋〉
台州	景定（一二六〇—一二六四）	郡守趙景緯	六十六	不詳	官	《宋史》卷四二五〈趙景緯傳〉
慶元府昌國縣	淳祐十二年（一二五二）	知縣費詡	一	田六十七畝	官、眾	大德《昌國州圖志》卷二〈敘州〉
饒州餘干縣	紹熙五年	轉運司	一	七百三十三石二斗	官	《永樂大典》卷七五一〇〈社倉條〉引《番陽志》
同右	慶元五年（一一九九）	鄉民	一	七百石	眾	同右
南康軍建昌縣	嘉定（一二〇七—一二二四）	胡泳兄弟	一	六百石	家	《漫塘文集》卷二二〈南康胡氏社倉記〉

地區	年代	倡辦人	所數	貸本額	來源	資料來源
南康軍	嘉定八年（一二一五）	郡守趙師夏	不詳	一萬二千石	官	《永樂大典》卷七五一〇〈社倉條〉引《南康志》
江東	同右	提舉常平李道傳	不詳	不詳	官	《宋史》卷四三六〈李道傳傳〉
廣德軍	嘉熙四年（一二四〇）	康知軍	不詳	每鄉穀本五百石	官	《黃氏日抄》卷七四〈更革社倉公移〉
太平州	淳祐十二年（一二五二）	郡守橐弁	不詳	二千石	官	《黃氏日抄》卷九六〈橐弁行狀〉
同右	同右	鄉民	不詳	二十萬石	眾	同右
袁州萍鄉縣	淳熙（一一七四—一一八九）	知縣孫逢吉	二	二百零六石	官	《永樂大典》卷七五一〇〈社倉條〉引《宜春志》
同右	淳熙十六年（一一八九）	宜世顯等	九	一千五百八十六石	眾	同右
撫州金谿縣	淳熙十五年（一一八八）	陸九韶	一	不詳	官	《象山先生全集》卷三六〈年譜〉淳熙十一年條
同右	咸淳七年（一二七一）	李沂	一	不詳	家	《黃氏日抄》卷八七〈撫州金谿縣李氏社倉記〉

地區	年代	倡辦人	所數	貸本額	來源	資料來源
撫州宜黃縣	紹定（一二二八—一二三三）	曹堯咨	一	不詳	家	《永樂大典》卷七五一四〈通濟倉條〉引真德秀文
撫州新豐縣	咸淳（一二六五—一二七四）	饒伋	一	不詳	家	《黃氏日抄》卷九一〈跋新豐饒省元伋義貸倉〉
撫州臨川縣	咸淳七年	李氏	一	不詳	家	《黃氏日抄》卷八七〈撫州金谿縣李氏社倉記〉
建昌軍南城縣	紹熙五年	吳伸兄弟	一	四千石	家	《朱文公文集》卷八十〈建昌軍南城縣吳氏社倉記〉
隆興府南昌、新建縣	不詳	郡丞豐有俊	十一	錢一萬貫，米二千石	官	《絜齋集》卷十〈洪都府社倉記〉
隆興府武寧縣	寶祐三年（一二五五）	田倫等	二	錢六萬貫，穀六百石	家	《雪坡舍人集》卷三六〈武寧田氏希賢莊記〉
臨江軍清江縣	不詳	張洽	一	二百石	官	《宋史》卷四三〇〈張洽傳〉
江西	同右	運幹李燔	不詳	不詳	官	《宋史》卷四三〇〈李燔傳〉

地區	年代	倡辦人	所數	貸本額	來源	資料來源
瑞州	同右	郡守陳韡	十七	不詳	官	《永樂大典》卷七五一〇〈社倉條〉引《瑞陽志》
南安軍	景定四年（一二六三）	郡守饒應龍	一	二千貫	官	《永樂大典》卷七五一〇〈社倉條〉引《南安郡志》
臨江軍新喻縣	不詳	劉夢麟	一	一萬石	家	劉辰翁《須溪集》卷三〈社倉記〉
吉州	不詳	葉重開	一	不詳	眾	《文山先生全集》卷十〈葉校勘社倉記〉
建寧府建陽縣	紹興二十年（一一五〇）	魏掞之	一	一千六百石	官	《救荒活民書》〈拾遺〉
同右	淳熙十三年（一一八六）	周明仲	一	不詳	官	《朱文公文集》卷七九〈建寧府建陽縣大闡社倉記〉
建寧府崇安縣	乾道五年（一一六九）	朱熹	一	六百石	官	《朱文公文集》卷七七〈建寧府崇安縣五夫社倉記〉
同右	慶元二年以前	不詳	三	不詳	不詳	《永樂大典》卷七五一〇〈社倉條〉引《建陽崇安縣志》
同右	不詳	安撫司	九	不詳	官	魏大名嘉慶《崇安縣志》卷三〈公署篇・倉條〉

地區	年代	倡辦人	所數	貸本額	來源	資料來源
同右	不詳	提舉常平司	八	不詳	官	同右
建寧府建安縣	紹熙五年	上司	五	不詳	官	《永樂大典》卷七五一〇〈社倉條〉引《建安志》
同右	慶元三年（一一九六）	知縣俞南仲	二	不詳	官	同右
建寧府松溪縣	慶元二年	不詳	一	不詳	不詳	《永樂大典》卷七五一〇〈社倉條〉引《松溪縣志》
建寧府浦城縣	端平二年（一二三五）	不詳	二	不詳	不詳	《永樂大典》卷七五一〇〈社倉條〉引《浦城縣志》
建寧府甌寧縣	不詳	不詳	十二	不詳	不詳	《永樂大典》卷七五一〇〈社倉條〉引《甌寧志》
邵武軍光澤縣	紹熙四年（一一九三）	知縣張訢	一	一千二百石	官	《朱文公文集》卷八十〈邵武軍光澤縣社倉記〉
興化軍蒲田縣	紹定	知縣曾用虎	不詳	不詳	官	《後村先生大全集》卷八八〈陳曾二君生祠〉
潭州長沙縣	慶元初（一一九五）	知縣饒幹	二十八	不詳	官	《真文忠公文集》卷十〈奏置十二縣社倉狀〉

地區	年代	倡辦人	所數	貸本額	來源	資料來源
潭州	嘉定十七年（一二二四）	郡守真德秀	一百	九萬五千石	官	同右
武岡軍	寶慶三年（一二二七）	呂知軍	一	二千石	官、眾	《永樂大典》卷七五一〇〈社倉條〉引《都梁志》
常德府武陵縣	開禧末（一二〇七）	郡守胡槻	不詳	每鄉撥米百石	官	《永樂大典》卷七五一〇〈社倉條〉引《武陵圖經》
岳州平江縣	不詳	萬鎮	一	一百石	眾	鍾崇文隆慶《岳州府志》卷十八〈雜傳・文翰傳〉載萬鎮〈社倉規約序〉
合州巴川縣	不詳	趙飛鳳兄弟	一	不詳	家	《宋代蜀文輯存》卷七六度正〈巴川社倉記〉
同右	同右	景元一等	一	三百石	眾	同右
同右	同右	陳孜等	一	不詳	眾	同右
簡州	同右	許奕	一	不詳	家	《鶴山先生大全文集》卷六九〈許奕神道碑〉
瀘州	紹定	郡守魏了翁	不詳	不詳	官	《宋史》卷四三七〈魏了翁傳〉

地區	年代	倡辦人	所數	貸本額	來源	資料來源
黃州黃岡縣	嘉定	知縣劉洙	不詳	數千石	官	《後村先生大全集》卷一六五〈劉洙墓誌銘〉
蘄州廣濟縣	嘉定七年（一二一四）	知縣爨溧	不詳	不詳	官、眾	洪武《蘇州府志》卷三五〈人物志〉
橫州	紹定元年（一二二八）	郡守張垓	一	一千石	官	《輿地紀勝》卷一一三〈廣南西路・橫州篇〉

表中所列社倉，廣布於福建、兩浙、江東、湖南、湖北、淮南、廣南各地，可說是幾乎遍布南宋各區。而各社倉的倡辦人，如諸葛千能、張洽、李燔、趙師夏為朱熹門人，真德秀、趙景緯為朱熹再傳弟子，萬鎮為三傳弟子，魏了翁、李道傳、李大有則為私淑朱熹之學者；其他如陸九韶為陸九淵的家兄，和朱熹是時相論學的好友，豐有俊為陸九淵門人，劉宰為張栻再傳弟子，潘景憲為呂祖謙門人，也都是理學同道。[25]可知社倉的推廣，朱熹門人和理學同道出力甚多。

至南宋晚期，社倉遍布全國，雖常以崇安社倉為藍本，但是也有許多社倉，由於適應特殊的環境或解決現實的難題，不完全本於崇安社倉的規模，而發展出不同的形態。《漫塘文集》

卷二二〈南康胡氏社倉記〉：

今社倉落落布天下，皆本於文公。姑以文公所行，與所聞於他郡者論之，其本或出於官，或出於家，或出於眾，其事已不同，或及於一鄉，或及於一邑，或糶而不貸，或貸而不糶。

可知各處社倉在組織和經營形態上互有不同。若以經營形態畫分，則南宋社倉可分為「貸而不糶」和「糶而不貸」兩類。前者沿襲朱熹之法，而其中又可分為幾種，如《永樂大典》卷七五一〇〈社倉條〉引《宜春志》載萍鄉知縣孫逢吉所創的社倉：

遇春夏散借，至冬收斂，入息三分，歉歲二分。

25 見黃宗羲、全祖望等，《宋元學案》卷四七八〈晦庵學案表〉，卷五七〈梭山復齋學案表〉，卷六三〈勉齋學案表〉，卷六九〈滄州諸儒學案表〉，卷七一〈嶽麓諸儒學案表〉，卷七三〈麗澤諸儒學案表〉，卷七七〈槐堂諸儒學案表〉。

這是每年例行貸放，償納時須附加利息，歉歲利息略微減少。《慈湖遺書》卷二〈永嘉平陽陰均隄記〉載溫州社倉：

又經理其旁之塗地，以為社倉，倣晦翁待制，奏請賑貸平陽十鄉細民，不計息，遇饑歲併蠲其本。

這也是例年貸放，由於以塗地的租入作貸本，所以不收利息，歉歲連本錢也可以蠲免。如《黃氏日抄》卷八七〈撫州金谿縣李氏社倉記〉載黃震改革後的廣德軍社倉：

以其收息買田六百畝，永貸人戶納息，且使常年不貸，惟荒年貸之而不復收息。

這是僅於荒年貸放，不收利息，以社倉田產的田租代替利息來維持社倉貸本。後者則為倣效常平倉的經營方式，如《朱文公文集》卷八十〈邵武軍光澤縣社倉記〉：

市米千二百斛，以充入之，夏則損價而糶，冬則增價而糴，以備來歲。

如《宋代蜀文輯存》卷七六度正〈巴川社倉記〉：

為錢一千緡，歲得穀三百石，登熟則以價糴之，擇一人以掌其穀之數；朞月穀價暴貴，細民不易，則收二分之息而糶之，以濟貧弱，以平市價。

都是採用平糴的方式。由於若干社倉採用平糴的方法，可知社倉不僅有抑制農村高利貸的作用，而且兼有抑制富家操縱米價的作用。

富家在南宋社倉組織中，就如同在義役組織中一樣，扮演了積極的角色。魏掞之、朱熹創設社倉時，雖然貸本借自常平司，但二人當時身分都是鄉居官戶，未在政府中任職，因此社倉的創立固然是由政府所支持，而其創立動機則出於農村中最富有的階層。朱熹在請求推廣社倉的奏疏中，建議社倉貸本除由政府支借外，並可由富家捐助，於是此後富家響應其議，出私財以設立社倉者甚多。《朱文公文集》卷七九〈婺州金華縣社倉記〉：

伯恭父之門人潘君叔度，感其事而有深意焉，且念其家自先大父時，已務賑恤，樂施予，歲捐金帛不勝計矣，而獨不及聞於此也。於是慨然白其大人，出家穀五百斛者為之於金華縣婺女鄉安期里之四十一都，斂散以時，規畫詳備，一都之人賴之。

同上卷八十〈建昌軍南城縣吳氏社倉記〉：

南城貢士包揚方客里中，適得尚書所下報可之符以歸，而其學徒同縣吳伸與弟倫見之，獨有感焉。經度久之，乃克有就，遂以紹熙甲寅（一一九四）之歲，發其私穀四千斛以應詔旨，而大為屋以儲之。

《漫塘文集》卷十〈回知遂寧李侍郎〉：

某區區之跡，於棄官時，生理薄甚，二十五六年間，朋友相資，某亦力勤苦節，年來衣食粗給，又以其餘率鄉之好事者，因淫祠之已廢，創社倉，厥初得米僅二千三百碩，行之數年，今五千餘碩矣。

同上卷二二〈南康胡氏社倉記〉：

伯量喜而言曰：「……其始會吾家積歲之贏，得穀六百斛以貸。……越二十年，迄於今，合本息二千斛。……」

姚勉《雪坡舍人集》卷三六〈武寧田氏希賢莊記〉：

> 武寧田君倫德彝與兄佐德賢，從子可簡元行，偕其族之子弟，釆二先生之意，立法以濟鄉里。斂穀六百石為貸本，號希賢社倉者，希晦庵也；率楮六萬緡為糴本，號希賢義廩者，希西山也。

以上各社倉，或創自一家，或創自一族，或創自眾人，而其貸本自數百石至數千石，均出自富家主動的捐助，說明富家自覺其社會責任，樂於以多餘的財力協助農民改善生活。南宋學者所撰的社倉記，多自儒家民胞物與及仁民愛物的思想立論，批評貧富不均的不合理，而以社倉為有助於均富，[26]最足以反映富家的自覺，也說明了儒家思想可作為貧富協調的思想基礎。

26《勉齋集》卷十九〈袁州萍鄉縣西社倉絜矩堂紀〉：「榦聞之師曰：絜，度也；矩，所以為方也。處己接物，度之而無有餘不足，方之謂也。富者田連阡陌而餘粱肉，貧者無置錐而厭糟糠，非方也。社倉之制，輟此之有餘，濟彼之不足，絜矩之方也。君子之道，必度而使方者，乾父坤母，而人物處乎其中，均稟天地之理以為生，民特吾兄弟，物特吾黨與，則其林然而生者，未嘗不方也。」《宋代蜀文輯存》卷七六度正〈巴川社倉記〉：「人與物竝生於天地之間，同於一理，均於一氣，故君子以為人者，同胞之兄弟；而物者，相與之儕輩也。視之如兄弟，則必親之，而有相友之義焉；視之如儕輩，則必愛之，而無暴殄之失焉。如此則知所以南宋政府對社倉的貢獻，與富家相同。社倉之初創雖出自民間，而實有賴常平米的支持。朱熹上疏推廣社倉，論及貸本來源，亦以常平米為主。此後富家出私財設立社倉者日多，而地方政府並未因此放棄其職責。許多地方官員，或支借米穀，或節縮經費，致力於社倉貸本的建立。《朱文公文集》卷八十〈常州宜興縣社倉記〉：

> 紹熙五年（一一九四），常州宜興大夫高君商老實始為之，於其縣善拳、開寶諸鄉，凡為倉者十一，合之為米二千五百有餘斛，擇邑人之賢者承議郎趙君善石、周君林、承直郎周君世德以下二十有餘人以典司之。

《永樂大典》卷七五一〇〈社倉條〉引《南康志》：

> 南康軍社倉：嘉定八年（一二一五），江東常平使李申奏，知南康軍趙師夏樽節泛費，趲錢二千貫、米一萬二千碩，儲以為社倉之用，所宜主張成就，且以風示他郡。

《絜齋集》卷十一〈洪都府社倉記〉：

郡丞豐君有俊請復社倉，白南昌、新建二縣始，郡捐錢千萬，屬里居之賢連江宰陶君武泉、幕友裘君萬頃擇士之堪信仗者分糴之，以待來歲之用。將漕胡公聞而是之，運米二千斛，助成茲事，廥于佛廬、于道觀者十有一。

《真文忠公文集》卷十〈奏置十二縣社倉狀〉：

臣叨蒙湖湘，適潭人連歲艱食，今夏旱暵尤甚，禱請之餘，齋居深念所以為一方饑饉之備，蓋無出社倉之右者，用是樽節浮費，以官錢易穀于總所，凡八萬石，益以他穀，為九萬五千餘石，十二縣置倉凡百所，令人戶之當輸穀于州者，就輸之社倉，其

為仁，知所以為仁，則知所以仁民而愛物矣。仁之為道，用之一鄉不為不足，用之一國不為有餘，所施益博，則濟益眾，顧用之何如耳。在上而行之，則為仁政，在下而行之，則為仁里，里仁之所以為美者，非以其有無相賙，患難相救，疾病相扶故耶。」《雪坡舍人集》卷三六〈武寧田氏希賢莊記〉：「天地之大德曰生，人為天地之心，必能流暢天地之生意，然後俯仰無愧。先儒謂仁者天地生物之心，而人得之以為心。仁也者，蓋天地之生意，凡天地間，何物非我，一物不遂其生，吾心歉矣。士君子之生斯世也，達則仁天下之民，未達則仁其鄉里，能仁其鄉里，苟達即可推以仁天下之民。」諸人所論，多引張載、朱熹之言，可見宋代理學對農村貧富協調的影響。

斂散之規，息耗之數，大概悉倣朱熹所上條約。

《後村先生大全集》卷一六五〈劉洙墓誌銘〉：

宰黃岡，邑無孔錢粒粟，公銖寸積累，糴穀數千斛，立社倉，民賴以活。

均為地方官員創立社倉的例證。由於地方官有行政權，又有籌集經費的能力，所以創設社倉亦較富家容易。富家常須數家才能設立一社倉，而地方官一人常可設立許多社倉，最明顯的例子，即上述真德秀於潭州以穀九萬五千石設社倉百所。根據朱熹推廣社倉之議，用政府經費設立的社倉，應仍由地方人士參預管理，如上述常州宜興縣社倉及南昌、新建社倉，均是如此；真德秀於潭州所設的社倉，則「選擇佐官分任出納，鄉士之主執者不得獨專其權，兼令二年一替。」（《真文忠公文集》卷十〈申尚書省乞撥和糴米及回糴馬穀狀〉）政府的管理權力較大，但亦未排除地方人士於外。因此，社倉貸本即使出自政府，仍然具有部分民間組織的性質。

在富家和政府的共同努力下，社倉確實發揮了協調貧富的作用。農民由於有社倉的協助，不至於受高利貸和米價變動的壓迫，經濟能力為之提高，即使遇到災荒，也不必依賴臨時的救濟，農村亦因此而得到安定。《真文忠公文集》卷十〈奏置十二縣社倉狀〉：

臣恭惟孝宗皇帝深惟民食之重，因朱熹有請，頒社倉法於天下，自是數十年間，凡置倉之地，雖遇凶歲，人無菜色，里無囂聲，臣少時實親覩其利。

即說明這一事實。社倉對改善農民生活的貢獻，可再用建寧府和潭州在有無社倉兩種情況下的不同現象來說明。建寧府是最早設立社倉的地區，但後來因管理不善，而一度停止貸放，在設立社倉以前，社倉正常經營及社倉停止貸放三段時期，建寧府的治安狀況有顯著的差異。《勉齋集》卷十八〈建寧社倉利病〉：

竊見閩中之俗，建寧最為難治，山川險峻，故小民好鬪而輕生；土壤狹隘，故大家寡恩而嗇施。米以五六升為斗，每斗不過五六十錢，其或旱及踰月，增至百金，大家必閉倉以俟高價，小民亦群起殺人以取其禾，閭里為之震駭，官吏困於誅捕，苟或負固難擒，必且嘯聚為變，往者里之寄居有憂其然者，遂請於官，得米五六十（按：十當作百）石，賑貸於其里，計其口數，給以五月，至冬而輸，取息二分，日增月益，累數千石，米日益多，所及益廣，謂之社倉，其後他郡亦有倣而為之者。鄉民五六月間，坐得一月之糧，一月之後，早耙登場矣，是以米價不至騰踊，富家無所牟利，故無閉糴之家，小民不至乏食，故無劫禾之患。二十餘年，里閭安帖，無復他變，蓋所以陰消潛弭之者，皆社倉之力也。數年以來，主事者多非其人，故有鄉里大家，詭立名字，貸而不輸，有至數十百石，然細民之貸者則毫髮不敢有負。去冬少歉，使趙公行部，豪猾詭名之徒，所逋甚多，恐無以償，遂鼓率陳詞，乞權免催，趙公遂從其請，而細民善良者亦觀望而不輸矣。所在社倉，索然一空，今歲五六月間，鄉民失常年社倉所貸一月之食，其勢不得不奔走告糴於大家，大家利其告糴之急，遂索價愈高，至於百八九十金而無可糴之處，較之常年，是三倍其直矣。由是細民之艱食者百十為群，聚於大家，以借禾為名，不可則徑發其廩，又不可則殺其人而散其儲，居民皇皇，為之不安，崇安一鄉大家相率逃避於州縣者不可勝數。

可知建寧府農民在未設社倉之前及社倉停止貸放之後，必須忍受米價高漲的痛苦，無法忍受時則只有起而劫糧；而在社倉發揮作用的二十餘年間，農民於春夏乏糧時獲得社倉的貸借，生活無憂，富家也從而無法操縱米價，鄉里因此平靜無事。潭州十二縣中，僅長沙縣於慶元（一一九五—一二〇〇）初年設社倉二十八所，其他諸縣都沒有社倉，嘉定八年（一二一五）潭州發生災荒，長沙縣和其他各縣的情況遂有所不同。《真文忠公文集》卷十〈申尚書省乞撥和糴米及回糴馬穀狀〉：

今春艱食，諸處細民窘迫至甚，惟長沙縣諸鄉有社倉二十八所，凡二十畝以下之戶皆預貸穀，賴此得充種糧，比之他縣貧民，粗有所恃，某因是詳加體訪，乃知本縣社倉，創始於慶元初年，迨今二十餘載，雖不能無弊，而貧民蒙利實多。

可知長沙縣農民因有社倉的貸借，在災荒時期仍能不缺種子和糧食，而其他各縣農民則因沒有社倉的協助而生活窘迫。建寧府和潭州的事例，清楚地說明了社倉的存在與否，直接影響到農民的生活。因此，南宋社倉雖如真德秀所說「不能無弊」，但只要行之得法，無疑對農村貧富的協調有很大的幫助。

第三節　南宋農村的家族互助

家族制度對南宋農村的貧富協調也有很大的貢獻。同一家族，祀奉共同的祖先，因而具有出於一源的共同意識，基於此一共同意識，族中富家常對貧困的族人給予特別的協助。家族中的貧富相恤，除臨時性的濟助外，又有制度性的義莊，以田產為經濟基礎，依一定的規矩對族人作經常的贍給。義莊制度起源於北宋，至南宋而愈益普遍，成為維持農村安定的重要力量。

同族聚居和族中有貧富的差異，是家族互助的基本背景。同族聚居，始易維持家族的共同意識，也始易了解族人所遭遇的困難，而無論臨時濟助或經常贍給亦均僅能潤及鄰近的族人，遠居者顯然無法顧及。中國歷代都有同族聚居的風俗，[27]南宋亦然，農村中常見同一族姓聚居於同一村落，甚至以族姓為村名。《平齋文集》卷十〈於潛洪氏譜系圖序〉：

聚族天目下，以東洪名其村，無慮六七十家。

《夷堅乙志》卷十五〈水鬬條〉：

樂平縣何衝里，皆程氏所居。

《夷堅丙志》卷十二〈饒氏婦條〉：

撫州逑陂去城二十里，遍村皆甘、林大姓。

《夷堅支乙》卷一〈管秀才家〉：

信州永豐縣管村者，皆管氏所居。

《夷堅支戊》卷二〈葉丞相祖宅條〉：

葉子昂丞相宅在興化仙遊縣，葉氏族派百餘家皆居一村。

《夷堅支癸》卷八〈麗池魚笴條〉：

鄱陽麗池村無田疇，諸聶累世居之。

同上卷十〈曹家蓮花條〉：

27 清水盛光，《支那家族の構造》，頁二四五—二四八；清水盛光著，宋念慈譯，《中國族產制度考》，頁一二二—一二五，列舉自漢至唐及明、清的例證甚多，獨缺宋代的例證。

鄱陽義仁鄉車門，一大聚落也，曹氏環而居之，至數十百家。

《夷堅三志辛》卷六〈牛頭王條〉：

婺源畢村，皆一姓所居。

《夷堅三志巳》卷十〈葉氏七狐條〉：

德興縣外五里一邨落，名朱家閧，葉氏聚居之。

魯應龍〈閑窗括異志〉：

去東湖三四里，有村曰楊墩，左右皆楊其姓者。

均為同族聚居的例證。其中於潛洪氏聚居於東洪村，信州永豐縣管村所居者皆管氏，婺源畢村全為畢姓所居，《閑窗括異志》所述及的楊墩村左右皆楊姓，都是以族姓為村名；而洪族聚居於東洪村者有六七十家，葉族聚居於興化仙遊縣同一村落者多達百餘家，曹族聚居於車門者也有數十百家，族派均甚繁盛。同族雖然聚居，但族僅是共同祭祀的單位，營共同經濟生活的基本群體則是家。南宋也有所謂累世同居或同族共爨的情形，[28]家、族合一，以族營共同的生活，可是這僅是特殊的現象。聚居的同族既可達數十家或百餘家之多，而各家營個別的生活，經濟狀況自然會有所不同，尤以宋代社會趨向平民化，沒有世族存在，富貴貧賤時相升降，[29]族中各家的經濟狀況甚至會有顯著的差異。《攻媿集》卷六十〈范氏復義宅記〉：

> 衣冠之族，不免饑寒者甚眾。

28 嘉泰，《會稽志》卷十三〈義門條〉：「平水、雲門之間，有裘氏，自齊、梁以來七百餘年無異爨，子弟或為士，或為農，鄉黨稱其行。大中祥符四年（一〇一一），用州奏旌其門閭。是時，裘氏義居已十有九世，其族長曰承詢。至嘉泰（一二〇一—一二〇四）初，又五六世矣，猶如故，聚族亦加於昔。」羅大經，《鶴林玉露》卷十七：「陸象山家於撫州金谿，累世義居，一人最長者為家長，一家之事聽命焉。」《皇宋中興兩朝聖政》卷五二乾道九年（一一七三）十二月條：「漢州什邡縣楊村進士陳敏政家，特賜旌表門閭，自敏政高祖母遺訓至今五世同居，並以孝友信義著聞。」《渭南文集》卷三八〈周必正墓誌銘〉：「公孝友最篤，歸自龍舒，築第於永和鎮，聚族共爨。」

29 趙彥衛，《雲麓漫鈔》卷一：「本朝尚科舉，顯人魁士，皆出寒畯。」《袁氏世範》卷二〈世事更變皆天理條〉：「只以鄉曲十年前、二十年前，比論目前，其成敗興衰，何嘗有定勢。」

充分說明這種現象。因此家族中有貧富相恤的必要。

南宋富家以其餘力濟助貧困族人的事蹟甚多，而若干不甚富裕之家，基於同族之誼，也不落於富家之後，以有限的財力為族人解決困難。富家濟助族人的事蹟，如《梅溪王先生文集》「前集」卷二十〈萬世延行狀〉：

> 尤善宗族，每先其急難，遇長幼慈愛均壹，無纖芥嫌隙，族眾多，間有違言，君周旋其間，開釋以理，眾皆媿服，協比如初，由是闔族內外咸欽而愛之，稱為長者。善治生，蓄而能散，親故有不振者，每綱紀其家，其弟子有美質，困不能自業者，給飲食師資費以教之，處女貧無以歸，躬為擇配，匳而遣者凡數人。

同上〈張端弼行狀〉：

> 君通材，經畫有條，未幾，生事大振，富甲鄉邑，然雅重義概，恥為俗子富，務周旋宗族，親舊有以窘告，濟之無難色。

同上〈賈如訥行狀〉：

公善治家，井井有法，不務兼併，而生產日富，性仁慈，尤睦宗族，見貧者，心憫之，常發廩以濟，每言「彼吾宗也，吾忍獨溫飽也？」有尤窘者四族人，以膏腴三十畝賑之，仍給穀暨牛，資其播殖。

《水心先生文集》卷十七〈胡崇禮墓誌銘〉：

餘姚之胡，岡連壟接者八世矣，族人貧富相通，親疎相恤，墮枝落葉，亦使自存。

《浪語集》卷三四〈陳益之父行狀〉：

家累百金，……伏臘之外，悉用振業族黨鄉閈之急難。

都是富家周恤貧困族人的例證，或濟助族人生活，或教育族人子弟，或贈予族人嫁女的妝奩，或更供給族人生產所需的土地和資本。此外，又有一些樂於濟助族黨的善人，本身並不很富裕。《苕溪集》卷五十〈宋故右朝請大夫鄭君墓表〉：

遇宗族鄉黨甚信且厚，居長與時，有宅一區，田一頃，在歸安之璉市，僅足了伏臘，即徙焉，捐其先居之產，悉以與族人。

《水心先生文集》卷十四〈姜安禮墓誌銘〉：

既而頗買田治屋，不至富厚，亦稍賙族窮，援人於乏，如有餘者。

鄭君和姜安禮，家境都非十分寬裕，和前述富甲鄉邑或家累百金之家有所不同，而皆能賙濟族人。可見在家族的共同意識影響下，即使族中沒有甚富之家，家族制度仍然能夠發揮互助的作用。

義莊制度的盛行，使家族互助能夠有更廣泛而長遠的效果。家族的臨時互助，在宋代以前行之已久，而義莊則為北宋新創的制度。宋代是中國家族制度發展的一個新階段的開始，新家譜學的興起，族長的選立，祭法的講求及祭田的設置，均發生於此時，[30]義莊的設置，也是這新發展中的一部分。

義莊之制，創始於北宋范仲淹。但在范仲淹之前，宋初李昉已有類似的作法，[31]僅未有義莊之名，而對社會亦未發生較大的影響。自范仲淹創設義莊之後，他族相繼倣效，成為構成中國家族制度的一個基本要素；而范氏義莊本身，自北宋中葉創始之後，延續近九百年，尚仍存在，[32]其意義的深遠，於此可見。范仲淹出身孤寒，入仕後好施與親舊，而且已有志於義莊的創立，及至貴顯，祿賜有餘，才於慶曆（一○四一—一○四八）、皇祐（一○四九—一○五三）間，逐次於蘇州吳、長洲兩縣，置產千畝，設立義莊。[33]其創設動機，據《范文正公集》附錄

30 參見清水盛光，《支那家族の構造》，第二章第二節〈宗族（宗教の家族）の殘存〉。

31 吳處厚，《青箱雜記》卷一載李昉事蹟：「公有第在京城，家法尤嚴，凡子孫在京守官者，俸錢皆不得私用，與饒陽莊課（按：李昉，深州饒陽人）併輸宅庫，月均給之，故孤遺房分，皆獲沾濟，世所難及也。」

32 乾隆十一年（一七四六）重修的《范氏家乘》，載有范氏義莊自宋至清的演變詳情，此書藏日本東京大學東洋文化研究所，國內未得見，至為可惜。又據日人天野元之助於民國二十八年在吳縣調查，范氏義莊尚仍存在。利用《范氏家乘》對范氏義莊的研究，已有清水盛光著，宋念慈譯，《中國族產制度考》；近藤秀樹，〈范氏義莊の變遷〉（載《東洋史研究》卷二一第四號）；*Denis Twichett, The Fan Clan's Charitable Estate, 1050—1760*（載 David Nivison and Arthur Wright, ed., *Confucianism in Action*）.

33 范仲淹，《范文正公集》附錄〈褒賢祠紀〉卷二載錢公輔〈義田紀〉：「范文正公，蘇人也。平生好施與，擇其親而貧，疏而賢者，咸施之。方貴顯時，於其里中買負郭常稔之田千畝，號曰義莊，以養濟群族。……初，公之未貴顯也，嘗有志於是矣，而力之未逮者二十年，既而為西帥，以至於參大政，於是始有祿賜之入而終其志。」同上附錄〈義莊規矩〉清憲公奏續定規矩：「伏念臣五世祖故參知政事謚文正臣仲淹，奮身孤藐，遭世休明，深念保族之難，欲為傳遠之計，自慶曆（一○四一—一○四八）、皇祐（一○四九—一○五三）以來，節次於蘇州吳、長兩縣，置田畝，立義莊，贍同族。」

〈年譜〉所載：

> 其後名益大，位益顯，嘗語諸子弟曰：「吾吳中宗族甚眾，於吾固有親疏，然以吾祖宗視之，則均是子孫，固無親疏也，吾安得不恤其饑寒哉。且自祖宗以來，積德百年，而始發於吾，得至大官，若獨享富貴，而不卹宗族，異日何以見祖宗於地下，亦何以入家廟乎？」故恩例俸賜，嘗均族人，盡以俸餘買田於蘇州，號曰義莊，贍養宗族。

可知范仲淹所以設立義莊，贍養宗族，是由於他自覺宗族無論親疏，都源出於同一祖先，富貴者對貧困的族人有經濟上的責任。范氏義莊對族人的贍給，有一定的規矩，這一規矩為范仲淹於皇祐二年（一〇五〇）所訂立，此後至南宋雖曾多次增訂，但所增者多為防止弊端的規則，於贍給方式則少有增改。茲據《范文正公集》附錄〈義莊規矩〉錄范仲淹初定規矩於下：

> 一、逐房計口給米，每口一升，並支白米，如支糙米，即臨時加折（原注：支糙米每斗折白八升，逐月實支每口白米三斗）。
>
> 一、男女五歲以上入數。

一、女使有兒女，在家及十五年，年五十歲以上，聽給米。

一、冬衣每口一疋，十歲以下，五歲以上各半疋。

一、每房許給奴婢米一口，即不支衣。

一、有吉凶增減口數，畫時上簿。

一、逐房各置請米曆子一道，每月末於掌管人處批請，不得預先隔跨月分支請，掌管人亦置簿拘轄，簿頭錄諸房口數為額，掌管人自行破用，或探支與人，許諸房覺察勒陪填。

一、嫁女支錢三十貫（原注：七十七陌，下並准此）；再嫁二十貫。

一、娶婦支錢二十貫，再娶不支。

一、子弟出官人每還家待闕、守選、丁憂，或任川、廣、福建官，留家鄉里者，並依諸房例給米絹并吉凶錢數，雖近官實有故留家者，亦依此例支給。

一、逐房喪葬，尊長有喪，先支一十貫，至葬事，又支一十五貫；次長五貫，葬事支十貫；卑幼十九歲以下喪葬通支七貫，十五歲以下支三貫，十歲以下支二貫，七歲以下及婢僕皆不支。

一、鄉里外姻親戚，如貧窘中非次急難，或遇年飢不能度日，諸房同共相度詣實，即於義田米內量行濟助。

一、所管逐年米斛，自皇祐二年十月支給逐月餱糧并冬衣絹；約自皇祐三年（一〇五一）以後，每一年豐熟樁留二年之糧；若遇凶荒，除餱糧外，一切不支；或二年糧外有餘，卻先支喪葬，次及嫁娶，如更有餘，方支冬衣；或所餘不多，即凶吉等事眾議分數均勻支給，或又不給，即先凶後吉，或凶事同時，即先尊口，後卑口，如尊卑又同，即以所亡所葬先後支給；如支上件餱糧吉凶事外，更有餘羨數目，不得糶貨，樁充三年以上糧儲，或慮陳損，即至秋成日方得糶貨，回換新米樁管。

可知范氏義莊的贍給方式，是計口逐日支米一升，每歲支衣一疋，喪葬嫁娶皆有補助，贍給對象以居於蘇州的族人為主，鄉里外姻親戚如確有急需，也酌量予以濟助。以每口逐日支米一升而言，即已解決了成人一日食米需要量的一半。因此，在義莊協助下的貧困族人，經濟情況自必大為改善。《范文正公集》〈褒賢祠記〉卷二劉榘〈范氏義莊申嚴規式記〉載南宋范氏族人范之柔言：

先祖所創義田，今幾二百年，聚族數千指，雖甚窶者賴以無離散之患。

說明了義莊所發揮的長遠作用。而義莊對周恤族人，所以能夠發揮臨時濟助所無法發揮的長遠作用，實因義莊有固定的田產作永久的經濟來源。

義莊雖創於北宋，但至南宋時期始成為社會上一普遍的制度。范仲淹創立義莊後，置田產以贍養族人的措施即逐漸為當時人所倣效，北宋的家族義莊，見於記載者尚少，除范氏外，僅吳奎、韓贄、向子諲及劉輝數族而已；[34]至南宋日漸普遍，見於記載者有四十族之多。茲列舉南宋義莊的創始人、分布及規模如表十九。

表十九　南宋義莊分布及規模

創始人	分布	規模	資料來源
范仲淹	平江府吳縣、長洲縣	三、一六八畝	《范文正公集》附錄〈朝廷優崇・嘉熙四年與免科糴〉
畢叔茲	平江府	四○○畝	《江湖長翁集》卷二一〈畢叔茲通判義莊記〉
錢佃	平江府常熟縣	不詳	重修《琴川志》卷八〈敘人・人物〉

34 參見清水盛光著，宋念慈譯，《中國族產制度考》，頁三七—三九。

創始人	分布	規模	資料來源
季逢昌	平江府常熟縣	不詳	鄧韍嘉靖《常熟縣志》卷九〈寓人志〉
鄭準	平江府崑山縣	不詳	邊實《玉峰續志》〈名宦篇〉
張湜	鎮江府	四〇〇畝	《漫塘文集》卷二一〈希墟張氏義莊記〉
陳稽古	鎮江府	一四一畝	《漫塘文集》卷二三〈洮湖陳氏義莊記〉
鍾穎	鎮江府	不詳	《漫塘文集》卷三一〈鍾穎墓誌銘〉
趙希瀞	衢州	不詳	《後村先生大全集》卷一五五〈安撫殿撰趙公墓誌銘〉
趙德椽、趙崇	衢州信安縣	一、〇〇〇斛	景定《嚴州續志》卷五〈建德縣救荒記〉，《後村先生大全集》卷一一一〈建德縣賑糶本末〉
樓璹	明州鄞縣	五〇〇畝	王元恭至正《四明續志》卷八〈晝錦樓氏義莊記〉
余晦	明州鄞縣	不詳	全祖望《鮚亭集》，「外編」卷二一〈桓溪全氏義田記〉
全汝梅	明州鄞縣	不詳	同右

創始人	分布	規模	資料來源
孫椿年	紹興府餘姚縣	不詳	《渭南文集》卷三九〈孫椿年墓表〉
陳德高	婺州東陽縣	一、〇〇〇畝	萬曆《金華府志》卷十六〈人物志・陳德高傳〉
呂皓	婺州永康縣	不詳	同右〈呂皓傳〉
謝子暢	台州	不詳	《赤城集》卷十二趙蕃〈台州謝子暢義田續記〉
石子重	台州臨海縣	不詳	《朱文公文集》卷九二〈知南康軍石君墓誌銘〉
閻駿	建康府	不詳	《苕溪集》卷五十〈宋故永嘉郡夫人高氏墓誌銘〉
張燾	饒州德興縣	不詳	《文忠集》卷六四〈張燾神道碑〉
王剛中	饒州樂平縣	一、〇〇〇畝	孫覿《鴻慶居士集》卷三八〈王剛中墓誌銘〉
郭蒙	臨江軍新淦縣	二〇〇畝	《朱文公文集》卷九二〈岳州史君郭公墓碣銘〉
舒氏	隆興府靖安縣	二、〇〇〇畝	吳澄《吳文正集》卷七七〈故平山舒府君墓誌銘〉

創始人	分布	規模	資料來源
蕭知常	吉州廬陵縣	一、〇〇〇石	乾隆《廬陵縣志》卷二八〈人物志・庶官篇・蕭逢辰傳〉
孫逢辰	吉州龍泉縣	不詳	《文忠集》卷七四〈孫逢辰墓誌銘〉
陳合	吉州龍泉縣	不詳	蘇遇龍乾隆《龍泉縣志》卷十〈人物志・篤行篇〉
江燾	建寧府崇安縣	不詳	《鶴山先生大全文集》卷八三〈江塤墓誌銘〉
熊如圭	建寧府建陽縣	不詳	劉爚《雲莊劉文簡公文集》卷八〈熊氏義莊記〉
劉淵	建寧府建陽縣	不詳	游九言《默齋遺稿》卷下〈建陽麻沙劉氏義莊記〉
林瑑	福州福清縣	一〇〇斛	《後村先生大全集》卷一六六〈直祕閣林公行狀〉
陳居仁	興化軍莆田縣	二〇〇畝	《攻媿集》卷八九〈陳居仁行狀〉
方大琮	興化軍莆田縣	三五〇石	《竹溪鬳齋十一藁續集》卷十二〈莆田方氏義莊規矩序〉

創始人	分布	規模	資料來源
趙葵	潭州衡山縣	五、〇〇〇畝	《後村先生大全集》卷九二〈趙氏義學莊〉
孫堪	江陵府松滋縣	不詳	《鶴山先生大全文集》卷七九〈孫仲卿墓誌銘〉
施揚休	成都府	二〇〇畝	《斐然集》卷二一〈成都施氏義田記〉
張浚	漢州綿竹縣	不詳	《朱文公文集》卷九五下〈張浚行狀〉
祝可久	不詳	不詳	《楳埜集》卷十一〈刺史祝公贊〉
鄭興裔	不詳	不詳	《文忠集》卷七十〈鄭興裔神道碑〉
葉茵	不詳	不詳	陳起《江湖小集》卷四一載葉茵《順適堂吟稿》〈喜義莊成〉
江氏	不詳	不詳	《名公書判清明集》〈戶婚門．立繼類．命繼與立繼不同條〉

上列南宋義莊，除范氏義莊創於北宋外，其餘都創立於南宋，分布於兩浙、江東、江西、福建、湖南、湖北、四川諸路，僅兩淮、兩廣未見有義莊的記載，可以說是幾遍全國；其規模則小自百餘畝，大至五千畝，因各創始人經濟狀況的不同而有差異，而范氏義莊於嘉熙四年（一二四〇）已擁有田產三千餘畝，較范仲淹初創時擴大很多。

南宋義莊的田產來源，大多與北宋范氏義莊相同，贍給方式也多沿襲范仲淹所訂立的規矩，但都有若干新的演變。以義莊的田產來源而言，范仲淹創設義莊，是以俸餘購置田產，南宋義莊的設立，仍多由士大夫在仕宦之後，以俸祿之餘購置田產，如閻駿、張𤅳、樓璹、林瑑、趙葵所創設的義莊，均是如此。[35]但也有若干義莊的創設人未曾仕宦，其購置田產的資金顯非取自俸餘。如《渭南文集》卷二一〈東陽陳君義莊記〉：

東陽進士陳君德高因吾友人呂君友德來告曰：「德高不幸早失先人，舉進士又輒斥，念昔先人進德高輩於學，蓋將使之事君，使之字民，以廣我先人之志，今雖自力而不合於有司之繩尺，如其遂負所期望付託，生何面以奉祭祀，死何辭以見吾親於地下。不獲施於仕進，為時雨，為豐年矣，獨不可退而施於宗族乎？於是欲為義莊，略用范文正公之矩度，而稍增損之，以適時變。」……陳氏，布衣也，其貲產非能絕出一鄉之上，而義倡於鄉如此。

按陳德高舉進士未第，非仕宦者。又同上卷三九〈孫君（椿年）墓表〉：

預特奏名，人皆謂公且遇合，乃復以不合有司意，入下第，有詔例補嶽祠，君辭焉。……晚倣范文正公義莊之制，贍其族，長幼親疏，咸有倫序，歲以為常。

按孫椿年雖補特奏名而辭官，亦非仕宦者。可知南宋義莊不僅行於仕宦家族，未仕宦者只要能力所及，也捐助田產以贍宗族。又有若干義莊田產，並非來自購置，而是來自先人的遺產。《文忠集》卷七十〈鄭興裔神道碑〉：

榮公將終，分以餘資，公辭曰：「叔父素恤宗族，願立義莊，贍南北眷。」至今賴之。

35《苕溪集》卷五十〈宋故永嘉郡夫人高氏墓誌銘〉：「（閭駿）平居不植產，族聚浸廣，仰食者眾，洎為治杭中，得圭田之租，即以付族長，俾置田鄉里，次第給之。」《文忠集》卷六四〈張燾神道碑〉：「又追先志，斥俸餘為義莊，贍宗族。」《攻媿集》卷七六〈跋揚州伯父耕織圖〉：「伯父（樓璹）……晚而退閒，斥俸餘以為義莊。」《後村先生大全集》卷一六六〈直祕閣林公（瑑）行狀〉：「晚食祠祿，歲取百千別儲之，更五任，得田百斛，以贍貧宗。」同上卷九二〈趙氏義學莊〉：「至忠肅公（趙方）而族益蕃，忠肅公既貴，欲倣范文正公置義田以厚其宗而未果，及丞相衛公（趙葵），世載勳勞，致位二府，慨然曰：遺言在耳，吾昔與二兄謀共成先志，不幸二兄奄忽，今非吾責乎？」

這是自動放棄繼承遺產，以之設立義莊。又《名公書判清明集》〈戶婚門．立繼類．命繼與立繼不同條〉：

> 今欲照上條帖縣委官將江齊戴見在應干田地屋業浮財等物，從公檢校抄劄，作三分均分，將一分命江瑞以繼齊戴後，奉承祭祀，官司再為檢校，置立簿曆，擇族長主其出入，官為稽考，候出幼日給江淵，不得干預；將一分附與諸女法，撥為義莊，以贍宗族之孤寡貧困者，仍擇族長主其收支，官為考覈，餘一分沒官。

按宋代戶絕律，戶絕之家若無在室、歸宗或出嫁女，則以其財三分之一給繼子，三分之二沒官；若有出嫁女，則以三分之一沒官，其餘三分之二由繼子和諸女均分。[36]江齊戴死後戶絕，而又無女，政府處分其遺產，以三分之一給繼子江瑞，其餘本應完全沒官，但政府只沒入其三分之一，而以所餘三分之一比附與諸女法，撥為江氏一族的義莊。平民設置義莊和義莊田產來自遺產，均反映南宋義莊設置普遍的趨向，田產來源不拘限於以俸祿之餘購置，而可採用多種方式。尤其是政府處分江齊戴遺產的例子，戶絕田產可由政府撥為家族義莊，更足以說明義莊之設已成風俗。以義莊的贍給方式而言，南宋范氏義莊仍然沿用范仲淹初訂的規矩，而其他新設的義莊也以其為模倣的對象。[37]因此，范仲淹所訂的規矩，實際上可同時說明南宋一般義莊的贍給方式。但南宋也有若干義莊，其贍給對象僅限於貧困族人，與范氏義莊逐房計口贍給不同。《文忠集》卷七四〈孫逢辰墓誌銘〉：

嘗慕范文正公置義莊，贍宗族，買田北鄉，以歲入給貧者伏臘吉凶費，市藥療病，買棺送死，衣寒食饑。

《朱文公文集》卷九二〈岳州史君郭公墓碣銘〉：

公沒，而蒙愈自力於為善，嘗以田二頃為義莊，周貧族人，以為猶用公平日之意也。

《椇埜集》卷十一〈刺史祝公贊〉：

36 參見徐道鄰，〈宋律佚文輯註〉（收入徐道鄰，《中國法制史論集》）〈戶絕法·命繼分產條〉。

37《斐然集》卷二一〈成都施氏義田記〉：「遵文正公舊規。」《竹溪鬳齋十一稾續集》卷十二〈莆田方氏義莊規矩序〉：「於是取范公遺法，依倣而行。」《攻媿集》卷八九〈陳居仁行狀〉：「略用范文正公義莊規矩，以給宗姻。」同類資料尚多。

又為義莊，族之貧者計口給粟，衣其寒，藥其疾，殮其死，皆親視之。

《鮚埼亭集》「外編」卷二一〈桓溪全氏義田記〉：

草創於宋徵士來菽府君諱汝梅，……既絕意當世，乃草創義田條約，仿諸家之例，其貧者計口計日而給之，婚嫁喪葬各有助。

以上各義莊都僅贍給貧困的族人。贍給範圍的縮小，同樣反映義莊設置普遍的趨向，創設義莊，不必等待大貴之後，經濟基礎稍優的眾人，將贍給範圍縮小，亦可設置。總之，南宋義莊的各種演變，均反映出其普遍的趨向，而無悖於范仲淹創設義莊的精神，在這種情形下，負擔起濟助貧困族人的責任者愈來愈多，受惠者自必愈來愈廣，而家族制度所發揮的協調貧富作用也就愈形顯著。

結論

綜以上五章所述，可知南宋農村貧富階層之間的經濟關係是多方面的，僅從其中任何一面去了解南宋的農村經濟，都不足以認識其實況。但是富家為改善農民生活而作的各項努力，由於對農村社會的和諧與進步具有積極的意義，值得特別予以強調。

南宋農村中確實存有貧富不均的現象，而貧富階層之間也確實存有利益上甚至實際行動上的衝突。占全國戶口大多數的農村戶口，大部分是貧乏農家，中產之家不多，而土地所有權集中在較中產之家猶少的富家手中。一般農家所擁有或經營的土地都很有限，而租佃制度在佃權和租課上都對佃戶有不利之處，農家因此收入微薄。農家的農業收入，不能與其為農業生產所付出的勞力相平衡，再加上賦役負擔的繁重和不均，及農家為融通生產資本所付出的利息過高，使得農家生活愈加困苦。農產價格的變動使農家無論穀貴或穀賤都蒙受損失，在災荒時甚至因而難以為生。富家的情況，則正與農家相反，他們擁有多量的土地，坐收豐厚的租課和利息，從農產價格的變動中取利。凡此都是南宋農村貧富階層利益衝突之處。而災荒時的劫糧事件，則是利益衝突轉化為實際的行動。

即使南宋農村貧富階層在土地、勞力、資本以及農產價格變動上有上述的衝突存在，二者之間也絕非是必然對立的。農家經營土地的數量，要較其擁有土地的數量對農家收入有更大的影響，而農家所經營的土地面積有限，則肇因於南宋人口過多及分布不均，非富家所能負責。租佃制度下的佃戶地位，並非如若干研究者所說的十分低下，佃權保障在南宋時期逐漸增加，佃戶地位日益上升，佃戶一般享有人格上完全的自主，也有改變身分的可能；而租佃制度在當時的社會情況中亦非全無存在的價值，許多土地不足及缺乏土地的農民仰賴租佃制度而得以維持生活，政府也常鼓勵地主收容災民作佃客以解決失業問題。農家農業收入微薄，不敷開支，可由兼營各種副業及應募為興建水利工程的勞工而使家計平衡。生產資本的融通固然有可能使農家陷入長期負債的困境，但是也使富家的財富轉移為農業資本，農業生產因而得以順利進行；而政府和富家負擔了水利建設的大部分經費，則更有利於農業生產和農家收入，減輕了農家籌措資本的困難。富家操縱農產價格固屬可恨，但是糧食不足地區的農民，亦常須仰賴他們溝通有無，才能解決糧食問題。

更重要的是，南宋政府及若干自覺的富家，有改善貧富不均及促進貧富協調的理想和行動。除南宋富家常對貧乏農家施以臨時性的救濟外，還有經界、義役等均平賦役的措施，以及社倉、義莊等長久性的互助制度，這些措施和制度，或是限制富家經濟利益的擴張，或是由富家負起較大的經濟責任，農家生活因而得以改善，農村中因貧富階層經濟利益衝突而產生的不安遂不至於擴大，甚或陰消潛弭。而富家對其經濟責任的自覺，實與宋代儒學振興有甚深的關係，經界之說原本孟子，義役、社倉及義莊的創始人或推廣者，如范仲淹、朱熹均為宋代的大儒，范成大雖以詩名，亦曾深受儒學的薰陶，社倉的推廣則朱熹門人和理學同道貢獻了很大的力量，而民胞物與及仁民愛物等儒家思想，更清楚的被提出作為協調貧富措施的理論根據。總之，對於社會的和諧與進步來講，南宋農村的貧富衝突只是病態的一面，另有貧富協調的歷史主流存在，而儒家思想的發揚實大有助益於貧富衝突的消弭，也只有協調與和諧，才能指引人類歷史走向光明的未來。

引用書目

一、史料

1. 史籍、政典

不著撰人，《皇宋中興兩朝聖政》，台北：文海出版社，一九六七。
不著撰人，《兩朝綱目備要》，《四庫全書》珍本初集本。
不著撰人，《宋史全文續資治通鑑》，台北：文海出版社，一九六九。
王圻，《續文獻通考》，台北：文海出版社，一九七九。
李燾，《續資治通鑑長編》，台北：世界書局，一九六四。
李心傳，《建炎以來繫年要錄》，台北：文海出版社，一九六八。
李心傳，《建炎以來朝野雜記》，台北：文海出版社，一九六七。
徐松輯，《宋會要輯稿》，台北：世界書局，一九六四。
徐夢莘，《三朝北盟會編》，台北：文海出版社，一九六二。
馬端臨，《文獻通考》，台北：新興書局，一九六四。
脫脫等，《宋史》，武英殿本。
謝深甫，《慶元條法事類》，台北：新文豐出版公司，一九七六。

2. 地志、金石

尤稺章，康熙《宜黃縣志》，清康熙五年刊本。
方仁榮、鄭瑤，景定《嚴州續志》，《叢書集成》本。
王元恭，至正《四明續志》，清咸豐四年徐氏煙嶼樓刊本。
王象之，《輿地紀勝》，台北：文海出版社，一九六二。
王懋德，萬曆《金華府志》，台北：台灣學生書局，一九六五。
王光烈，康熙《宜春縣志》，清康熙四十七年刊本。
王存，元豐《九域志》，台北：文海出版社，一九六二。
平觀瀾，乾隆《廬陵縣志》，清乾隆四十六年刊本。
札隆阿，道光《宜黃縣志》，清道光五年刊本。
申嘉瑞，隆慶《儀真縣志》，抄本。
史能之，咸淳《毗陵志》，清嘉慶二十五年趙懷玉刊本。
朱昱，重修《毗陵志》，明成化二十年刊本。
朱東光，隆慶《平陽縣志》，明隆慶五年刊本。
李堂，乾隆《湖州府志》，清乾隆二十三年刊本。
李遇孫，《括蒼金石志》，《石刻史料新編》本。
李紱，乾隆《汀州府志》，台北：成文出版社，一九六七。

汪曰楨，《南潯鎮志》，清咸豐九年刊本。
杜春生，《越中金石記》，清道光十年山陰杜氏詹波館刊本。
阮元，《兩浙金石志》，《石刻史料叢書》本。
阮升基，嘉慶《宜興縣志》，清同治八年刊本。
定祥，光緒《吉安府志》，清光緒二年刊本。
周淙，乾道《臨安志》，《武林掌故叢編》本。
周應合，景定《建康志》，錢氏潛研堂抄本。
俞希魯，至順《鎮江志》，清同治二年刊本。
姚文灝，《浙西水利書》，《四庫全書》珍本三集本。
施宿，嘉泰《會稽志》，清嘉慶十三年刊本。
范成大，《吳郡志》，《墨海金壺》本。
胡敬，《淳祐臨安志輯逸》，《武林掌故叢編》本。
高似孫，《剡錄》，台北：成文出版社，一九七〇。
凌萬頃、邊實，淳祐《玉峰志》，《彙刻太倉舊志五種》本。
徐碩，至元《嘉禾志》，清袁氏貞節堂抄本。
徐良傅，嘉靖《撫州府志》，明嘉靖三十三年刊本。
夏良勝，正德《建昌府志》，天一閣藏明代方志選刊本。

盛儀、嘉靖《惟揚志》、天一閣藏明代方志選刊本。
梁克家，淳熙《三山志》，明崇禎十一年得山林弘衍重刊本。
梅應發，開慶《四明續志》，清咸豐四年徐氏煙嶼樓刊本。
常棠，《海鹽澉水志》，《四庫全書》珍本五集本。
湯日昭，萬曆《溫州府志》，明萬曆刊本。
許仁，嘉靖《德化縣志》，明嘉靖刊本。
許應嶸，同治《南昌府志》，清同治十二年刊本。
許應嶸，光緒《撫州府志》，清光緒二年刊本。
陳效，弘治《興化府志》，清同治十年重刊本。
陳常鏵，光緒《分水縣志》，清光緒三十三年刊本。
陳延恩，道光《江陰縣志》，清道光二十年刊本。
陳池養，《莆田水利志》，清光緒元年刊本。
陳耆卿，嘉定《赤城志》，《四庫全書》本。
陳鍾英，光緒《黃巖縣志》，清光緒三年列本。
陸在新，康熙《廬陵縣志》，清康熙二十八年刊本。
陸師，康熙《儀真志》，清康熙五十七年刊本。
陸耀遹，《金石續編》，《石刻史料叢書》本。

馮福京，《昌國州圖志》，《四庫全書》珍本五集本。
郭忠，成化《處州府志》，明成化刊本。
陶履中，崇禎《瑞州府志》，抄本。
張岳，嘉靖《惠安縣志》，明嘉靖刊本。
張衮，嘉靖《江陰縣志》，明嘉靖二十六年刊本。
張淏，寶慶《會稽續志》，清嘉慶十三年刊本。
張園真，《烏青文獻》，清康熙間春草堂刊本。
黃天錫、嘉靖《贛州府志》，天一閣藏明代方志選刊本。
黃瑞，《台州金石錄》，《嘉業堂叢書》本。
黃桂，康熙《太平府志》，清光緒二十九年刊本。
程子鏊，萬曆《蘭谿縣志》，明萬曆三十四年刊本。
程尚寬，《新安名族志》，明嘉靖二十九年刊本。
程敏政，《新安文獻志》，明弘治三年刊本。
裴大中，光緒《無錫金匱縣志》，清光緒七年刊本。
彭澤，弘治《徽州府志》，台北：台灣學生書局，一九六五。
陽思謙，萬曆《泉州府志》，明萬曆四十年刊本。
楊潛，紹熙《雲間志》，《觀自得齋叢書》本。

楊準，嘉靖《衢州府志》，明嘉靖刊本。
鄒伯森，《括蒼金石志補遺》，《石刻史料新編》第二輯本。
董弅，《嚴州圖經》，《叢書集成》本。
董世寧，《烏青鎮志》，清乾隆二十五年刊本。
劉坤一，《江西通志》，台北：華文書局，一九六七。
劉佑，康熙《南安縣志》，台北：南安同鄉會，一九七三。
鄧鍾玉，光緒《金華縣志》，鉛字重印本，一九三四。
鄧廷楫，乾隆《清江縣志》，清乾隆四十五年刊本。
鄧韨，嘉靖《常熟縣志》，台北：台灣學生書局，一九六五。
談鑰，嘉泰《吳興志》，《吳興叢書》本。
潛說友，咸淳《臨安志》，清道光十年錢塘汪氏刊本。
魯銓，嘉慶《寧國府志》，清嘉慶二十年刊本。
盧熊，洪武《蘇州府志》，舊抄本。
盧憲，嘉定《鎮江志》，清宣統二年重刊本。
盧鎮，重修《琴川志》，明末海虞毛氏汲古閣刊本。
諸自穀，嘉慶《義烏縣志》，清嘉慶七年刊本。
錫榮，同治《萍鄉縣志》，清同治十一年刊本。

繆荃孫，《江蘇金石志》，《石刻史料叢書》本。
龍賡言，民國《萬載縣志》，台北：成文出版社，一九七五。
韓國藩，萬曆《邵武府志》，明萬曆刊本。
鍾崇文，隆慶《岳州府志》，天一閣藏明代方志選刊本。
邊實，《玉峰續志》，《彙刻太倉舊志五種》本。
魏大名，嘉慶《崇安縣志》，抄本。
魏峴，《四明它山水利備覽》，《四明叢書》本。
蘇遇龍，乾隆《龍泉縣志》，清乾隆三十六年刊本。
羅濬，寶慶《四明志》，清咸豐四年徐氏煙嶼樓刊本。
羅願，淳熙《新安志》，清光緒十四年刊本。
羅青霄，萬曆《漳州府志》，台北：台灣學生書局，一九六五。
羅愫，乾隆《烏程縣志》，清乾隆十一年刊本。
羅復晉，雍正《撫州府志》，清雍正七年刊本。
嚴辰，光緒《桐鄉縣志》，台北：成文出版社，一九七〇。
顧清，正德《松江府志》，明正德七年松江府刊本。

3. 文集、奏議

方岳，《秋崖集》，《四庫全書》珍本三集本。

方大琮，《鐵庵集》，《四庫全書》珍本二集本。
方逢辰，《蛟峰文集》，《四庫全書》珍本四集本。
文天祥，《文山先生全集》，《四部叢刊》續編本。
李綱，《梁谿先生文集》，台北：漢華文化事業公司，一九七〇。
李流謙，《澹齋集》，《四庫全書》珍本二集本。
汪應辰，《文定集》，《聚珍版叢書》本。
王之望，《漢濱集》，《四庫全書》珍本別輯本。
王安石，《臨川先生文集》，《四部叢刊》初編本。
王庭珪，《盧溪文集》，《四庫全書》珍本三集本。
史堯弼，《蓮峰集》，《四庫全書》珍本初集本。
全祖望，《鮚埼亭集》，《四部叢刊》初編本。
朱熹，《朱文公文集》，《四部叢刊》初編本。
呂午，《左史諫草》，《四庫全書》珍本初集本。
呂祖謙，《東萊集》，《金華叢書》本。
吳泳，《鶴林集》，《四庫全書》珍本初集本。
吳潛，《許國公奏議》，《十萬卷樓叢書》本。
吳澄，《吳文正集》，《四庫全書》珍本二集本。

杜範，《清獻集》，《四庫全書》珍本二集本。
李石，《方舟集》，《四庫全書》珍本初集本。
王炎，《雙溪類稿》，《四庫全書》珍本三集本。
王柏，《魯齋集》，《續金華叢書》本。
王十朋，《梅溪王先生文集》，《四部叢刊》初編本。
周南，《山房集》，《四庫全書》珍本三集本。
周必大，《文忠集》，《四庫全書》珍本二集本。
周紫芝，《太倉稊米集》，《四庫全書》珍本二集本。
林希逸，《竹溪鬳齋十一稿續集》，《四庫全書》珍本二集本。
林季仲，《竹軒雜著》，《四庫全書》珍本別輯本。
林逢吉輯，《赤城集》，《台州叢書》本。
姚勉，《雪坡舍人集》，《豫章叢書》本。
范浚，《范香溪文集》，《四部叢列》續編本。
范仲淹，《范文正公集》，《四部叢刊》初編本。
范成大，《石湖居士詩集》，《四部叢刊》初編本。
洪适，《盤洲文集》，《四部叢刊》初編本。
洪咨夔，《平齋文集》，《四部叢刊》續編本。

胡宏，《五峰集》，《四庫全書》珍本初集本。
胡寅，《斐然集》，《四庫全書》珍本初集本。
倪朴，《倪石陵書》，《續金華叢書》本。
高斯得，《恥堂存稿》，《聚珍版叢書》本。
唐仲友，《悅齋文抄》，《續金華叢書》本。
徐元杰，《楳埜集》，《四庫全書》珍本別輯本。
徐鹿卿，《清正存稿》，舊抄本。
徐經孫，《徐文惠公存稿》，舊抄本。
孫覿，《鴻慶居士集》，《常州先哲遺書》本。
孫應時，《燭湖集》，《四庫全書》珍本四集本。
袁燮，《絜齋集》，《聚珍版叢書》本。
袁甫，《蒙齋集》，《聚珍版叢書》本。
袁說友，《東塘集》，《四庫全書》珍本初集本。
真德秀，《真文忠公文集》，《四部叢刊》初編本。
崔敦禮，《宮教集》，《四庫全書》珍本三集本。
張嵲，《紫微集》，《四庫全書》珍本別輯本。
張栻，《南軒集》，《和刻影印近世漢籍叢刊》本。

莊仲方編，《南宋文範》，台北：鼎文書局，一九七五。
許應龍，《東澗集》，《四庫全書》珍本初集本。
陸游，《陸放翁全集》，《四部備要》本。
陸九淵，《象山先生全集》，《四部叢刊》初編本。
陳亮，《龍川文集》，《四部備要》本。
陳起編，《南宋群賢小集》，清嘉慶六年石門顧氏讀畫齋刊本。
陳起編，《江湖小集》，《四庫全書》珍本七集本。
陳淳，《北溪大全集》，《四庫全書》珍本四集本。
陳造，《江湖長翁集》，《四庫全書》珍本五集本。
陳著，《本堂集》，《四庫全書》珍本二集本。
陳藻，《樂軒集》，《四庫全書》珍本二集本。
陳長方，《唯室集》，《四庫全書》珍本初集本。
陳傅良，《止齋先生文集》，《四部叢刊》初編本。
黃淮、楊士奇編，《歷代名臣奏議》，台北：台灣學生書局，一九六四。
黃榦，《勉齋集》，《四庫全書》珍本二集本。
黃震，《黃氏日抄》，《四庫全書》珍本二集本。
傅增湘輯，《宋代蜀文輯存》，台北：新文豐出版公司，一九七四。

彭龜年，《止堂集》，《聚珍版叢書》本。
游九言，《默齋遺稿》，《四庫全書》珍本三集本。
程珌，《洺水集》，《四庫全書》珍本三集本。
程洵，《尊德性齋小集》，《知不足齋叢書》本。
舒岳祥，《閬風集》，《四庫全書》珍本三集本。
華岳，《翠微南征錄》，台北：廣文書局，一九七二。
陽枋，《字溪集》，《四庫全書》珍本初集本。
楊簡，《慈湖遺書》，《四明叢書》本。
楊萬里，《誠齋集》，《四部叢刊》初編本。
葉適，《葉適集》，台北：河洛圖書出版社，一九七四。
趙汝愚編，《諸臣奏議》，台北：文海出版社，一九七〇。
劉宰，《漫塘文集》，《嘉業堂叢書》本。
劉黻，《蒙川遺稿》，《永嘉叢書》本。
劉爚，《雲莊劉文簡公文集》，明弘治間劉熔刊嘉靖間修補本。
劉一止，《苕溪集》，《四庫全書》珍本二集本。
劉克莊，《後村先生大全集》，《四部叢刊》初編本。
劉學箕，《方是閒居士小稿》，《四庫全書》珍本三集本。

劉辰翁，《須溪集》，《四庫全書》珍本四集本。
廖剛，《高峰文集》，《四庫全書》珍本初集本。
樓鑰，《攻媿集》，《四部叢刊》初編本。
歐陽守道，《巽齋文集》，《四庫全書》珍本二集本。
蔡堪，《定齋集》，《四庫全書》珍本別輯本。
衛涇，《後樂集》，《四庫全書》珍本初集本。
鄭樵，《夾漈遺稿》，《藝海珠塵》本。
鄭興裔，《鄭忠肅奏議遺集》，《四庫全書》珍本初集本。
戴栩，《浣川集》，《敬鄉樓叢書》本。
戴復古，《石屏詩集》，《四部叢刊》續編本。
薛季宣，《浪語集》，《永嘉叢書》本。
韓元吉，《南澗甲乙稿》，《聚珍版叢書》本。
魏了翁，《鶴山先生大全文集》，《四部叢刊》初編本。

4. 筆記、其他

不著撰人，《鬼董》，《知不足齋叢書》本。
不著撰人，《名公書判清明集》，《四部叢刊》續編本。

不著撰人，《新編事文類要啟箚青錢》，台北：大化書局，一九七〇。
不著撰人，《新編事文類聚啟箚青錢》，元刊本。
方勺，《泊宅編》，《讀畫齋叢書》本。
方回，《古今考續考》，《四庫全書》珍本四集本。
王灼，《糖霜譜》，《學津討原》本。
王明清，《揮麈後錄》，《學津討原》本。
吳自牧，《夢粱錄》，《知不足齋叢書》本。
吳處厚，《青箱雜記》，《稗海》本。
李之彥，《東谷隨筆》，《百川學海》本。
周密，《癸辛雜識》，《稗海》本。
周去非，《嶺外代答》，《知不足齋叢書》本。
岳珂，《愧郯錄》，《知不足齋叢書》本。
姚廣孝等，《永樂大典》，台北：世界書局，一九六二。
范成大，《桂海虞衡志》，《知不足齋叢書》本。
范成大，《驂鸞錄》，《知不足齋叢書》本。
洪邁，《夷堅志》，涵芬樓本。
洪邁，《容齋隨筆》，《四部叢刊》續編本。

胡太初，《晝簾緒論》，《百川學海》本。
秦九韶，《數學九章》，《四庫全書》珍本別輯本。
袁采，《袁氏世範》，《知不足齋叢書》本。
真德秀，《大學衍義》，台北：文友書店，一九六八。
陳旉，《農書》，《知不足齋叢書》本。
陳襄，《州縣提綱》，《學津討原》本。
黃宗羲、全祖望，《宋元學案》，《四部備要》本。
董渭，《救荒活民書》，《墨海金壺》本。
劉應李，《新編事文類聚翰墨大全》，明建刊黑口本。
劉應李，《新編事文類聚翰墨全書》，明初建刊巾箱本。
趙彥衛，《雲麓漫鈔》，台北：世界書局，一九五九。
黎靖德編，《朱子語類》，台北：正中書局，一九七〇。
魯應龍，《閒窗括異志》，《稗海》本。
謝采伯，《密齋筆記》，台北：廣文書局，一九七〇。
羅大經，《鶴林玉露》，台北：正中書局，一九六九。
顧清，《傍秋亭雜記》，涵芬樓祕笈本。

二、研究文獻

1. 專書

方豪，《方豪六十自定稿》，台北，一九六九。

王德毅，《宋史研究論集》，新北：臺灣商務印書館，一九六八。

王德毅，《宋代災荒的救濟政策》，台北：中國學術著作獎助委員會，一九七〇。

天野元之助，《中國農業史研究》，東京：御茶の水書房，一九六二。

加藤繁，《支那經濟史考證》，東京：東洋文庫，一九五二—一九五三。

全漢昇，《中國經濟史論叢》，香港：新亞研究所，一九七二。

全漢昇，《中國經濟史研究》，香港：新亞研究所，一九七六。

衣川強著，鄭樑生譯，《宋代文官俸給制度》，新北：臺灣商務印書館，一九七七。

宋晞，《宋史研究論叢》，台北：國防研究院，一九六二。

宋晞，《宋史研究論叢》第二輯，台北：中國文化學院出版部，一九八〇。

李劍農，《魏晉南北朝隋唐經濟史稿》。

李劍農，《宋元明經濟史稿》，一九五七。

林天蔚，《宋史試析》，新北：臺灣商務印書館，一九七八。

周藤吉之，《中國土地制度史研究》，東京：東京大學出版會，一九六二。

周藤吉之，《宋代經濟史研究》，東京：東京大學出版會，一九六二。
周藤吉之，《唐宋社會經濟史研究》，東京：東京大學出版會，一九六五。
周藤吉之，《宋代史研究》，東京：東洋文庫，一九六九。
徐道鄰，《中國法制史論集》，台北：志文出版社，一九七五。
孫國棟，《唐宋史論叢》，香港：龍門書店，一九八〇。
桑原隲藏著，馮攸譯，《中國阿剌伯海上交通史》，新北：臺灣商務印書館，一九六七。
宮崎市定，《アヅァ史研究》，京都：京都大學東洋史學會，一九六二－一九六四。
馮柳堂，《中國歷代民食政策史》，台北：進學書局，一九七〇。
梁庚堯，《南宋的農地利用政策》，台北：國立臺灣大學文史叢刊，一九七七。
清水盛光著、宋念慈譯，《中國族產制度考》，台北：中華文化出版事業委員會，一九五六。
清水盛光，《支那家族の構造》，東京：岩波書店，一九四二。
曾我部靜雄，《宋代財政史》，東京：大安社，一九六六。
曾我部靜雄，《宋代政經史の研究》，東京：吉川弘文館，一九七四。
斯波義信，《宋代商業史研究》，東京：風間書房，一九六八。
劉道元，《兩宋田賦制度》，台北：食貨出版社，一九七八。

2. 論文

王德毅，〈李椿年與南宋土地經界〉，《食貨月刊》復刊卷二第五期，一九七二。

日野開三郎，〈宋代の詭戸を論じて戸口問題に及び〉，《史學雜誌》第四十七編第一號，一九三六。

近藤秀樹，〈范氏義莊の變遷〉，《東洋史研究》卷二一第四號，一九六三。

柳田節子，〈宋代鄉村の下等戸〉，《東洋學報》卷四十第二號，一九五七。

柳田節子，〈宋代土地所有制にみられる二ろ型——先進と邊境〉，《東洋文化研究所紀要》第二十九冊，一九六三。

袁震，〈宋代人口〉，《歷史研究》第三期，一九五七。

宮崎市定著，杜正勝譯，〈從部曲到佃戸〉，《食貨月刊》復刊卷三第九—十期，一九七三—一九七四。

草野靖，〈宋代の頑佃抗租と佃戸の法身分〉，《史學雜誌》第七十六編第十一號，一九六九。

陳良佐，〈我國水稻栽培的幾項技術之發展及其重要性〉，《食貨月刊》復刊卷七第十一期，一九七八。

陳樂素，〈主客戸對稱與北宋戸部的戸口統計〉，《浙江學報》卷一第二期，一九四七。

梅原郁著，鄭樑生譯，〈宋代的內藏與左藏——君主獨裁的財庫〉，《食貨月刊》復刊卷六第一、二期，一九七六。

梅原郁，〈宋代の戸等制をめぐって〉，《東方學報》第四十一冊，京都，一九七〇。
黃毓甲，〈宋元的佃農制與佃農生活〉，《說文月刊》卷二第二期，一九四〇。
黃敏枝，〈宋代兩浙路的寺院與社會〉，《國立成功大學歷史系學報》第五期，一九七八。
黃敏枝，〈宋代福建路的寺院與社會〉，《思與言》卷十六第四期，一九七八。
辜瑞蘭，〈青苗法之變動〉，收入《大陸雜誌史學叢書》第三輯第三冊，台北：大陸雜誌社，一九七〇。
趙岡、陳鍾毅，〈中國歷史上的土地租佃制度〉，《幼獅學誌》卷十六第一期，一九八〇。
趙雅書，〈耕織圖與耕織圖詩〉（一）－（四），《食貨月刊》復刊卷三第七、九、十一期，卷四第五期，一九七三－一九七四。
Denis Twichett, “The Fan Clan’s Charitable Estate 1050-1760,”in David Nivison and Arthur Wright, ed., *Confucianism in Action,* Stanford University Press, 1959.

南宋的農村經濟

2021年11月二版　　定價：新臺幣580元

著　　者　梁庚堯
叢書主編　沙淑芬
校　　對　陳佩伶
內文排版　菩薩蠻
封面設計　廖婉茹

副總編輯　陳逸華
總 編 輯　涂豐恩
總 經 理　陳芝宇
社　　長　羅國俊
發 行 人　林載爵

出版者　聯經出版事業股份有限公司
地址　新北市汐止區大同路一段369號1樓
叢書主編電話　(02)86925588轉5310
台北聯經書房　台北市新生南路三段94號
電話　(02)23620308
台中分公司　台中市北區崇德路一段198號
暨門市電話　(04)22312023
台中電子信箱　e-mail：linking2@ms42.hinet.net
郵政劃撥帳戶第0100559-3號
郵撥電話　(02)23620308
印刷者　世和印製企業有限公司
總經銷　聯合發行股份有限公司
發行所　新北市新店區寶橋路235巷6弄6號2樓
電話　(02)29178022

行政院新聞局出版事業登記證局版臺業字第0130號

本書如有缺頁，破損，倒裝請寄回台北聯經書房更換。　ISBN 978-957-08-6002-3 (精裝)
聯經網址：www.linkingbooks.com.tw
電子信箱：linking@udngroup.com

國家圖書館出版品預行編目資料

南宋的農村經濟/梁庚堯著．二版．新北市．聯經．2021年．
11月．392面．14.8×21公分
ISBN　978-957-08-6002-3（精裝）

1.農業經濟　2.南宋　3.中國

431.092052　　110014227